SAINT GERMAIN

La Mágica Presencia YO SOY

Centro de Luz YO SOY

PLUMA & PAPEL

Conde de Saint Germain
La mágica presencia Yo Soy / Conde de Saint Germain ; adaptado por José Marcelo Caballero ; contribuciones de Javier Valentín Esposito ; dirigido por José Marcelo Caballero ; Marcela Serrano. - 1a ed revisada. - Ciudad Autónoma de Buenos Aires : Pluma y Papel, 2017.
290 p. ; 20 x 13 cm.

ISBN 978-987-648-163-2

1. Metafísica. I. Caballero, José Marcelo, adap. II. Esposito, Javier Valentín, colab. III. Caballero, José Marcelo, dir. IV. Serrano, Marcela, dir. V. Título.
CDD 110

Ediciones Pluma y Papel de Pampia Grupo Editor
Av. Juan Bautista Alberdi 872 - C.A.B.A.
Buenos Aires, Argentina
E-mail: info@pampia.com
www.pampia.com

Director Editorial: José Marcelo Caballero
Coordinadora: Marcela Serrano
Colaborador: Javier Valentín Espósito
ISBN - 978-987-648-163-2
Primera edición Julio 2017
Hecho el depósito que prevé la ley 11.723
Impreso en Argentina
Printed in Argentina

Disponible en formato eBook

Índice

Prólogo para la Edición Revisada.

Querido Lector, este libro que tienes en tus manos continúa los relatos que comenzaron en el libro "Misterios Develados". En estos relatos, el autor amplía y profundiza sus experiencias y aprendizajes junto al Maestro Saint Germain, y no sólo junto a él, sino a otros miembros de la llamada "Gran Hermandad Blanca".

A través de estos relatos, no sólo recibirás importantes enseñanzas, sino que hay también aquí un mensaje fundamental para ti, para mí, para todos. Este mensaje nos deja en claro que de manera permanente y constante estamos siendo acompañados y custodiados por seres sabios y luminosos que caminan a nuestro lado ocupados en colaborar con todo aquello que sucede en nuestro mundo e interviniendo, si es posible hacerlo, desde el amor más profundo para ayudar en los asuntos humanos que enfrentamos. Esto nos demuestra, que nuestra evolución no es un proceso que debamos realizar en soledad. Nos recuerda nuestra naturaleza Una, nuestra identidad como partes de un Todo, nuestro aporte a ese Todo, nuestro libre albedrío en este camino y en la forma de transitarlo.

Y es también un recordatorio de que a medida que nuestra consciencia despierta y evoluciona, es un sentimiento natural la ayuda incondicional a todos aquellos que vienen un poco más "atrás" en el camino, ya que todos vamos hacia el mismo lugar, unificados en nuestra esencia verdadera. Tu evolución es la mía..., y nuestra evolución es la evolución de todos. Que recuerdes tu Divinidad y que permitas a esa Divinidad "Ser a través de ti" es tu mayor aporte para todos y para el Todo.

El Maestro Saint Germain no cesa de transmitirnos a través de todas sus enseñanzas, que la gran clave, la más poderosa para trascender la ilusión de este mundo material y poder manifestar en él nuestra verdad más profunda, es esta "Consciencia de Divinidad" que nos pide mantener encendida como una llama de luz en nuestro corazón y en nuestra consciencia en todo momento. Reconocer, Honrar, Alabar a esta Divinidad que somos, elevarnos así de las creencias y los pensamientos mundanos, para reconocernos de forma verdadera como expresiones únicas de la Divinidad misma, chispas que expresan esa Divinidad de manera especial... y tenemos un aporte para hacer desde esa expresión especial y única, un aporte que sólo cada uno de nosotros puede hacer..., y el Todo necesita nuestro aporte.

Es mi deseo que transites estas páginas viviendo estas experiencias que se narran como si fueran tuyas, para que despiertes en tu interior la certeza de cuán amado eres y de cuán guiado y acompañado estás en todo momento. Y para que recuerdes también ese potencial que habita en tu corazón esperando ser despertado. Cada enseñanza del Amado Maestro Saint Germain y de todos los maravillosos Seres que se expresan en estas páginas, van dirigidas a ti..., ellos te hablan a ti, a tu corazón, a tu esencia. Y han hecho llegar este libro a tus manos, con el propósito de que recuerdes que caminan a tu lado, y que tú decides..., si permites que esa esencia Divina se exprese llevándote más allá de lo que hoy "crees" que eres, para apreciar y vivir la magia en cada momento de tu existencia, y para hacer tu aporte único al Todo, desde la Divinidad que habita en ti.

Que Así Sea.

Laura A. Mazzitelli
Diciembre de 2016. Mendoza, Argentina.

Mensaje del Maestro Saint Germain, para el lector de este libro.

"Amado Hermano y Peregrino,

Impulso ahora desde mi Magna Presencia Yo Soy hacia la tuya un saludo que te honra y te bendice en el Amor del Uno y un llamado que haga vibrar la Divina Presencia en Ti, para que despierte y recuerde su naturaleza original más allá de las ilusiones del mundo.

Hablo ahora a tu Divina Presencia: "Magna y resplandeciente Presencia Yo Soy habitando dentro de este maravilloso ser que recibe esta vibración a través de mis palabras: ¡despierta! ¡Reconócete! ¡Ilumina! ¡Despierta ahora! ¡Despierta ahora! ¡Despierta ahora! Recuerda tu esencia y tu verdad, ¡emprende tu camino de regreso a tu hogar! Ese hogar que no es otro que la magnificencia divina, que la luz encarnada en la forma, elevando la forma a la belleza más sutil que refleja la pureza de la consciencia hecha amor y verdad.

Magna y Resplandeciente Presencia Yo Soy, te llamo a revivir la esencia de Luz en este cuerpo y esta mente, a borrar toda identificación con una identidad particular, y a reconocerte como la expresión Divina del Amor que te impulsa y te sostiene. Que la Grandeza de tu Luz se irradie hacia la Creación y llegue hasta el Creador de todo lo que existe, para que puedas fundirte nuevamente en Su luminosidad, y desde allí alumbrar a tus hermanos y hermanas. YO SOY la resurrección y la vida de la esencia pura original de este Ser que ante mis palabras se estremece, para despertar en él la Verdad de su Luz y la Expresión de su Magnificencia. ¡Y ASÍ ES!"

Siente la vibración de mis palabras en tu interior, y siente Mi Presencia a tu lado... has buscado respuestas y he llegado hasta Ti, a recibir tu compromiso puro y verdadero con tu Presencia Divina, a aceptarte como un miembro más de la Gran Hermandad Blanca Universal, para trabajar por la Luz, en Ti, y en Todos.

¿Aceptas este compromiso? Si es así, a tu lado estaré, recibirás mi enseñanza y caminaré contigo, hasta que tu Divinidad resplandezca, Magnífica y Pura, por sobre las sombras de la ilusión.

Recibe la Bendición de tu Hermano, Amigo y Maestro.

YO SOY el que YO SOY."

Dedicatoria

Este libro está dedicado con el más profundo Amor y Gratitud a nuestros Amados Ascendidos Maestros, Saint Germain, Jesús, Nada, el Divino Gran Director, nuestro Amado Mensajero Ascendido Guy V. Ballard, la Gran Hermandad del Royal Tetón, la Hermandad del Monte Shasta, los Grandes Maestros Ascendidos de Venus, los Grandes Seres Cósmicos, la Gran Hueste Angélica, la Gran Luz Cósmica y aquellos otros Maestros Ascendidos, cuya amorosa ayuda ha sido directa y sin límites.

Tributo

Es la hora, en que la humanidad de esta Tierra debe dar más reconocimiento a la Actividad de los Grandes Maestros Ascendidos y la Hueste Angélica, los cuales están constantemente vertiendo su asistencia y Luz Trascendental. Debe haber más consciente cooperación entre la vida física de la humanidad y estos Grandes Seres quienes son los protectores y Maestros de los Seres humanos en este Mundo.

Hay un grupo Especial de estos Grandes trabajando en el presente con el continente Américano para estabilizarlo y protegerlo. Entre ellos, los Ascendidos Maestros Saint Germain, Jesús, Nada, ChaAra, Lanto, Cyclopea, el Gran Maestro Ascendido de Venus Arcturus, los Señores de la Llama de Venus y Uno, conocido como el Gran Divino Director, están trabajando aquí definitivamente para establecer los Grandes Pilares y Rayos de Luz en este bello continente. Ellos también están enfocando grandes emanaciones de Luz a ciertos puntos sobre la Tierra. Ellos vierten sus Rayos de Luz a través de la consciencia de todos los individuos que los aceptan, armonizan sus sentimientos y vuelven su atención a la Magna Presencia "YO SOY". Si las personas reconociesen a esta Gran Hueste de Seres Perfectos y llamasen a Su Consciencia de Ascendidos Maestros dentro de los Corazones y Mentes de la humanidad, ellos podrían brindar Asistencia y Protección sin límites a aquellos que hacen el llamado y a través de ellos, alcanzar al resto de la humanidad.

Solamente la Consciencia del Ascendido Maestro, la cual es la Magna Presencia "YO SOY", puede restablecer el orden y la seguridad sobre la Tierra. Solamente, la Llama Consumidora de Amor Divino puede disolver el sentimiento de temor en las personas. Tan pronto como el individuo vuelca su atención a los Ascendidos Maestros y pide sus Bendiciones para el resto de la humanidad, se establece la conexión y se abre la puerta a través de la cual se realiza su ayuda, liberando la Perfección de la humanidad y de la Tierra misma. Los Ascendidos Maestros señalan siempre a cada uno dos cosas: Primero, el individuo debe mirar a través de su propia Divinidad, Dios, la Magna Presencia "YO SOY" para todo bien, manteniendo su atención en ella y dándole su más grande Amor; Segundo, debe armonizar sus sentimientos dejando fluir su Divino Amor como una Fuerza que bendice a todas partes.

A la persona que realiza esto, estos Grandes Seres le dan su asistencia sin límites, porque Ellos trabajan solamente a través de la Divina Presencia de los individuos.

El Amado Maestro Ascendido Saint Germain es el Emisario de la Gran Hermandad Blanca, quien por su propia Voluntad y Gran Amor está realizando cierto trabajo de protección y trayendo cierta Iluminación al continente américano en la actualidad. El se refiere a Ella a menudo como la joya de mi Corazón para Quien he trabajado por siglos. El Amado Jesús ha ofrecido dar un servicio especial en conexión con el Amado Saint Germain y ha dicho: Estos Rayos de Luz que estamos vertiendo son muy reales, es una corriente de Energía tangible conteniendo dentro de ella todas las cosas buenas y bendiciones que puedes aceptar.

Tal como en antiguos tiempos y en las Épocas Doradas, estos Grandes Seres Perfectos que han logrado la Victoria a través de sus humanas encarnaciones hablarán y caminarán junto a los hombres en la Tierra. Ellos explicarán el origen divino de la vida una vez más, y los conceptos humanos serán aclarados y la Eterna Luz revelada. Este libro lleva la radiación definitiva de los Maestros Ascendidos, quienes están trabajando en el presente para todo américana y está cargada con la Consciencia de Libertad y Victoria en la Luz del Amado Maestro Ascendido Saint Germain.

Las limitaciones y temores humanos deben ser suprimidos. El Orden Divino debe ser establecido en la Tierra una vez más y ser llenado con la Luz de Dios que "nunca falla".

INTRODUCCIÓN

Este Libro contiene el segundo grupo de experiencias que tuve el privilegio de tener a través del Amor y Asistencia del Amado Ascendido Maestro Saint Germain.

En el primer libro "Misterios Develados", Él reveló muchas, muchísimas cosas que han sido mantenidas en secreto y guardadas sagradamente muchas centurias.

En "La Mágica Presencia" mis Experiencias fueron el resultado de la aplicación del Conocimiento que Él reveló previamente.

En los varios Retiros de la "Gran Hermandad Blanca" que visitamos, me fue mostrado el Tremendo Trabajo que Ellos hacen para la humanidad a través de Sus Mensajeros, quienes fueron enviados al mundo externo. El Bien que constantemente Ellos emanan a Esta Tierra y su humanidad, está más allá de lo que el poder de las palabras describen. Todo lo que ellos logran, se hace a través del Divino Amor, pues Ellos nunca usan una fuerza destructiva en ninguna ocasión y nunca se interponen con el Libre Albedrío del Individuo. Aquellos que son sus representantes lo dan todo como un Servicio de Amor Feliz y Libre y no conocen el fracaso.

El propósito de este libro es revelar al Individuo el sitio de su propio Dios "La Magna Presencia YO SOY", de modo que todos los que deseen regresar a su Fuente, reciban su Herencia Eterna y sientan otra vez el Respeto Divino de sí mismos.

Si el estudiante o lector de Este Libro siente en sí mismo que pasa por estas mismas experiencias pidiendo a los Maestros Ascendidos que iluminen su Consciencia con la Luz del Cristo Cósmico recibirá esa Emanación de Amor, que es la Puerta Abierta a todas las cosas buenas que hacen a la humanidad libre.

El continente américano es bendecido por sobre cualquier otra parte de la Tierra y por ésta, su Gran Bendición, es que debe derramar

Gran Luz; Ella es la "copa" por la cual la "Gran Hermandad Blanca" podrá expander el Divino Gran Amor del Universo y liberar a la humanidad. Por esta razón su Trabajo en América es de Gran Importancia, y si es necesario para Su Protección, entonces "La Luz, como Mil Soles, descenderá y consumirá todo egoísmo en la Tierra".

La Verdad, Explicaciones de la Ley y mis Experiencias, dadas en Este Libro, son Reales, Verdaderas y Eternas. Los Retiros, personas e instrumentos que vi y me asocié mientras estuve con los Ascendidos Maestros, son lugares y cosas reales y físicas y Seres Tangibles, Vivos y Palpitantes. No son imaginarios ni simbólicos y no deben ser interpretados así.

La Verdad de todo en este Libro puede ser aceptada o rechazada por el lector, como él elija. Si él no acepta o no está de acuerdo con ella, esto no impide la Verdad ni su Actividad en el Universo, pero si acepta la Verdad aquí contenida, no podrá menos que ser bendecido por ello y su mundo será un lugar más grande y maravilloso en que vivir.

El Gran Ascendido Maestro Saint Germain nos ha dicho que los *Libros de la Serie de Saint Germain* en la Octava de Luz de los Maestros Ascendidos están encuadernados con Cubiertas Enjoyadas. Valoremos y obedezcamos las Palabras de los Ascendidos Maestros contenidas en ellos y convirtámonos en Su Gran Amor, Victoria, Perfección, Iluminación y Libertad hacia toda Vida por siempre.

A nuestro Amado ascendido Mensajero, Sr. Guy V. Ballard, también le ofrecemos nuestro Amor Eterno, nuestra Gratitud por todo, ya que Él fue el Unico en la Tierra lo suficientemente fuerte para abrir la Puerta a la Octava de Luz de los Maestros Ascendidos y guardar la Instrucción del "Yo Soy" del Amado Maestro Saint Germain hasta que hubiera suficientes personas que se asieran a ella e hicieran su parte y mantener la Protección de la Luz en América hasta que los Ascendidos Maestros vengan a nosotros con sus Cuerpos Visibles y Tangibles de Maestros Ascendidos.

Si el estudiante o lector puede sentir los Grandes Rayos de Luz y de Amor emitidos por estos Ascendidos Maestros y puede vivir en constante adoración a su propia “Magna, Presencia Yo Soy” se convertirá, positivamente, en la Completa Manifestación de la Perfección y obtendrá su Eterna Libertad de las limitaciones de la Tierra. Que el Gran Amor, la Luz y la Felicidad de los Ascendidos Maestros Inunden al Ser y al Mundo de cada uno de los que lean este Libro. Que sea siempre un Sol Resplandeciente iluminando el Camino hacia la Paz, la Prosperidad y la Libertad, hasta que cada uno se convierta en un Gran Corazón de Perfección Siempre Expansionante y experimente la Completa Victoria de su Ascensión en el Eterno Servicio de “ La Luz de Dios que nunca falla”.

CAPITULO I

Un Extraño Suceso

Te dejé, mi lector, al final de *Misterios Develados*, con el Gran Ascendido Maestro Lanto, enviando sus bendiciones para América y la humanidad, desde el Retiro del Royal Teton.

En este libro describiré otro grupo importante de maravillosas experiencias, las cuales tuve el privilegio de tener durante esos meses de contacto con el Amado Maestro Ascendido Saint Germain.

Una mañana recibí Su mensaje, incluyendo una carta de presentación para el Sr. Daniel Rayborn, en el Hotel Palace en Denver. Al día siguiente, tan pronto entré al Hotel para preguntar por él, me encontré a un antiguo amigo, el Sr. Gaylord, a quien conocía hacía muchos años. Él estaba acompañado por un señor mayor a quien presentó y, para mi sorpresa, probó ser el Sr. Rayborn. A él le di la carta de presentación y después de unos momentos de charla acordamos cenar juntos esa noche. El día siguiente nos encontró a todos en ruta para el rancho Diamante K en Wyoming, una de las propiedades de Rayborn, donde comenzaron las experiencias descritas en este libro. De poco me di cuenta ese día, acerca de lo que mi asociación con él significaría y dónde nos llevaría más tarde. Tales experiencias nos hacen comprender qué tan perfecta, sabia y grande es la Inteligencia que nos dirige sin error hacia personas, lugares y condiciones, donde más se necesitan.

La impresión que tuve de Rayborn fue muy agradable, porque toda su actitud era de armonía y amabilidad al mismo tiempo y sentí que era un hombre de un carácter fuerte con inclinación al sentido del honor. Él tenía una cabeza finamente formada, facciones clásicas, cabello canoso, penetrantes ojos azul grisáseo. De porte erguido, un metro ochenta y cinco de estatura, tenía un hijo de dieciocho años y una hija de dieciseis, quienes recién habían regresado de la escuela en el Este.

Llegamos a nuestro destino donde los jóvenes nos alcanzaron en el tren. Después de charlar un momento subimos al coche de Rayborn y fuimos llevados al rancho a veinte millas de distancia. Su hijo Rex era alto, espléndido, bien parecido, con las mismas bellas facciones de su padre con quien tenía un fuerte parecido; era por lo menos de un metro ochenta de estatura con abundante y ondulado cabello castaño, penetrantes ojos azul violeta. La hija, Nada, era esplendorosamente hermosa, con una especie de extraña y serena dignidad; tenía aproximadamente un metro setenta de estatura con profundos ojos azules y cabellos castaños como su hermano. Había cierto encanto en los tres Rayborns, lo cual podía uno sentir inmediatamente.

El maravilloso lugar y la belleza de la casa y el campo nos encantaron; estaba ubicado en la entrada de un pequeño valle que se extendía hacia el occidente hasta abrazar las grandes Montañas. Al norte se elevaba una rosada montaña de ocho mil pies. La casa estaba ubicada hacia el sur; construida de granito gris azulado que le recordaba a uno los castillos medievales de Europa y las antiguas construcciones del lejano Oriente. El terreno que rodeaba la casa estaba maravillosamente cuidado; la construcción era grande y rectangular, con una torre en cada esquina. La que estaba al sudoeste miraba a las montañas formando un gran salón circular en el tercer piso. El resto de la estructura era solamente de dos pisos y había sido construida hacía muchísimos años. A sus veinte años, Daniel Rayborn había heredado la propiedad de un tío, quien había viajado mucho y estaba profundamente interesado en estudios superiores y había vivido por muchos años en India y Arabia.

Entramos en la casa y Rex me condujo a un grupo de cuartos en el segundo piso, ubicados en la esquina sudeste del edificio. Pronto la cena fue anunciada y disfrutamos una comida deliciosa ante una mesa bellamente dispuesta. Mientras cenábamos, comenzamos a hablar de nuestros planes.

Durante el curso de la cena, el Sr. Rayborn nos dijo que esperaba que John Grey, el Superintendente de sus minas, se uniera a nosotros esa noche. Apenas habíamos pronunciado su nombre cuando fue anunciado. John Grey entró al comedor, saludando a la familia con mucha amabilidad y yo fui presentado a él. Al tiempo que nos estrechamos las manos, sentí un estremecimiento por todo el cuerpo, acompañado de un sentimiento de repulsión. Era un hombre fino de cerca de cuarenta años y de elevada estatura, con penetrantes ojos oscuros de mirada inquieta. Vi sus ojos seguir a la hija de Rayborn, muy a menudo, con una mirada peculiar que los demás no notaron. El Sr. Rayborn se excusó y junto con el Superintendente fueron a la biblioteca. Los demás nos fuimos al salón de música y disfrutamos dos horas de deliciosa música porque ambos jóvenes poseían voces privilegiadas. Fue durante la conversación sobre su entrenamiento musical que pasó una sombra de tristeza sobre el rostro de Nada; ella comentó: "Ambos heredamos nuestras voces de mamá quien fue una gran cantante de ópera cuando mi padre la conoció; hablando sobre esto mi madre a menudo solía decir: "Reconocimos el uno en el otro Algo Interno que fue creciendo más fuerte con el tiempo". Más tarde comprendimos que éramos "almas gemelas" de lo cual estamos seguros por las cosas maravillosas que nos han pasado. Muchas veces decíamos que parecía como si cada uno hubiera estado buscando al otro a través de los siglos y por supuesto siempre ha habido un gran amor y comprensión entre nosotros." El padre de mi madre era inglés y mi madre, quien fue educada en Inglaterra, fue hija de un jeque árabe. Hace dos años mamá enfermó y murió a las pocas semanas, a pesar de haber hecho todo lo posible por salvar su vida. Durante las últimas cuatro semanas ella recibió Trascendentales Revelaciones que nos han aclarado muchas cosas. Poco después de que yo nací, nuestro Amado Maestro Saint Germain vino a ella. Le explicó que ella tenía Trabajo qué hacer en los Altos Planos de Vida y que Él siempre nos tendría a Rex y a mi bajo su Gran Amor y Protección. Él es tan Maravilloso y Amoroso con nosotros que yo quisiera que pudiéramos compartir nuestro Gozo con el mundo entero. El Oriente y el Lejano Oriente, esto es, la India, China, Arabia, Egipto y Persia reconocen mucho más y comprenden también mucho más claramente lo que los Grandes Maestros Ascendidos han hecho por la humanidad y cuánto debe la raza de la Tierra a su Amor Trascendental y Cuidado sin límites.

"Nos ha enseñado tan evidentemente" el Modo por el cual Estos Grandes Seres han podido elevar e iluminar el cuerpo físico purificándolo a través del uso de la Llama Consumidora de su Propia Divinidad a la cual El llama "La Magna Presencia YO SOY". Nos dice que Esto sólo puede ser logrado por la Adoración a "Esa Presencia" y Completa Obediencia de la personalidad, o consciencia externa, a su Dirección. Él dice que el Secreto es mantener constante Comunicación Interna con la "Presencia YO SOY" en todo momento (a través del sentimiento) y así la Perfección que siempre se está derramando, puede llegar a través de la consciencia externa sin ser alterada por nuestra propia inarmonía o la del mundo físico que nos rodea.

"Es en esta Manera, nos explicó el Amado Saint Germain, que los Maestros Ascendidos han llegado al Dominio Completo sobre toda manifestación y han terminado el trabajo en humana encarnación, la cual dijo el Amado Jesús, todos debemos hacer. Ellos expresan –siempre- Completa Maestría sobre todas las condiciones en esta Tierra física, ya que toda sustancia y energía son sus complacientes y obedientes servidores, aún los Elementos y Poderes de la Naturaleza, porque ellos se han convertido en la Plenitud del Amor Divino. Todo su Trabajo con la humanidad es conducir a todos, eventualmente, a esta misma Maestría, pero sólo puede lograrse a través del esfuerzo individual y de la Plenitud del Amor".

"Mamá tuvo muchas experiencias extrañas en su infancia, y mi abuela le habló de otras, todavía más extrañas, ya que su abuelo había visto muchas de las cosas notables que Estos Grandes Seres llevan a cabo. Uno, que él conocía muy bien, era de la tierra de mi abuela, Arabia. Fue adorado por todos los que tuvieron contacto con Él y su Vida Entera fue una bendición constante y de Servicio a la humanidad".

"El Amado Saint Germain llegó a mi madre una noche, al principio de su carrera como cantante de ópera. Había estado cantando solamente unos cuantos meses, cuando una noche casi quedó sin habla por pánico escénico. Estaba en su camerino poco antes de la función cuando sintió un pánico terrible que la hizo olvidar todo. El Amado Saint Germain se hizo visible en Cuerpo Tangible, se dio a conocer y tocó la frente de ella con los Dedos de su Mano Derecha. Instantáneamente todo el nerviosismo cesó y recobró la memoria de su partitura y se quedó en calma. Esa noche su triunfo fue tremendo Y continuo creciendo, brillando más de lo que había soñado".

"Él le dijo que había ganado el Derecho a la Presencia Protectora de los Maestros Ascendidos y de ahí en adelante, Esta sería Permanente. Él describió al hombre con quien se casaría, asimismo el hijo y la hija que tendría. Después de esto, El vino a intervalos regulares y le enseñó muchas Leyes Internas las cuales ella comprendió y aplicó con resultados sorprendentes; sorprendentes por lo menos para quienes son incapaces de usar la Ley Suprema, Pero Perfectamente naturales para aquellos que comprenden y utilizan Esas Leyes a través del Amor."

"De nuestro padre, el Amado Saint Germain dijo que aún no estaba Suficientemente despierto para que se le hablara de Estas Actividades hasta que hace aproximadamente un año, cuando por el peligro que amenazaba, Saint Germain vino a él en Cuerpo Tangible y explicó que nuestro padre estaría cerca de la muerte por manos de uno que considerábamos amigo, pero que debíamos permanecer en Paz ya que los Maestros Ascendidos darían la Protección necesaria".

Estábamos todos tan absortos en esta conversación que casi me sentí frustrado cuando el Sr. Rayborn y el Superintendente se unieron a nosotros. Después de escuchar a Nada y a Rex cantar una canción de amor en árabe para su padre, nos retiramos a nuestras habitaciones. Estaba yo tan conmovido a causa de que el Amado Saint Germain se hubiera manifestado a la Sra. Rayborn, que no sentía deseo de dormir. Empecé a sentir que había una Razón Importante para estar en su hogar, la cual aparentemente no me era conocida. Me senté en un sillón confortable y me di a la contemplación de los Ascendidos Maestros con profunda gratitud hacia Ellos por la benévola acogida con que estas benditas personas me habían recibido.

Debí haberme quedado dormido ya que desperté de súbito y pensé que había oído a alguien llamarme. Sentí tanta urgencia de levantarme y salir que no podía resistirme. Estaba completamente despierto esperando vivamente algo, que no sabía qué podría ser. Bajé las escaleras, salí hacia un sendero cerca de un gran pajar. Enseguida sentí un movimiento entre las sombras y siguiendo un súbito impulso, me situé detrás de un árbol. En ese instante, un hombre salió del granero. Vi otro movimiento entre los árboles y fijándome discerní a un hombre parado con un rifle en el hombro, apenas visible en la oscuridad. Al estar apuntando al hombre que salía del granero, quise advertirle, pero no pude emitir ningún sonido. Antes de que pudiera pensar, una luz cegadora hirió al hombre del rifle en la cara, revelando sus facciones al momento que cayó bocarriba como si hubiera sido herido por un rayo, aunque el cielo estaba claro como un cristal. Aún así yo no podía moverme de mi posición y el hombre del granero seguía caminando totalmente ignorante de lo sucedido. Vi que era el Sr. Rayborn, aunque él no me había visto, de manera que permanecí donde estaba, hasta que llegó a la casa; yo me apresuré al lugar donde había visto al hombre caer, pero ya había huído. Busqué alrededor hasta cierta distancia, pero no encontré rastro de él, así que regresé a mi habitación. Ya era casi la una de la mañana. Me metí en la cama rápidamente y con un gran esfuerzo pude quedarme dormido.

Cuando bajé para el desayuno a la mañana siguiente, todos estaban radiantemente felices, excepto Grey, el Superintendente, quien se veía nervioso y extremadamente pálido. Los Rayborns, Gaylord y yo disfrutamos planeando nuestro día que terminó con la sugerencia de los muchachos de que fuéramos a Table Mountain, uno de sus parajes preferidos en las Rocallosas de Wyoming.

Entretanto, Grey estaba sombríamente silencioso, rehusando mirar a los ojos de cualquiera. Terminó su desayuno, se disculpó y se dirigió a la estación. Cuando hubo partido, mi primer impulso fue informar a Rayborn la experiencia de la noche anterior, pero pensándolo bien, decidí aguardar hasta que lo pudiera ver a solas.

Me disculpé para prepararme para la excursión y regresé justo a tiempo para ver al mozo trayendo a nuestros caballos. Uno de ellos era un bello corcel árabe, de color crema con blanco en la crin y la cola, el más maravilloso animal que yo hubiera visto. El caballo se dirigió a Nada, a quien pertenecía, y con una mirada en sus ojos que parecía casi de humana inteligencia, se paró orgullosamente frente a ella, esperando los terrones de azúcar que ella le ofrecía. Nada lo amaba y él lo sabía. "Este es Pegaso" dijo, acariciándolo. Se llegó a mí, puso su nariz contra mi cara, fue hacia Rex y vuelta a Nada, como si diera su consentimiento para que yo formara parte del grupo.

"Él lo aprueba y acepta como a un amigo" comentó Nada, después de observar su expresión un momento. "Esto es nuevo en él ya que nunca ha hecho amistad con nadie, excepto con Rex, el mozo y yo."

¿Dónde lo obtuvo? pregunté.

"Le fue obsequiado a mi madre, contestó ella, por un jeque árabe, en aprecio por un concierto que dio en El Cairo. Fue enviado aquí al rancho como una sorpresa cuando regresara de su última gira. Fue realmente el último concierto de su carrera, y su éxito fue tremendo. El viejo jeque amaba la música y disfrutó ese concierto muy especialmente."

"¿Pegaso es hermoso, verdad?", continuó ella. El cariño en la voz de Nada era inequívoco y justificado ya que no podía menos que admirarse a esta bella criatura. Montamos nuestros caballos, nos despedimos de Rayborn y galopando a través del valle, pronto entramos en la vereda de la montaña la cual seguía hacia arriba a través de numerosos árboles. Ocasionalmente, llegabamos a un claro y nos deteníamos para gozar de la magnífica vista. Seguimos la corriente de la montaña por largo tiempo. El canto de los pájaros, la fragancia de las flores y el regocijo del aire puro, nos hizo sentimos fuertes y contentos de estar vivos.

Llegamos a la cima de la montaña cerca del mediodía y ante nosotros se extendía un espacio llano que cubría por lo menos veinte acres. Una acogedora cabaña y un refugio para los caballos habían sido construidos. El refugio estaba hecho con piedra, tenía una cocina empotrada, muy especial, y de gran servicio. Disfrutamos de la belleza del campo que nos rodeaba y luego nos sentamos para disfrutar un delicioso almuerzo.

"Saben", comentó Rex, "Me siento como si todos nos conociéramos de largas edades" y Nada y yo admitimos que sentíamos igual. "Vamos a la Caverna por el otro camino tan pronto como terminemos el almuerzo" sugirió, y estuvimos de acuerdo. Cruzando al lado opuesto de la montaña encontramos un buen camino que nos llevaba hacia abajo y donde el panorama era más silvestre y áspero. En algunos lugares las rocas parecían como si las hubieran manchado de verde, azul y negro por algún maravilloso color mineral. La luz del Sol y las sombras producían el efecto de un bello e inspirador panorama. Continuamos sendero abajo aproximadamente unos cuatro mil pies, dimos una vuelta aguda y nos encontramos con la cara este de la montaña.

Hace miles de años una parte de ella se separó convirtiéndose en un escarpado acantilado, por lo menos a mil pies sobre nosotros. El camino en el cual estábamos iba alrededor del lado sur, dando vuelta hacia la pared Este y corriendo a lo largo de una especie de plataforma que nos trajo a la entrada de la Caverna.

El camino estaba salpicado de grandes peñas que hacían difícil el acceso. Una roca escondía la entrada, como si la naturaleza guardara celosamente sus secretos a los ojos curiosos. Dejamos los caballos amarrados, de manera segura, allí cerca, y Rex tomó tres lámparas de mano de potente energía de su alforja.

"Prepárense para una sorpresa", exclamó, volviéndose hacia mí, tomando la delantera para entrar a la Caverna. Tan pronto como mis ojos se ajustaron al cambio de luz vi el techo todo cubierto de una sustancia rosa y blanca. Cruzamos el primer espacio, un trecho corto, y pasamos a través de un arco que conducía a una inmensa y abovedada cámara, por lo menos de sesenta metros de una parte a otra.

El techo estaba cubierto de estalactitas con los colores del Arco Iris de las más asombrosas figuras que hubiera yo visto. Había cruces, círculos, cruces dentro de círculos, triángulos y muchos, muchísimos símbolos ocultos que se han usado en esta Tierra, desde su principio. Parecía como si éstos símbolos hubieran estado suspendidos del techo por siglos y que la naturaleza los hubiera cubierto con una formación calcárea de colores fuertes y decorada artísticamente. La belleza de todo ello hacía que uno se quedara sin habla, fascinado por el prodigio. Daba la impresión de que hubiera unos ojos observando en todo momento.

Rex nos llamó para que fuéramos a la parte lejana de la cámara en donde estábamos. Cruzamos el espacio que mediaba y nos paramos ante una pared que tenía tres arcos distante a seies metros entre si. El espacio que los separaba era una superficie bien pulida. La primera, a mi izquierda era roja, la segunda de un blanco brillante y la tercera azul cobalto.

"Este es el trabajo de una Poderosa Inteligencia de edades pasadas", dije, "y creo que estos Arcos encierran entradas a otras cámaras o pasajes más allá". Nada y Rex me miraron fijamente, y sus caras estaban blancas por la intensidad de algo que veían.

"¿Qué pasa? Pregunté".

"¿No lo sientes, no lo ves? preguntaron a su vez."

"¿Qué? Entonces se dieron cuenta de que no comprendía lo que ellos veían y explicaron: Evidentemente estás cubierto por una forma etérica que tuviste tiempos atrás ya que las vestiduras no se parecen a nada que se haya visto u oído. El cuerpo tiene por lo menos dos metros de altura, el cabello es rubio y baja casi hasta los hombros y la piel es blanca y clara. Estoy segura de que algún suceso antiquísimo está tratando de salir a la consciencia. Vamos a decirle la experiencia que tuvimos la última vez que estuvimos aquí, sugirió ella a Rex".

"Apenas hace un año, explicó Rex, vinimos aquí y tan pronto estuve parado frente al Arco Azul, quedé tan fascinado que no pude evitar pasar la mano sobre la superficie, cuando una voz profunda, dijo *¡Alto!*" "La voz no era de enojo, sino más bien de suprema autoridad. Dejamos la caverna inmediatamente y nunca regresamos hasta ahora."

"Antes que termine mi visita a ustedes, queridos amigos, siento que una sorprendente explicación nos será dada", les dije. Al retornar nos encontramos al precioso "Pegaso" en un estado de gran agitación porque él era altamente sensible al poder espiritual del que está impregnada la Montaña, y que lo hacía estar inquieto a causa de la intensidad de la energía. Solamente con gran dulzura logró Nada aquietarlo y prevenir una estampida hacia la casa. "Cuando él se excita, no hay límites a su velocidad", dijo ella.

Al final de nuestro descensoles dimos a los caballos rienda libre para que corrieran a su gusto y en media hora llegamos al rancho, justo antes del ocaso.

Daniel Rayborn salió a recibirnos diciéndonos que pronto estaría la cena. Sentados a la mesa le relatamos las experiencias del día; Rex le contó a su padre sobre la sombra que él vio sobre mi cabeza estando en la caverna. Tan pronto como acabó de hablar, sin dar ninguna explicación, su padre nos dijo que quería hablarnos a los tres en la biblioteca después de cenar y que nos encontráramos ahí a las ocho. Entretanto, fuimos al salón de música, mientras Nada fue al cuarto de su madre y trajo un instrumento musical árabe, algo así como una guitarra Hawaiana que le había sido regalada por el Amado Saint Germain quien le enseñó a tocar una melodía para antes de su meditación. Nada y Rex cantaron y se turnaban para tocar el acompañamiento en el instrumento, formando el más hermoso fondo para sus voces.

CAPITULO II

Revelaciones

A las ocho en punto entramos a la biblioteca donde ya estaba Daniel Rayborn esperándonos. Él fue directamente al asunto. "A las dos de la tarde de hoy, me informaron de que los trabajadores se habían declarado en huelga en la mina de Colorado, así que pedí a Grey que se me adelantara. Pasado mañana debo unirme a él. Desearía que ustedes vinieran conmigo. Nada estará confortable en la casita del Campamento y ustedes dos pueden ir conmigo a la mina."

"Tengo algo más que decirles que es a la vez serio y extraño. A las cuatro de la madrugada fui despertado por una Presencia en mi cuarto y cuando desperté completamente, vi que era nuestro Amado Saint Germain. Él me habló por lo menos dos horas y entre otras cosas me dijo que Grey había atentado contra mi vida la noche anterior. Saint Germain le mandó una descarga eléctrica al momento que Grey intentaba dispararme, dejándolo inconsciente por unos momentos. Saint Germain le previno que si hacía otro intento, su propio cuerpo tendría el castigo". Les conté después mi experiencia la noche de mi llegada y como había sido testigo de todo el asunto. Rayborn estaba profundamente conmovido y levantándose me extendió la mano, diciendo: "De seguro tú eres uno de los nuestros y estoy profundamente agradecido. El Amado Saint Germain dijo que tú habías sido traído a nuestro hogar porque te necesitamos mucho; de ahora en adelante actuarás como hermano mayor de Nada y Rex. Parece que nos hemos conocido de vidas anteriores. El también dijo que ninguno de nosotros pasaríamos por ningún peligro porque siempre, vivimos una vida limpia y apegada a los ideales más nobles y esto desde el punto de vista de los Maestros Ascendidos, hace que una fuerza superior nos proteja. El Amado Saint Germain me instruyó acerca de observar otras cosas de importancia."

"Él me explicó la Actividad que uno experimenta después de que ha hecho la Ascensión. El Amado Jesús dio al público un Ejemplo de Esto y buscó enseñar a la humanidad Su Significado, señalando a todos para obtener ese Mismo Logro YO SOY no lejano, para entrar en Esta Gran Libertad. Nuestro Amado Maestro lo dijo muy claramente, algunas veces uno es elevado a Esta Condición, cerca del cambio llamado muerte, pero todos lo debemos lograr del lado físico de la vida. Si ha sido cortado el cordón de plata de luz, es imposible iluminar y elevar ese cuerpo, y el que así se está esforzando, tendría que volver a encarnar con objeto de obtener la Libertad Final desde el punto de vista físico de la experiencia humana. Todas las Ascensiones deben tener lugar conscientemente, porque este Logro de Maestro Ascendido es la Completa Victoria sobre todas las experiencias externas a través del yo personal. Les voy a leer sus propias palabras, que yo tomé bajo su dirección". Tomó un portafolio que estaba sobre su escritorio y abriéndolo, comenzó a leer: "La llamada muerte no es sino una oportunidad para descansar y rearmonizar las facultades de la consciencia personal. Esto es para liberarlas de la inquietud y discordias de la Tierra el tiempo suficiente para recibir un Influjo de Luz y Fuerza, el cual capacitará a la mente para volver a trabajar en otra experiencia física. La encarnación física es para preparar, perfeccionar e iluminar un cuerpo cuya acción vibratoria puede ser elevada para unirse con el Cuerpo de la Poderosa Presencia YO SOY". La llamamos "La Mágica Presencia". El amado Jesús se refería a esto como el Vestido Sin Costura."

"En este Cuerpo, compuesto por pura sustancia electrónica, el individuo se despoja de toda limitación. Mientras que por medio de una intensa devoción a la Poderosa "Presencia YO SOY" cualquiera de nosotros puede liberar este divino poder al punto de lograr verse a si mismo en este Cuerpo de Sustancia, tan Deslumbrante, que al principio sólo puede contemplarse por un instante a causa de la intensidad de Su Luz. A través de tal devoción, uno comienza a manifestar más y más de su propio Individual Dominio Consciente sobre toda manifestación. Este es el Eterno Derecho de Nacimiento de cada ser, y el propósito por el cual se ha decretado el trabajo de la experiencia humana. Cuando una persona, esforzándose para alcanzar tal Libertad, ha llegado al punto en que puede "liberar" cualquier cantidad de Luz que desee de su Cuerpo Electrónico, instantáneamente, por su sólo mandato consciente, puede controlar toda manifestación, sin importar qué esfera escoja para expresarse. Uno debe observar el mundo en su amplitud para ver cómo los pensamientos y sentimientos discordantes afectan el hermoso cuerpo que la naturaleza nos provee para nuestra experiencia en la vida física. En la niñez y juventud, la estructura de la carne en el cuerpo físico es hermosa, fuerte y responde a las demandas que se le hacen; pero cuando permitimos que pensamientos y sentimientos discordante se expresen en nuestro yo personal al correr de los años, el cuerpo se va deteriorando y el Templo cae en ruinas, porque nuestra consciencia externa no obedece la Ley de la Vida, que es Amor, Armonía y Paz!"

"Llámalo como lo llames la Verdad Eterna permanece y la discordia es otro nombre para la desintegración, un sinónimo de muerte. Cuando la humanidad aprenda a vivir su vida a través de la Eterna Ley del Amor, descubrirá que tal obediencia lo libera de la rueda de la Reencarnación y por lo tanto los problemas de la existencia humana desaparecen, y en su lugar vendrá la felicidad de la Perfección Siempre Expansionante, la cual mora para siempre en el Amor. La Creación está constantemente manifestándose, porque la Vida es un PERPETUO MOVIMIENTO que no descansa ni se detiene, sino que por siempre está expandiéndose en gozo, éxtasis y eternos nuevos diseños. Esta Actividad perfecta de gozo y vida están contenidos en la Ley del Amor. "

"El último enemigo, la muerte, tendrá que desaparecer, ya que solamente es la liberación de un "vestido" que ya no es de utilidad para la Perfección del Ser. Cuando el cuerpo físico está incapacitado, la personalidad que lo ocupa ya no puede hacer el Esfuerzo Consciente para expresar la Perfección, y entonces la Naturaleza misma ayuda disolviendo la limitación para que el Individuo tenga una nueva oportunidad de hacer un esfuerzo que es benéfico. "

"Lamentar la muerte de un ser amado es egoísmo y retardamos un gran bien al que el ser amado tiene derecho. Lamentar una pérdida es realmente una rebelión en contra de la acción de la Ley que nos brinda otra oportunidad para descansar y evolucionar, porque nada en el Universo retrocede y todo, no importa qué tan temporal sea la apariencia, se está moviendo hacia el Gran Gozo y Perfección. La Consciencia de Dios en nosotros no puede ni debe afligirse, y la parte humana debería saber que como nadie puede substraerse de este Universo, él debe estar en un lugar mejor que el sitio que dejó. Si existe un Real, Verdadero y Divino Amor, nunca puede cesar de existir y debe en algún tiempo y en algún lugar atraernos hacia lo que amamos. En Verdad y En Amor Divino no existe la separación y esto que se manifiesta como sentido de separación no es Amor. El sentido de separación es solamente uno de los errores del Yo Personal en el cual continúa morando, porque no entiende la naturaleza de la Consciencia. Donde está la Consciencia ahí está actuando el individuo, porque el individuo es su Consciencia. "

"Cuando uno piensa en alguien que ha fallecido, éste está realmente con esa persona amada en su Cuerpo Mental Superior en el momento en que su Consciencia está puesta en la otra persona. Si el mundo occidental pudiera comprender esta Verdad se liberaría de las cadenas que le causan tanto sufrimiento innecesario. Tal sufrimiento es debido al hecho de que la personalidad, especialmente las emociones, acepta al cuerpo como si fuera el Individuo mismo, en lugar de comprender que el Cuerpo es solamente un vestido que el Individuo usa. Sobre esto cada uno debería de tener un Completo y Eterno Dominio y una Perfecta Obediencia en todo tiempo. "

"Si alguien ama realmente a otra persona, él desea que la otra sea feliz y tenga armonía. Si a través de esto llamado muerte, el Individuo escoge aceptar una mejor oportunidad para una futura expresión, si hay el más ligero destello de Amor, uno no deberá de sufrir ni desear mantener a la persona amada en un estado de incapacidad, cuando él podría ir al Gran Descanso y Libertad. "

"Es la ignorancia de esta Verdad la que permite que tal egoísmo mantenga a la humanidad en sus propia cadenas de limitación que ha creado. Esta clase de ignorancia ata la expresión de Vida de toda la raza y tercamente rehusa a entender la Vida. Arrastra a miles de seres humanos cada año a la más profunda desesperación, que es completamente innecesaria y evitable, cuando ellos podrían y deberían disfrutar la Felicidad y vivir como la Magna Presencia YO SOY pretende que ellos vivan. Tal actitud hacia la vida no solamente previene la realización de todo lo que vale la pena, sino que incapacita al individuo y lo llena de autocompasión, una de las más sutiles e insidiosas maneras por la cual la fuerza siniestra rompe su resistencia y lo hace negativo. El individuo debe mantenerse positivo si es que él quiere lograr su victoria y expresar su Maestría. La fuerza siniestra que la humanidad en esta Tierra ha creado, usa este método para evitar que aspirantes maravillosos obtengan su Libertad y que usen Todo el Poder de la Divinidad, el cual ha sido suyo desde el principio, el regalo del Padre a sus hijos. "

"De todas las faltas que la humanidad ha generado, la autocompasión es la más inexcusable, porque es lo máximo del egoísmo. A través de la autocompasión, la atención de la conciencia personal o del yo externo, es completamente absorbida por la parte inferior, débil, humana, de los deseos inútiles del cuerpo físico, y la Gran, Gloriosa, Adorable, Toda Sabiduría y Todopoderosa Luz de la Amada Magna Presencia YO SOY, siempre morando sobre el cuerpo físico, es completamente ignorada y más aún, su energía es usada para un propósito destructivo. "

"La Humanidad no puede tener nada mejor de lo que está experimentando hoy en día, hasta que no logre ver más allá de su pequeño yo, tanto como para tener el conocimiento y el sentimiento de la Presencia de Dios, la Magna Presencia YO SOY, que es la Fuente de cada vida Individual y de toda Perfecta Manifestación... Sufrir es un egoísmo colosal, no es Amor. "

"¡Discordia es egoísmo, no Amor! ¡Letargo es egoísmo no es Amor ni es Vida! Esto hunde a la raza humana en la esclavitud porque rompe la resistencia del individuo gastando la energía de la Vida, la cual debería ser usada para la Creación de Belleza, Amor y Perfección. Esta esclavitud continúa a causa de la Actividad externa de la conciencia personal; no hace el necesario y determinado esfuerzo para liberarse de la dominación del mundo físico. El estrato psíquico contiene solamente aquellas creaciones de la humanidad, generadas por los pensamientos discordantes, sentimientos y palabras de la actividad externa de la conciencia personal. Esto significa las diarias actividades de la mente, el cuerpo y sentimientos con los cuales la personalidad continúa embrollando la expresión creativa de la Vida. La raza entera ha llegado a estar tan unida por su propia discordia que los Grandes, Gloriosos, Trascendentales, Maestros Ascendidos por pura compasión por la lentitud del crecimiento de la humanidad y la miseria de su degradación, ofrecen liberarnos de las creaciones negativas del plano psíquico y dar a la humanidad un nuevo comienzo. "

"El deseo y la fascinación de un fenómeno psíquico es un sentimiento muy sutil por el cual se mantiene la atención de la personalidad lejos del conocimiento, la constante adoración, la continua comunión y la permanente aceptación de la "Magna Presencia YO SOY del individuo". La atención a las actividades del plano psíquico disminuye la energía y la habilidad que el Yo personal requiere para alcanzar la fuente de Dios y anclarse allí permanentemente. "

"Te digo la Verdad Eterna cuando digo que nada de Cristo viene del reino psíquico, a pesar de cualquier evidencia contraria porque la actividad psíquica o externa de la mentalidad está por siempre cambiando sus cualidades, mientras el Cristo el cual es la Luz Eterna está por siempre expandiendo Perfección, la Una, Inmutable, Suprema, Imperecedera cualidad."

"Es a causa de la atención y de la sutil fascinación del plano psíquico, que la humanidad es hoy en día como una multitud de niños necesitando Mucha Ayuda, y la sabiduría de los Maestros Ascendidos para elevarla una vez más a la comprensión de la Luz, es lo único que puede liberar del presente caos a la Tierra."

"Los Salvadores del Mundo han venido a intervalos regulares a dar esta clase de ayuda a través de los siglos desde el fin de la Segunda Edad Dorada de esta Tierra. Después de esa Actividad, la humanidad ha llegado a fascinarse por el mundo de las formas y la creación de las cosas. La atención del individuo se ha mantenido la mayor parte del tiempo en las actividades externas y el reconocimiento de la conciencia de su propio Dios Interno ha sido olvidado. De ahí que la "Magna Presencia YO SOY", habitando en su cuerpo electrónico, ha sido completamente ignorada, así es que él solo ha sido capaz de expresar parte de su Plan de Vida".

"El Amado Saint Germain ha pedido que tú, mi hermano", continuó el Sr. Rayborn, dirigiéndose a mí, "observes tus impresiones y sentimientos muy de cerca, mientras estés en la mina, porque un trabajo de cierta naturaleza tiene que ser hecho allí, ahora o nunca. Él desea utilizar cierta Actividad Cósmica presente en este tiempo por razones que no me dio. Dijo que vendría nuevamente muy pronto para hablar con todos nosotros. Hará lo posible por darnos más luz acerca de los símbolos en la Caverna que visitaron recientemente, a la cual todos iremos con Él en su próxima visita. Grey morirá en breve de causa natural y no le dejaré sospechar que yo sé algo acerca de su atentado contra mi vida".

Los Cuentos de las Mil y una Noches no son nada ante la Verdad que estábamos recibiendo y las cosas maravillosas que estábamos experimentando. Parecía como si hubiéramos entrado a otro mundo donde la actividad mental se hubiera manifestado instantáneamente en una forma física. El Amado Saint Germain había mostrado tan Evidente Conclusión, que Él sabía cada incidente y actividad de nuestras vidas con sólo desearlo y aún ver nuestros más íntimos pensamientos y propósitos que tuve una sensación de elevación y una Felicidad indescriptibles.

Al principio, Nada y Rex se sintieron tristes, cuando se dieron cuenta de que su padre partiría en breve, pero yo estaba seguro de que ellos estarían sostenidos por la Unica Gran Presencia del YO SOY cuando llegara el momento. Al salir de la biblioteca pedí a Nada y a Rex que cantaran una o dos canciones para su nuevo hermano y ellos sonriendo accedieron. Cantaron la "Luz Eterna del Amor", para la cual Nada había escrito la música y Rex los versos. La melodía y su poder parecían prolongar y continuar nuestra elevación de Conciencia al Gran Creador de todas las cosas "La Magna Presencia YO SOY". Cuando terminaron de cantar abracé a ambos jóvenes y los conduje hacia su padre formando un círculo alrededor de él. "Amado hermano, le dije, te estamos envolviendo en un círculo con nuestros amorosos corazones y ojalá que el Sendero de cada uno sea de Suprema Felicidad a través del Poder Radiante del Amor Divino dentro de todos nosotros". Les manifesté que las palabras no eran suficientes para expresar mi gozo y gratitud por su amor, amistad y hospitalidad.

"Mi hermano", dijo Daniel Rayborn, "soy yo el que desea expresar mi gratitud al Amado Saint Germain y a ti por el privilegio de nuestra amistad, que mis amados hijos puedan tenerte como compañero, mientras yo estoy sirviendo en otro lugar en mi humilde manera. Regocijémonos de la felicidad que podemos darnos unos a los otros. Pienso que debemos descansar lo más que podamos esta noche y mañana, porque tenemos que ir a la mina de Colorado y debemos salir temprano a la mañana siguiente."

A la mañana siguiente en el desayuno, después de un maravilloso descanso, Daniel Rayborn nos saludó diciendo que había encontrado un mensaje del Amado Saint Germain sobre la mesa cuando él había despertado, pidiéndonos a los cuatro que nos encontráramos en el cuarto de la Torre a las ocho de la noche. No necesito decir que inmediatamente nos sentimos interesados y anticipadamente gozosos de Su Venida.

Faltando veinte minutos para las ocho, Daniel Rayborn anunció que era tiempo de ir al cuarto de la Torre para nuestra cita; pero de alguna manera me sentí restringido de hacerlo. Cuando llegamos a la puerta, el Sr. Rayborn se detuvo frente a la puerta unos momentos como si estuviera meditando. En ese momento, la puerta se abrió lentamente sin que nada la tocara y tan pronto como entramos, vi que estaba ricamente alfombrada y bellamente amueblada. En el centro de la maravillosa alfombra azul estaba tejido el Símbolo Secreto y Sagrado de Vida donde nuestro Amado Saint Germain creaba la Llama Consumidora y Dadora de Vida.

Las paredes estaban cubiertas con un material blanco brillante que lucía como seda satinada. Las sillas no se parecían a nada que yo hubiera visto antes; estaban hechas de una especie de metal blanco semejándose a la plata satinada, ricamente tapizadas del mismo azul de la alfombra y tan perfectamente diseñadas que daban al cuerpo comodidad, confort y balance al sentarse. Había una silla ubicada en cada esquina formando un cuadrado dentro del círculo del cuarto. Las dos ventanas y la puerta estaban cerradas por dentro. Cuando todos estuvimos listos, Daniel Rayborn nos pidió a cada uno de nosotros cerrar los ojos y permanecer perfectamente en calma y en silencio hasta que el Amado Saint Germain apareciera y hablara. Minutos después una voz profunda y rica dijo:

"Los saludo Mis Amados Estudiantes".

Abrí mis ojos y ahí estaba la Bendita y Maravillosa "Presencia" de nuestro Amado Maestro. Tenía seis pies y una pulgada de estatura, delgado, majestuoso y real. Su cabello era castaño oscuro, ondulado y abundante. Su rostro reflejaba una belleza, majestad y poder indescriptibles, un rostro revelando la eterna Juventud con unos ojos del más profundo color violeta que uno pueda imaginar, a través de los cuales la Sabiduría de los Siglos dejava verse.

Él cruzó el cuarto hacia donde estaba sentada Nada, se inclinó y tocó su frente con el pulgar de su mano derecha y el resto de sus dedos extendidos sobré la parte superior de su cabeza. Él hizo lo mismo con Rex, conmigo y con Daniel Rayborn. Es de esta Manera que un Maestro Ascendido puede dar una radiación que ninguna otra cosa puede dar. Es una tremenda ayuda para clarificar la mente porque libera Cierta Actividad Superior desde dentro del cuerpo interno del estudiante mientras él está dentro del Aura del Maestro.

"Amados", comenzó, "esta noche he venido para explicar ciertas Leyes que les permitirán manifestar el dominio sobre las limitaciones humanas, una vez que sepan y comprendan completamente el Principio de la Vida dentro de vuestro cuerpo humano. Entonces, ustedes sabrán y sentirán que la Verdad es toda Sabiduría y todo Poder. Cuando ustedes realmente comprendan esto verán que no es solamente natural y posible sino que eventualmente será compulsorio que ustedes trasciendan toda actividad externa, sus leyes y sus limitaciones. Esto se ha manifestado en la existencia a través de la ignorancia y se expresa en la actividad externa porque al intelecto le es permitido actuar sin La Luz dentro del Corazón que la ilumina. La discordia y la limitación son impuestas, sobre la actividad externa por el hombre y sólo por el hombre, porque un Todo Sabiduría, Todo Perfecto, Todo Poderoso, Supremo Creador, no puede crear una limitación, una falta o una discordia."

"El concepto de que sea posible para un Todo Perfección crear imperfección o algo parecido es absurdo, y enteramente falso. El Supremo Creador le da al individuo libre albedrío, el uso de los atributos del Creador con los cuales manipular la manifestación en su particular lugar en el Universo. El individuo es dotado con la capacidad de formar conclusiones sólo a través del uso del intelecto, que es el resultado de información fragmentaria. Resulta de usar solamente la parte del Poder Creativo con el cual el individuo es dotado."

"Las conclusiones sacadas en forma parcial en lugar de a través de una completa información, traen necesariamente resultados insatisfactorios. El Individuo debe tener Libre Albedrío o no podría ser un Creador. Si él escoge experimentar con un rayo de la rueda en lugar de hacerlo con la rueda entera, es poco lo que se le puede decir si su deseo es tener esa experiencia."

"Su rueda de manifestación no puede ser y no es completa, hasta que él reconoce a su "Amada Magna Presencia YO SOY" ya que Ella es la Unica Fuente que sabe todo lo que es requerido para construir un patrón de manifestación que produzca Perfección para él."

"Todos los Patrones de Perfección son guardados dentro de la Toda Sabiduría, Impenetrable, Deslumbrante Mente de la "Amada Presencia YO SOY" y nunca puede manifestarse en el mundo físico de la humanidad hasta que la actividad externa de la mente, que es la conciencia intelectual, es iluminada por el Rayo de Luz Dorada dentro del Corazón. Este Rayo viene siempre y únicamente del Cuerpo Electrónico del Individuo. Esta es "La Mágica Presencia YO SOY".

"Esta Amada Presencia YO SOY del Ser de la humanidad, no reconoce y nunca puede crear, el laberinto de confusión, caos y destrucción que existe en la mentalidad y mundo externo de la humanidad, más de lo que puede el Sol crear una nube. Es el Derecho y Privilegio de todo Individuo de expresar la Plenitud de Esta Gloriosa Presencia Interna y Poder de Perfección, pero si la persona misma no llama a la Acción al Poder de la Presencia a través de la Mente Superior para la actividad externa en todo momento, entonces toda experiencia externa sólo permanece como una condición cambiante, o como terreno libre donde se acumulan los pensamientos y sentimientos de los seres humanos que nos rodean."

"La Presencia de la "Magna Presencia YO SOY" mora dentro del Cuerpo Electrónico de cada Individuo, elevándose sobre nuestra cabeza a unos cuatro metros aproximadamente y se ocupa solamente de crear, expander y verter siempre Perfección. Vive en su propio reino, haciendo Trabajos Creativos a Niveles Cósmicos."

"Solamente en la actividad externa de la personalidad humana, la cual no es sino una parte fragmentaria de la individualidad de cada uno, puede la Imperfección ser generada y experimentada. Es a través de la Mente Superior que la Selectiva y Discriminativa Inteligencia actúa. En este Cuerpo, la Inteligencia Individualizada, puede ver sobre la discordia de las creaciones humanas y observar las condiciones de que está rodeada la personalidad y aquello por lo que está pasando, pero no los acepta dentro de su Conciencia ni de su Mundo. Ve lo que es requerido para producir perfección en la experiencia física penetrando dentro del Cuerpo Electrónico "La Amada Magna Presencia YO SOY" del individuo y atrae aquello que produce Perfección en la actividad externa."

"Trascendiendo todas las Leyes de la Tierra, podemos Reclamar nuestra Autoridad dada por Dios para vivir y actuar en Perfecta Armonía con la "Amada Magna Presencia YO SOY" del hombre y del Infinito."

"Esta *Presencia* es Eterna, Inmutable Perfección, por siempre expandiéndose a Sí Misma a través del Individuo. Como pueden ver, Yo vengo a su presencia en una habitación cerrada con paredes de piedra sólida. Estas paredes, aparentemente impensables no son barrera ni obstrucción para la "Amada Magna Presencia YO SOY" de lo que pudieran ser para un impulso eléctrico. Esta "Presencia" es el Poderoso Maestro Interno, el Dios de cada Individuo. Cuando uno reconoce, acepta, entiende y siente esta "Amada Magna Presencia YO SOY", Sus Ilimitados Poderes son liberados para su uso."

"Este hogar y habitación fueron dedicados a los Maestros Ascendidos de Amor, Luz y Sabiduría cuando la torre fue construida y continuará siendo el Centro de Su Actividad por el tiempo que Ellos deseen usarlo. Cuando la corteza, que significa la discordia, del ser externo es disuelta, no al pasar por el cambio llamado muerte, sino por la elevación e iluminación consciente del cuerpo y toda su actividad por la "Luz" de la "Amada Magna Presencia YO SOY", su poder es liberado hacia el mundo externo a través del Individuo y manifiesta completa Maestría, el Dominio, como le fue dado en el comienzo por el Padre."

"A través de su conciencia, cada ser puede liberar el poder Ilimitado de la "Amada Magna Presencia YO SOY". Cuando uno disciplina sus facultades externas y las hace obedientes a su Comando Consciente de Perfección, entonces él está en posibilidad de permitir a Este Tremendo Poder para que fluya a través de él sin obstrucción alguna y puede Usarlo constructivamente. Dentro de cada uno de ustedes está la misma Poderosa Fuerza que Yo estoy usando. Ustedes pueden usarla como Yo lo hago cuando reconozcan, acepten y admitan en todo tiempo que la "Amada Presencia YO SOY" está siempre en acción. Este es el Cristo Cósmico y la única Conciencia en el Universo que puede decir YO SOY."

"La Flama del Pensamiento de Dios es la única Actividad de la Vida manifestada en dondequiera, la cual puede reconocer Su propia individualización, usar la "Palabra Creativa de Dios" y enviarla hacia el Universo para manifestación. Solamente el Hijo de Dios, que significa el Individuo con Libre albedrío, puede decretar como Dios decreta y decir, YO SOY. Cualquier cualidad que esté detrás de ese sonido, emitido hacía el éter, resulta una manifestación en el mundo de la sustancia y así se convierte en una forma."

"Cuando el Individuo dice YO SOY está usando el Atributo Creativo de Dios y anunciando Creación en su particular punto en el Universo. La acción vibratoria del Mundo YO SOY, ya sea en pensamiento o con la palabra hablada, es la Liberación del Poder de la Creación y cualquier cualidad inherente a ese Decreto es instantáneamente impreso en la sustancia electrónica del éter. Este, siendo la única sustancia y energía en existencia cuya naturaleza debe ser cualificada de alguna manera, debe exteriorizar el patrón dentro del Decreto. Si el Decreto es para la Perfección, entonces la experiencia en el mundo del Individuo expresa la Plenitud del Plan de Vida; pero si el Individuo no lanza ese Decreto, es imposible para Esa Perfección externarse en sus experiencias hasta que el Decreto es liberado en el éter en el cual vive."

"Todo Individuo puede pensar Perfección en todo momento si así lo quiere y no toma más sustancia y energía para construir Bellas Perfectas Formas y Experiencias que la que necesita para lo imperfecto; pero si el Individuo desea Esta Perfección expresada en su propio mundo, él debe usar su propia energía para emitir el Decreto, el cual liberará Esa Perfección hacia él. Esta es la "Ley de su Ser" y nada puede cambiarla."

"La Vida es la única Presencia, Inteligencia y Poder que puede actuar o que ha actuado. Estas tres Actividades dentro de la Vida son coexistentes dondequiera. La Luz Electrónica Pura que llena el Infinito es la Luminosa, Inteligente Sustancia de la "Magna Presencia YO SOY" que existe en todo y de la cual todas las formas se componen. La discordia y la limitación pueden, por decirlo así, opacar esta Sustancia quitándole algo de la Radiación de su Luz; pero la imperfección de la clase que sea, nunca puede penetrar en la Sustancia Electrónica misma. Las discordias y limitaciones que la humanidad se ha infringido a sí misma, son debidas a las actividades del intelecto y de las emociones, que no han sido debidamente entrenadas para ver dentro de la "Luz" de la Magna Presencia YO SOY del Individuo, para el Plan de Perfección sobre el cual cada uno debe construir todas sus actividades externas."

"Este Plan Perfecto no existe sino en la "Poderosa Presencia YO SOY". Cuando el intelecto y las emociones son purificados e iluminados por la Luz de Esta Gran Presencia, entonces las Ideas y Actividades Perfectas dentro de Ella, fluyen a través de la personalidad sin ser distorsionadas por la información fragmentaria en la actividad externa de la conciencia. Los informes de la conciencia de los sentidos humanos son actividades sin iluminación y cuando la "Luz" es dirigida hacia ellos desde la "Magna Presencia YO SOY", se funden en Su Gloriosa Perfección enseguida".

"Amor, Paz, Balance, Orden y Perfecta Actividad, o la coordinación de toda otra actividad con el Patrón de la Perfección de la "Presencia", sólo pueden ser atraídos por Una Gran Luz, la del "YO SOY". Ahí, y solamente Ahí, es que el Diseño de la Perfección puede existir. Si el estudiante o el Individuo fija su atención con determinada tenacidad y la mantiene sobre la "Magna Presencia YO SOY", él puede liberar tal Divino Amor, Luz, Sabiduría, Poder, Valor y Actividad, como no puede comprender en el presente."

"El Divino Amor contiene la Perfecta Actividad de Cada Atributo de Dios. Cuando el Individuo entra en el sendero consciente de la Maestría propia, debe entender y darse cuenta de que de ahí en adelante está obligado a lograr todo, puesto que lo intenta por el Poder del Divino Amor dentro de su propia "Presencia YO SOY". Debe saber sin lugar a dudas, y recordar siempre, que el Divino Amor contiene dentro de Sí la Absoluta Sabiduría y la Todopoderosa Fuerza de la "Amada Magna Presencia YO SOY".

"Cuando un Individuo genera suficiente Amor Divino y lo envía hacia toda actividad externa, él puede ordenar lo que quiera, a través de la "Magna Presencia YO SOY" y su petición es siempre cumplida. Puede estar entre bestias de la jungla y no le ocurrirá nada. El Amor Divino, cuando es generado conscientemente dentro del Individuo, es un Escudo de Protección Invisible, Invencible e Invulnerable contra toda actividad perturbadora. Sólo hay una cosa que puede atraer Perfección donde quiera en el Universo y es el suficiente Amor Divino. Por lo tanto, amen a su "Magna Presencia YO SOY" –Intensamente- y ninguna otra cosa podrá penetrar en su Ser o su mundo."

"Ustedes cuatro Amados, han llegado al punto donde la Presencia YO SOY ordena la Asistencia de los Maestros Ascendidos. Por lo tanto, será mi Gran Satisfacción el ser de alguna ayuda a ustedes en lo que puedan necesitar. Antes de proseguir adelante, deseo transmitirles el Gran Amor y Bendiciones de su Amada Madre y Compañía. Pronto tendrán la alegría de verla y saludarla cara a cara y nunca más volverán a sentir malestar por el pensamiento o cambio, de lo que se llama muerte. Me da Inmensa Felicidad sentir y ver la Maravillosa Armonía que hay dentro de sus cuerpos mental y emocional."

"Mi Hermano", dijo Él, dirigiéndose a mí, "Te doy la bienvenida y te bendigo por tu noble naturaleza, Sincero Corazón y tan Grande Amor. Dentro de poco te darás cuenta de que tienes mucho más que hacer que escribir". Volviéndose hacia Nada y Rex, les habló así:

"Mis Amados Nada y Rex, me siento ambos, padre y madre para ustedes, a pesar de que no puedo tomar el lugar de su padre terrenal, quien es tan noble y cuyo peregrinaje terrenal está llegando a su final. Él puede permanecer con ustedes por muchos meses aún. Les ruego olvidar enteramente eso que ustedes toman como separación, entrando por completo en las actividades que tienen ante ustedes".

"Yo estoy más que contento", continuó, volviéndose hacia mí, "de ver en tu Corazón una gran voluntad de servir dondequiera que el servicio sea más necesario. Ese atributo te traerá "Gran Luz" en abundancia, incluyendo a todos, Él continuó: "Después de su viaje a la mina, Yo impartiré a cada uno de ustedes, ciertas Instrucciones Privadas que les ayudarán y acelerarán el despertar de Ciertas Facultades, cuyo uso pronto necesitarán y a través de las cuales Yo estaré en condiciones de llegar a ustedes más fácilmente. Esto les dará una claridad tal que borrará toda duda."

"El Superintendente de tu mina", dijo Él, dirigiéndose a Rayborn, "retendrá su cuerpo físico únicamente hasta que él pueda decir algunas palabras de despedida para "ti".

"Al norte del túnel, donde empezó el último trabajo y que está considerado como muy bueno, existe un depósito inmensamente más rico y que ha sido pasado por alto. Yo les indicaré el lugar, y cuando lleguen al sitio exacto en el túnel, deben marcarlo" dijo, mirándome.

"Hay algunos que están en contacto con Grey, con los cuales no se deberá comentar esto hasta que Grey esté fuera de su alcance. Será mucho más sabio en el futuro prohibir que salga cualquier reporte concerniente a futuros hallazgos en la mina. Esta veta, la cual te será indicada, contiene aproximadamente veinte millones de dólares en oro, libres de gastos de operación."

"Si aquellos humanos que se encuentran en gran necesidad, se dieran cuenta qué tan fácil y rápido sería para ellos alcanzar su libertad financiera, con sólo fijar su atención en la Mágica Presencia YO SOY y mantenerse ahí con decidida tenacidad, magnífica sería su recompensa por tal esfuerzo".

"Estaré presente mientras estén en la mina; pero no visible a su vista exterior. Esta será la consolidación de nuestra maravillosa y recién formada asociación. Se darán cuenta qué tan hermosa es cuando lleguen a estar conscientes del tremendo poder de la Mágica Presencia

YO SOY dentro y sobre cada uno de ustedes. Con esta Todopoderosa Fuerza saldrán adelante, si la usan sin ninguna limitación."

Nos dio a cada uno un cariñoso apretón de manos y nos pidió tomáramos la misma posición de antes que Él llegara diciéndonos que nos veríamos otra vez muy pronto.

Cuando abrimos nuestros ojos, unos momentos después, Él había desaparecido tan rápido como había llegado. Nada y Rex dijeron que la experiencia había sido la más gloriosa jamás vivida, además de las dos horas más felices que nunca habían tenido. Solamente una pequeña parte de tan Trascendental trabajo puede ser expresado con palabras para aquellos que no han experimentado estas cosas; pero toda la humanidad puede tener la misma oportunidad, cuando el individuo sea lo suficientemente humilde, sincero y libre de egoísmo en su búsqueda de la Luz y que realmente ame su Propia Mágica Presencia YO SOY.

Fue extraordinario observar el cuarto brillantemente iluminado por la Radiante Presencia del Amado Saint Germain y fue esa Luz la prueba concluyente de su Presencia. Cada uno de nosotros experimentamos tal Amor y Paz como nunca habíamos soñado que existiese. No pudimos refrenar el deseo de abrazarnos los unos a los otros. Había lágrimas de gozo en nuestros ojos, pues nos sentíamos llenos de gratitud por tan Divino Privilegio.

Nos dijimos buenas noches y nos retiramos a nuestras habitaciones, pues teníamos que salir temprano al día siguiente hacia la mina.

Salimos muy temprano y condujimos cerca de quinientas millas por una magnífica carretera. El día estaba tranquilo, brillante y encantador, el panorama maravillosamente bello. Nos turnábamos para manejar y así no sentir cansancio alguno al final de nuestro viaje.

Llegamos al campamento exactamente a las siete de la noche; notamos inmediatamente una gran excitación en el campamento y tan pronto como los hombres nos vieron, uno de ellos rápidamente corrió hacia el coche gritando muy excitado: "¡Vengan, Vengan! Grey ha sido seriamente herido en la mina, Sucedió mientras estábamos cambiando de turnos". Rayborn se apresuró hacia el lugar donde se encontraba Grey, mientras Rex y yo llevábamos a Nada a la cabaña. Los hombres se hicieron cargo del equipaje y nosotros corrimos hacia las oficinas del Superintendente, donde había sido llevado Grey. Cuando llegamos, los hombres estaban desalojando el cuarto, pues Grey deseaba hablar a solas con Rayborn. Entramos y lo saludamos dándole el mayor ánimo que pudimos saliendo después para dejar a ambos solos.

Treinta minutos después, Rayborn salió. Estaba realmente conmovido porque, como después nos relató, el hombre había hecho una confesión completa, pidiendo perdón, para inmediatamente después morir.

El Amado Saint Germain nos comentó después refiriéndose a este hecho: "Cuando el alma se dio cuenta de que el humano en sí no podría soportar la tentación, se retiró del templo de carne".

Rayborn nos explicó: "Estaban dinamitando cuando una gran roca se aflojó y en el momento en que Grey estaba inspeccionando y revisando el trabajo del día, la roca se desprendió y cayó golpeándole la cabeza con gran fuerza, lo cual le hizo caer inconsciente; después otra más cayó sobre su pecho, lastimándolo tan seriamente que no había esperanza de recuperación."

"Más tarde permaneció consciente hasta que llegué a su lado y así hacer una confesión completa concerniente al atentado en contra de mi vida, pues sabía que no iba a vivir".

"Libre y gustosamente le perdoné todo, mientras que él dejaba la materia, sintiéndose más libre. Con esto su alma puede quizá tener una gran oportunidad para evolucionar. Su gratitud fue inenarrable por la oportunidad de liberar su consciencia y ser perdonado. Su "muerte" estuvo envuelta en una gran paz."

Todos estábamos asombrados de la rapidez y exactitud con que se iban realizando los vaticinios de nuestro Amado Saint Germain.

A las once de la mañana del día siguiente se ofreció un pequeño servicio en el campamento, para después llevar el cuerpo a la estación del ferrocarril. Bob Singleton lo acompañó en el camino hacia San Francisco en donde la madre y el hermano de Grey vivían. Mr. Rayborn les envió un cheque con un importe más que suficiente para solventar los gastos.

En toda mi experiencia en las minas, nunca había conocido un campamento tan maravilloso como el que Rayborn tenía. Se había hecho todo lo posible para la comodidad y conveniencia de todos los hombres que lo habitaban. Por supuesto ninguna clase de bebidas embriagantes era permitida. La ubicación de la mina estaba en lo profundo del corazón de muy escarpadas montañas y se hacía todo lo posible por mantener la máxima Armonía.

Nada y Rex aprovecharon toda oportunidad para que me familiarizara con el campamento Y pude darme cuenta del cariño que sentían todos Por Rayborn.

En toda la atmósfera se respiraba una armónica cooperación y había una total ausencia de elementos negativos o indeseables.

Era costumbre de Rayborn el pagar a cada hombre un monto extra al día por todo el tiempo que durara cualquier veta rica en oro. Nombró a Bob Singleton Superintendente, pues además de su espléndida habilidad era un hombre honesto y noble.

Pasamos un día maravilloso yendo a través de la planta de concentración desde la cual el metal era embarcado hacia la fundición. La mayoría del rico oro venía libre de impurezas, fundido y convertido en lingotes, siendo embarcado directamente Para su acuñamiento a Denver.

Esa noche en la cena, Rayborn, hablando sobre Bob Singleton nos dijo: “Siempre había querido hacer a Singleton nuestro Superintendente, porque siento que él es un hombre en el que se puede confiar plenamente. Pienso que será mejor no entremos a la mina hasta que él regrese, lo cual no será probablemente hasta dos días después de mañana. Mientras tanto, podemos trazar los planos para la localización de la superficie de la veta. Muchachos, quiero que ustedes dos, se familiaricen con todas las secciones de la mina y sus alrededores. Les mostraré las Principales vetas en la superficie. A pesar de que hemos tenido esta mina por cerca de doce años, como ustedes podrán ver, según vayan conociéndola, solamente hemos explorado una pequeña parte de la misma, aunque hemos sacado millones en oro."

Singleton regresó en la tarde del cuarto día Y los planes fueron hechos para ir cuidadosamente a través del subsuelo, el día siguiente. Durante esa noche me sentí como si hubiese sido cargado tremendamente con una Corriente Electrizante Y Dinámica.

Nada había traído su instrumento musical árabe y junto con Rex nos entretuvieron en forma maravillosa después de la cena. A las nueve de la mañana siguiente fuimos al tiro de la mina para encontramos con Singleton, el cual nos esperaba ahí, listo para llevarnos dentro de la misma. Entramos al elevador y descendimos hasta los cuatrocientos pies. Ahí nos internamos a través de varios túneles. A medida que avanzábamos en uno de los túneles que nos llevaba hacia el sudoeste, sentí que una Corriente Eléctrica pasaba a través de mí. Me detuve y volteando hacia Singleton le dije: "Qué contiene aquella formación norte de este punto ", "Es solamente roca simple la que hay entre estas dos vetas" replicó. Están aproximadamente a cuatrocientos pies de la superficie con aparentemente poca profundidad. Mientras pasábamos frente a la formación, y sin que los otros lo notaran, marqué el lugar con tiza azul. Después fuimos al nivel de seiscientos pies y continuamos a través de los trabajos. Llegamos a un túnel que conducía hacia el sudoeste y casi bajo el punto donde yo había sentido la Corriente, doscientos pies más arriba. La sentí de nuevo, pero más poderosa que antes. Miré a mi derecha y vi una Luz de azul intenso con el centro dorado. Se mantuvo clara y brillante sobre la Pared del túnel. Marqué el lugar rápidamente y al mismo tiempo mi Vista Interna fue grandemente despertada, Vi claramente a través de la roca lo que parecía ser una gran cavidad entre dos formaciones. La entrada mediría unos doscientos pies de altura y casi la misma circunferencia. Una hendidura en la formación subía casi hasta el nivel de cuatrocientos pies.

Durante una antiquísima actividad volcánica el oro fue forzado a este punto formando ricas vetas, las cuales se derramaron en esta Hendidura llenando así la enorme cavidad. Toda esa actividad pasó como un relámpago por mi conciencia en un momento, como todos los Relámpagos Cósmicos ocurren, Marqué el punto para después proseguir con los demás a examinar otra veta a la vista. Fue muy Interesante observar cómo dos paredes de la veta se Iban ensanchando en su formación, creando así un gran cuerpo del precioso metal, aunque diez veces menor que el que yo había visualizado. En ese momento Bob Singleton fue llamado aparte por uno de sus hombres y así tuve la oportunidad de explicar a Rex y a su padre lo que me había sido mostrado por nuestro Bienamado Saint Germain. Sabía yo positivamente que había sido su poder por el que había sido capaz de ver la formación y así marcar su ubicación. Rayborn decidió inmediatamente preparar los trabajos para comenzar un túnel desde el Punto que yo había marcado hasta dar con el cuerpo del mineral que me había sido revelado. Cuando Singleton regresó, Rayborn le dio la orden para que los hombres comenzaran con el trabajo. El Superintendente le miró con profundo asombro; sin embargo, ninguno de sus hombres pensaron alguna vez en contradecir lo que Rayborn sugiriera, por lo que Bob comenzó inmediatamente a hacer los arreglos para llevar a cabo las órdenes. Rayborn le dio una pequeña explicación diciendo: "Bob, yo sé que tú no entiendes por qué estoy haciendo esto, pero cuando este trabajo tan especial esté hecho, te lo explicaré".

"Sr. Rayborn", dijo Singleton, con gentil y humilde dignidad, "será siempre un placer llevar a cabo cualquier orden suya sin hacer pregunta alguna". "Yo deseo", continuó esta vez Rayborn, "que pongan a los hombres más rápidos y valiosos a trabajar en esta parte de las obras, Usen tres turnos y termínenlo tan pronto como sea Posible".

"¿Cuántos pies pueden los hombres horadar en veinticuatro horas?" pregunté al Superintendente. "Pienso que unos diez, más o menos" replicó, "de acuerdo con la dureza de la roca".

A ese ritmo, sentí que podrían llegar al cuerpo del mineral en aproximadamente diez días. Pude haber gritado de gozo, porque sabía con toda la certeza del mundo, que lo lograrían.

Bob nos agradaba mucho a Rex y a mí Porque parecía ser un hombre de gran carácter, a pesar de ser muy joven para el tipo de posición que desempeñaba. Él nos dejó tan pronto como salimos de la mina, pues había un cargamento que enviar esa tarde.

"He telegrafiado al capataz del rancho, Rayborn explicó, que no regresaremos en dos semanas a menos que algo de vital importancia lo demande, Pues deseo quedarme aquí y observar los adelantos en el nuevo túnel."

Los días pasaron rápidamente; el trabajo se mantuvo a un ritmo constante. Mientras, ocupábamos nuestro tiempo escribiendo, yendo de excursión y disfrutando de la música que Nada y Rex nos ofrecían con instrumentos árabes, uniéndose a nosotros en la hora de la cena, Bob Singleton.

El trabajo en el túnel había llegado ya a los cuarenta y ocho pies en los primeros cinco días. Bob les pidió a Nada y a Rex que cantaran para los hombres del campamento. Nada, que había pedido a Denver le enviaran algunos trajes árabes, sorprendió gratamente a todos esa noche cuando aparecieron ella y Rex en su primer número volviendo a los hombres locos de contento.

Cuando el programa terminó, uno de los hombres se levantó y pidió estrechar la mano de los muchachos en señal de gratitud por el magnífico entretenimiento que esa noche se les había brindado. Los muchachos accedieron gustosos y nos dijeron mas tarde que nunca habían sentido mayor inspiración y poder en sus voces como aquella noche. Ambos sintieron que el maestro Saint Germain había estado presente y había aprovechado esta oportunidad para derramar su Radiación a través de la música, para aquellos hombres, y así elevar su Conciencia a alturas insospechadas. Esta era su manera de neutralizar la mala influencia que había tratado de penetrar a través de Grey, quien no había podido completar sus nefastos propósitos.

A las doce horas del undécimo día, me encontraba en las oficinas de la mina con Bob Singleton, cuando un hombre entró corriendo, grandemente excitado, diciendo que habían encontrado el metal precioso en el nuevo túnel. El Superintendente miró atónito demostrando plenamente su gran sorpresa. Fue entonces cuando me di cuenta que él ni siquiera había soñado en encontrar el oro en los nuevos trabajos.

Solamente con el uso ordinario de simples observaciones geológicas, este oro nunca hubiera podido ser localizado por geólogos, quienes rara vez toman en consideración las caprichosas formaciones que algunas veces ocurren en la naturaleza, la cual, como ya sabemos, hace ocasionalmente cosas extraordinarias. Este depósito no hubiese podido ser encontrado excepto por el poder sobrehumano de nuestro Amado Saint Germain.

Singleton me pidió buscara a Rex y a su padre y les contara las nuevas. Me apresuré al cuartel del campamento, en donde los encontré esperándome para el lunch. Cuando les conté sobre lo sucedido, silenciosamente elevamos una oración agradeciendo a la Amadísima y Mágica Presencia YO SOY y a nuestro Amado Saint Germain, por este valioso hallazgo.

Rayborn mandó decir a Bob que estaríamos listos para ir con él y examinar el nuevo descubrimiento a la una y media. Nada decidió esperar por nuestro reporte.

Cuando llegamos al lugar observé cómo las últimas horadaciones habían puesto al descubierto el metal precioso, dejando ver toda la fachada del túnel de rico oro.

"Bob", ordenó Rayborn, "horaden lo más pronto posible hasta determinar su extensión". "Eso haré" replicó Bob, comenzando una explicación: "La formación en el depósito de metal es mucho más fácil de horadar y quebrar que la roca ordinaria"

Mientras regresábamos hacia la superficie, Bob no pudo reprimirse más y estalló diciendo: "Sr. Rayborn, esto es lo más increíble que haya yo leído u oído en toda mi vida, ¿Cómo se enteró que el oro se encontraría ahí? No había señales que indicaran su existencia".

"Bob, mi amigo", le replicó, "ten paciencia, pronto te enterarás. Quizá prolonguemos nuestra estancia por otros diez días y si no me equivoco se trabajará a doble velocidad en esta veta, de lo que trabajaron para llegar a ella. Mantén este oro completamente separado del resto de la mina. Te explicare la razón para ello después".

Esa noche en la cena, Rayborn les pidió a Nada, a Rex y a mí encontrarlo a los ocho. "Sugiero", comenzó tan pronto como todos nos encontramos sentados, "que tomemos a Bob Singleton como nuestro socio, como Gerente General de la mina, incluyendo lo que en el futuro conoceremos como el "Descubrimiento del Maestro". Creo que tendrá que seleccionar un Asistente, que todos nosotros aprobaremos. Tenemos la evidencia de que lo que nuestro Bienamado Maestro dijo de la nueva veta es realmente verdad, sin embargo, no digamos nada a Bob hasta que el trabajo esté terminado".

Los días siguientes fueron plenos de gran actividad y tremendo Interés a medida que el trabajo progresaba. Casi cada noche, Bob era Invitado a cenar con nosotros, para así llegar a conocernos mejor.

Veinte días después que el oro fue encontrado, el túnel había casi llegado al lado opuesto. La noche en que el túnel se terminó, hizo el anuncio de que se había tomado a Bob como socio y aunque el "Descubrimiento del Maestro" pertenecía a Nada y a Rex, ellos querían que compartiera un tipo de Interés especifico en la mina, en adición a su salario. Entonces fue cuando Rayborn explicó cómo la rica veta había llegado a descubrirse. Dio una corta descripción de nuestro Bienamado Maestro Saint Germain, relatando la Protección que él y su familia habían venido recibiendo por años. Contó también del reciente atentado contra su vida y del cual había escapado.

Lágrimas de gratitud rodaron por las mejillas de Bob, al tratar de expresar su aprecio. "Tu sentimiento tan profundo", le dijo Rayborn, "prueba que tu sinceridad hacia mí está fuera de toda duda. Todos tenemos un Gran Amor por ti, y estoy seguro de que podemos confiar en ti, como uno de nosotros". "A todos les doy las gracias por su bondad", dijo Bob con gran sinceridad "y haré lo posible por nunca defraudar la confianza que han puesto en mí".

Fue entonces cuando nos enteramos que Bob tenía una Hermana, Perla, a quien amaba tiernamente y la cual era su única pariente viva, con excepción de una tía con la que ella vivía. "Espero a Perla para mañana, pues viene a pasar una temporada conmigo". Se mostró muy entusiasmado en su descripción de ella, para después enseñarnos su foto. Era una joven de aproximadamente dieciocho años, muy bella y era esa clase de personas que uno siente con una tremenda fuerza de carácter, reposada y con un don especial de mando. Le contó a Rayborn de su deseo de proveerla de una educación universitaria y que con su reciente buena fortuna, esto sería posible ahora.

Al día siguiente, Nada, Rex, Bob y yo fuimos a la estación a encontrar a Perla. Mientras los pasajeros descendían del tren vimos a alguien que corría hacia los brazos de Bob. Esto nos hizo darnos cuenta qué tan tiernamente se amaban el uno al otro. Cuando Rayborn le fue presentado, sin titubear le echó los brazos al cuello, besándolo con inmensa gratitud, debido a la gran bondad demostrada hacia Bob. Trató de darle las gracias por ello, pero él le replicó: "Mi pequeña, me hace muy feliz el conocerte y saber que compartes el gozo con tu hermano, a quien hemos aprendido a querer".

Nos pasamos aquella noche escuchando a Nada y Rex cantar y Perla parecía ser la persona más feliz y agradecida del mundo. Al día siguiente llegó un mensaje desde el rancho en donde la presencia de Rayborn era solicitada, así que hicimos los preparativos necesarios para partir a la segunda mañana siguiente.

El Asistente del Superintendente que Bob había escogido para ayudarle, estaba por arribar al campamento. Nada persuadió a Bob que dejara a Perla regresar con ella al rancho hasta que él tuviese tiempo de unírseles. Rayborn planeó quedarse en el rancho solamente por dos o tres semanas, para regresar a la mina otra vez.

A las seis de la mañana de nuestra partida todos los hombres que se encontraban fuera de labor, vinieron a vernos partir, Mientras Bob se despedía de Perla en tierno abrazo, le expresó su gratitud por haber hecho tan hermosa amistad con Nada.

Rex y yo nos turnamos para conducir a fin de que Rayborn tuviese oportunidad de conocer a la nueva amiga de Nada. Notamos en seguida que Perla era una buena observadora y que su apreciación por la belleza de los escenarios naturales que se sucedían mientras conducíamos, era verdaderamente profunda.

El tiempo pasa rápidamente cuando todo es Armonía y Gozo y ésta es una de las Leyes de la Vida. Si la humanidad pudiese comprender la necesidad tan imperiosa de llevar a cabo tales leyes y entender que es factor vital el uso de las mismas en sus conciencias, podríamos vivir en un mundo maravilloso, más rápidamente de lo que nos es posible comprender.

Hicimos un largo recorrido, pero llegamos a casa a las ocho de la noche, listos para la espléndida cena que nos aguardaba, y con excepción de Perla, nos sentíamos todos un poco cansados por el largo viaje. La novedad de los escenarios naturales mantuvo todo el tiempo el interés de Perla, que parecía no sentir nada más que una gran felicidad por las bellas experiencias. Nos retiramos temprano, profundamente agradecidos a nuestra Mágica Presencia YO SOY por las Maravillosas Bendiciones que había derramado sobre nosotros.

CAPITULO III

Maravillas Subterráneas

Al día siguiente, Nada, Perla, Rex y yo fuimos a nuestro Lago favorito en la montaña. Perla se había ido a dar un paseo, mientras que el resto de nosotros nos sentamos muy quietos en un tronco. Tendríamos ahí como una hora, cuando una sensación muy extraña me hizo estremecer, como si Perla se encontrara en peligro. Llamé a Rex, comentamos mi presentimiento y fuimos en su búsqueda. Rodeamos una enorme roca que se proyectaba frente al sendero y la vimos parada inmóvil. Afortunadamente corrimos hacia ella sin antes gritarle, mientras nos acercábamos nos dimos cuenta que una serpiente de cascabel se encontraba frente a ella esperando la oportunidad de atacar.

Rex acostumbraba siempre llevar una cuerda amarrada a la cintura. Sin proferir palabra y más rápido que el tiempo que toma el decirlo, formó un lazo y con un rapidísimo y firme movimiento lo lanzó hacia el peligroso animal, lazándolo por abajo de su cabeza y matándolo instantáneamente. Nos volvimos hacia Perla pensando encontrarla aterrorizada por la experiencia. Imaginen nuestra sorpresa cuando volteando hacia nosotros su calmado y sereno rostro e iluminándolo con una curiosa sonrisa, nos dijo: "Cuando la serpiente apareció inesperadamente frente a mí me sorprendió, pero yo sabía que no podría hacerme daño alguno mientras mantuviera mi vista clavada en sus ojos. Además de que siempre supe que llegarían pronto".

Para ese entonces Nada había llegado a donde estábamos y le explicamos lo sucedido. "Mi querida hermanita", dijo volteando hacia Perla, "ciertamente demostraste una gran serenidad y valor"; Perla la miró con una expresión muy particular, que nunca antes le habíamos visto. "Nada querida", le replicó, "tú sabes que el Gran Maestro no iba a permitir que alguno de nosotros sufriera daño alguno". Finalmente pude articular palabra y pregunté: "¿Qué Maestro?" Ella me miró fijamente por un momento y exclamó "el mismo Maestro que ustedes conocen". Nada, emocionada, le tiró los brazos al cuello exclamando: "¡Dios te bendiga querida! pero dime por favor ¿cómo le conociste?" "Mira, cuando tendría yo apenas diez años y mi madre acababa de pasar a otra vida un ser angelical se me apareció, el cual vine a saber después que se trataba de Nuestro Bienamado Saint Germain. Enseguida de su primera aparición Él Continuó visitándome e instruyéndome, pero se me pidió no contarlo a persona alguna, ni aún a mi amado hermano. Él fue el que me sugirió visitarle y cuando lo hizo noté un misterioso y singular destello en su mirada. No entendía en ese momento el por qué de su expresión tan divertida. Cómo imaginar que iba a encontrarme con aquellos que conocían tan bien a mi Angelical Maestro, como yo solía llamarle siempre".

Desde ese momento nos pareció que Perla era como una hermana a la que habíamos perdido y que acabábamos de encontrar. Esa noche compartimos nuestra gran sorpresa con Rayborn, quien se sintió profundamente gozoso de enterarse que Perla era también una estudiante de Nuestro Bendecido Saint Germain.

Al día siguiente una gran sorpresa nos estaba esperando cuando bajamos a desayunar. Daniel Rayborn había recibido un mensaje de Nuestro Maestro en el cual nos pedía nos reuniésemos en la Caverna de los Símbolos en la montaña "Table" a las ocho de la mañana del jueves próximo. Perla se encontraba muy ansiosa de saber más acerca de la Caverna y enseguida de escuchar una ligera descripción de ésta, subrayó: "Una Gran Revelación concerniente a la Caverna tendrá lugar".

A las seis de la mañana del día indicado aparecimos a desayunar ataviados con nuestras cómodas ropas para la caminata, expectantes por ver una vez más a nuestro Amadísimo Maestro y presintiendo que nos esperarían grandes acontecimientos en nuestra cita.

Condujimos en auto hasta donde el camino lo Permitió, para después caminar hacia el lugar indicado. Era un día glorioso, el aire parecía cargado de una mágica fragancia y con una alta y poderosa Energía Espiritual; llegamos a la entrada de la Caverna a las ocho en punto. Entramos a la primera cámara e inmediatamente nos sentimos conscientes de una poderosa Vibración, semejante en sonido a la que produce una gran maquinaria. Al mismo tiempo que penetramos en el Gran Recinto, vimos al Amado Maestro de pie, esperando por nosotros. Contrastando con nuestra pesada indumentaria Él iba vestido con ropas muy ligeras. Envolviéndonos a cada uno en un Divino Abrazo nos dijo: "Amadísimos míos, los saludo en el nombre de La Magna Presencia YO SOY. Esta Presencia interna que ha llegado a ser tan familiar para ustedes como lo son unos para con los otros, tan Real y tan Vital."

No creo que sea necesario presentarles a mi fiel estudiante, Perla, cuyo nombre simboliza su gran pureza de alma. Me regocijó grandemente el haber podido reunir en forma física, tan bellas almas como son las de todos ustedes. Les aseguro que ésta es una situación por demás excepcional, como verán más tarde. Si son tan amables en seguirme, procederemos a nuestra misión.

Se encaminó hacia el Arco Blanco descrito en el primer capitulo. Al llegar frente a él, extendió su mano derecha y al momento una enceguecedora Luz Blanca, como un vapor denso, envolvió el lugar completamente. La entrada del túnel se llenó de una suave luz blanca y se abrió.

Entramos, siguiendo a Saint Germain en un extenso recorrido, llegando al fin a otra puerta en la cual unas figuras en relieve representaban los antiguos símbolos de la vida. De pronto la puerta se abrió y fuimos Introducidos dentro de una cámara de extraordinaria arquitectura y belleza. Esta se componía de doce muros de dimensiones iguales y con un hermoso domo formando el techo, Cada muro estaba hecho de un material diferente. Cuatro de estos paneles de un blanco deslumbrante. Cada uno proyectaba una diferente y brillantísima luz que formaba a su vez un cuadrado dentro de las doce figuras puntiagudas. Los otros paneles eran de variados colores en los más delicados y bellos tonos. En el lado este se encontraba un aparato en una caja transparente que parecía, hasta donde puedo describir, un radio. A cada lado de esta caja, formando un círculo alrededor del cuarto completo y a tres pies de la pared, se encontraban doce sillones hechos del mismo material transparente que la caja, uno enfrente de cada panel. Saint Germain nos pidió nos sentáramos y acercándose al aparato nos explicó: "Amados estudiantes, sus conjeturas son correctas. Dentro de esta caja se encuentra el más extraordinario radio que se ha hecho en la tierra. Esta caja, como pueden ver, es perfectamente transparente y de un material que no es conocido todavía por ustedes, tan duro y fuerte, o quizá más fuerte que el acero mismo; es tanta su dureza que ni siquiera el golpe del martillo lo podría marcar. El inventor de este radio vendrá aquí esta noche para que le conozcan".

"Desearía que fuesen mis huéspedes aquí por tres días. Veré que un mensaje sea enviado a casa esta noche, por un mensajero visible. Ahora, si desean acompañarme, proseguiremos, pues tenemos mucho que hacer antes de que anochezca.".

Se dirigió hacia el lado opuesto del cuarto, por el cual habíamos entrado y presionó con su Mano el muro en donde un panel se deslizó hacia atrás, dejando ver una entrada a un largo y oblongo cuarto. "Este es un laboratorio", nos explicó, "en el cual grandes Maestros Químicos han estado trabajando en los últimos cincuenta años, perfeccionando fórmulas para la protección del continente americano en la próxima y final crisis. Después de esta crisis, se mostrará a su gente el uso de la Energía Universal por medio de la Luz, El Calor y La Fuerza. Esto vendrá más adelante en una Gran Perfección nunca antes conocida".

Nos dirigimos hacia el final del laboratorio y pasamos a otro cuarto tres veces más grande que el anterior, en donde muchos experimentos eléctricos eran llevados a cabo. El cuarto había sido completamente recubierto con el mismo tipo de material transparente que había sido usado en la caja del radio.

"Muchos descubrimientos e invenciones" continuó diciendo, "se han hecho aquí por el despertar de memorias pasadas en los que están haciendo el trabajo experimental. Al traer hacia la actividad externa aquello que se ha logrado en vidas anteriores y agregándole la Mayor y Simplificada Perfección del futuro, los que hacen este Trabajo están preparando incontables Maravillas y Bendiciones para el continente americano, su gente y a través de ella para el mundo. Durante los próximos setenta años américa toda apenas se reconocerá cuando, mirando hacia atrás, vea sus limitadas actividades."

"Estos maravillosos Seres, quienes han llegado a tener un profundo conocimiento de su "Magna Presencia YO SOY", están perfeccionando y preparando para su uso actual, muchas cosas maravillosas para el gran beneficio e iluminación de la humanidad, según van los seres ascendiendo en la Comprensión Consciente en que estas cosas pueden ser aceptadas y usadas. Muchas de estas fórmulas e invenciones han sido y están siendo, tomadas de ciudades herméticamente selladas que reposan en el fondo del Océano Atlántico por haberse hundido en sus aguas cuando Atlántida fue destruida por el último cataclismo."

"Estos Grandes Seres han extraído dichas fórmulas de estas ciudades selladas y las están probando y mejorando. Es así como la Gran Perfección adelanta su uso y la elevación de la raza para la venidera Era Dorada. Los Grandes Maestros Ascendidos vigilan, cuidan y dirigen este trabajo. Sus estudiantes, que han sido entrenados para entrar y salir del cuerpo conscientemente, son los que llevan a cabo los experimentos en el laboratorio."

"Los Maestros Ascendidos son los Guardianes de la humanidad y han trabajado a través de centurias, tanto en lo invisible como en lo físico, para despertar, bendecir, iluminar y hacer salir a los seres humanos de su propia degradación y egoísmo. Hemos conquistado a la muerte por un Completo y Eterno Dominio sobre la sustancia atómica del cuerpo físico. ¡Todas las cosas obedecen a nuestro comando! Las Leyes de la Naturaleza y del Universo son nuestros obedientes y complacientes servidores. En estas maravillosas Cámaras Secretas el Trabajo se realiza en forma silenciosa y desconocida para el mundo exterior y dondequiera que el Individuo busque la Luz, por la Luz misma, entonces verdaderamente todas las cosas le serán dadas por añadidura".

Saint Germain llamó nuestra atención sobre las cosas que ya habían sido perfeccionadas y otras que estaban en construcción. Nunca podré poner en palabras la excitación que ello nos producía. Una cosa en particular atrajo la atención general y preguntamos su propósito: "Esta es una forma mecánica para acelerar la vibración atómica del cuerpo humano" contestó "ayudando a elevar el Cuerpo Electrónico Puro que todos tenemos y al cual Jesús se refería como la "Vestidura sin Costuras" o "El Núbil Manto del Espíritu". Está compuesto de Luz Pura y en él ninguna imperfección puede quedar grabada. La Luz, enfatizó, "es Sustancia, Energía y Luminosidad, las tres en uno. Esta Luz Electrónica Pura de la cual el Eterno Cuerpo Espiritual está compuesto, es condensada por su "Magna Presencia YO SOY" en una sustancia luminosa de por sí la cual es para ustedes Inmortal por siempre Expandida, por siempre Forma Perfecta y Reserva de Amor Divino, Luz, Sabiduría y Poder desde el Centro Mismo del Corazón de Dios. Este es su Eterno e Individualizado Templo de Vida y el Corazón Central de su mundo de la forma manifestado. Se le ha llamado a veces el "Cuerpo de Fuego Blanco" porque la centelleante Luz Blanca que envía es tan intensa, tan deslumbrante, tan poderosa que al ojo humano parece un Fuego Blanco. Una persona ordinaria puede solamente contemplarla por una fracción de segundo".

"Este es el Cuerpo con el cual nuestro Amadísimo Jesús hizo la Ascensión. Así que la Luz dentro de él crecía hacia la Octava de Vida más Alta, siendo cada vez mayor su vibración, se hizo Invisible a la vista de la adoradora multitud que lo observaba. El ojo humano alcanza solamente ciertas octavas de vibración. Mientras que el humano, a través de su propia purificación aumente su nivel vibratorio, la Luz dentro de cada electrón del cuerpo físico luce más brillante. Expande su Radiación a tal grado, que la forma física se torna primero luminosa de por sí, enseguida trasciende la gravedad de la Tierra y después es capaz de expresar conscientemente y a voluntad en cualquier octava de vibración, los deseos del Individuo. Puede ir y venir libremente en el Infinito porque la Luz Electrónica Pura existe en todos lados a través de la Creación. Tan pronto la estructura atómica de cualquier cuerpo físico se vuelve toda Luz, ésta ha entrado en el Elemento Eterno Unico. El Gran Mar Universal de Luminosa Esencia Blanca de la cual Dios creó todas las formas. Solamente en esta condición de Vida existe la Completa Libertad, La Maestría y el Logro es posible. Esta es la Realidad y el Fundamento de la existencia humana. Entonces el ser humano es elevado hasta que es todo Divinidad, la cual es por siempre Libre, Omnipresente, Omnipotente, Omnisciente, pudiendo ir a todas partes, hacer lo que desee, reconociéndose a Sí mismo como Ser Individual con su propia Conciencia enfocada hacia su "Magna Presencia YO SOY".

En casi todas las sociedades secretas que trabajan para una actividad constructiva o en otras palabras, que reconocen la "Luz" como la Fuente de todo Bien, existe siempre el uso en las iniciaciones, de la palabra "Elevación". Esa "Elevación" es literal, eterna y físicamente verdadera, porque la acción vibratoria del átomo físico es "Elevado" hasta que todo llega a ser la Pura, Electrónica, Esencia expandida o Espíritu La Pura Esencia de Dios LUZ LUZ LUZ."

"Nosotros le llamamos a este aparato "Acelerador Atómico" y será de gran uso en el futuro y ayudará a elevar el átomo físico de la materia hacia su pureza Divina y Estructura el Cuerpo Electrónico . Este Cuerpo Perfecto permanece para siempre Eternamente joven, Bellísimo, Fuerte, Perfecto y Libre de cualquier concebible limitación. En este Cuerpo el Individuo puede funcionar, y lo hace, en cualquier parte del Universo que elija, porque en este Cuerpo no existen barreras de tiempo, espacio o condición."

"El deseo hacia Esta Condición Perfecta de Existencia es el Ideal innato de la raza humana y así ha sido siempre. En las leyendas, mitos y cuentos de cualquier raza o nación que ha existido sobre la Tierra, ha habido historias de "Seres Perfectos", Inmortales, Sabios, Eternamente jóvenes y Trascendentales. Estas historias tienen una Causa, Una Idea Original de donde partieron y ésta es "La Eterna Verdad del Ser", la cual ha sido transmitida a través de los tiempos de manera que el Ideal pueda siempre mantenerse en la mente de la humanidad".

"ESTE ES EL PATRON SOBRE EL CUAL LA HUMANIDAD FUE MODELADA EN EL PRINCIPIO A IMAGEN Y SEMEJANZA DE DIOS-" "LA MAGNA PRESENCIA YO SOY".

"Si uno es realmente un estudiante de la Vida, tendrá que buscar profundamente en los pensamientos y sentimientos de aquellos seres que expresan las Condiciones Suprahumanas, Cualidades e Ideales Trascendentales. La personalidad ordinaria lo considera imposible por el Gran Poder que se requiere para traerlas a la manifestación exterior. El esfuerzo requerido para alcanzar y expresar estas Cualidades Divinas es más de lo que una Persona ordinaria querría llegar a hacer. El Esfuerzo Para Esta Clase de Logro, requiere una sincera y estricta disciplina de la Propia conciencia humana hasta que aprenda la Obediencia a los Patrones de Perfección en lugar de darla a sus propios apetitos. El Verdadero Estudiante de la Vida sabe que cualquier Cualidad Divina que la Conciencia del individuo puede pensar, la puede traer a la manifestación a través del Poder Creativo de su propio pensamiento y sentimiento de Amor Divino. Pensamientos Divinos, Sentimientos Divinos, Cualidades Divinas e Ideales Divinos solamente pueden ser encontrados meditando sobre la Divinidad, ya que no existen ni moran en ningún otro lugar, Pues lo semejante atrae a lo semejante a través del Infinito. La Divinidad es "La Luz" y la "perfección" de la Vida".

"Verán ustedes este Acelerador Atómico en operación mientras estén aquí para su Instrucción e Iluminación. Los Maestros Ascendidos han permitido que éste sea mostrado más adelante para que la humanidad pueda saber de esta oportunidad y haga el esfuerzo necesario para su consecución en este tiempo". "Los Maestros Ascendidos Son Seres de Amor, Luz y Sabiduría. Solamente a través de Ellos puede la humanidad entender la Vida y alcanzar sus Logros porque Ellos saben Todo, han experimentado la actividad de esta Tierra, son ahora completamente Divinos y Dominan las fuerzas de la Naturaleza del Planeta. Por ello los Maestros pueden mostrar al estudiante sus fallas si a éste le interesa escuchar y ser protegido por ellos pero no Podrán nunca, y no lo hacen, interferir con el Libre Albedrío del individuo, porque éste es su Derecho Divino Y Ellos lo respetan".

Saint Germain entonces nos guió hacia la entrada de un elevador. Descendimos aproximadamente cien pies y el elevador se detuvo en el centro de un cuarto circular. Era de más o menos veinte pies[1] de diámetro y enfrente de nosotros se encontraba una puerta de piedra. Tiró de una saliente de la entrada y entonces la enorme Puerta se deslizó, abriéndose y dejando ver una inmensa cámara en donde se encontraba un equipo completo para elaborar cualquier clase de material del que se usa en la construcción de diferentes aparatos, tanto en laboratorios químicos como eléctricos. En este gran salón había grandes hornos eléctricos y enormes rollos para convertir metales varios en delgadas láminas. Todo era operado en forma eléctrica.

"Este es el lugar", señaló Saint Germain, "del cual procedía la vibración que ustedes notaron cuando entraron a la Caverna. La maquinaria rara vez es operada en el día, pero hoy fue necesario hacerlo a fin de que el Trabajo quede terminado esta noche, para lo cuál han sido ustedes invitados a venir". "Cualquier clase de material que Nosotros deseemos usar es producido aquí en esta cámara. Por supuesto, no necesitamos grandes cantidades para el trabajo experimental que estamos haciendo, pues éste es para traerlo hacia el uso práctico por los futuros Grandes Genios y Altamente Iluminados Individuos de Maravillosos Ideales, quienes han sido ya completamente despertados al Consciente Reconocimiento de la "Magna Presencia Yo SOY" y al uso de su Ilimitada Sabiduría y Poder".

"Es mi deseo explicar todo en el lenguaje más simple posible para que así la Esencia y Principio del mismo sean más fáciles y permanentemente comprendidos. Es necesario en esta época simplificar la terminología técnica para que la gente normal pueda ser capaz de entender estas Verdades fácil y rápidamente".

"El tiempo ha llegado en que un gran número de personas despertarán a la Verdad y se darán cuenta que tienen al Divino Maestro dentro de ellos, "La Magna Presencia YO SOY".

---

1 treinta metros con cuarenta y ocho centímetros

"Existen muchos que por su Interno Punto de Vista han llegado al camino de la Iluminación debido a previos esfuerzos y logros propios. Sin embargo, en la presente encarnación se encuentran exteriormente inconscientes de ello sin tener además una preparación. Algo debe hacerse para dar a dichas almas la Libertad que desean y para la cual están verdaderamente listos. Estos tendrán ahora la ayuda y Nosotros estamos trabajando para este fin aquí".

El Amado Saint Germain entonces se dirigió a Nada y a Perla preguntando: "¿No están ustedes cansadas después de tantas horas?" Ellas le aseguraron que no lo estaban y a juzgar por el intenso brillo de sus ojos, nadie pudo dudar de ello. "En toda mi vida" replicó Perla, "había estado tan vitalmente interesada en una cosa".

"Me honras grandemente" respondió Saint Germain, "con tu enorme interés y me da verdadera alegría el saber que lo disfrutas tú también. Ahora, si quieren honrar mis humildes habitaciones con su Presencia, refrescaremos nuestra forma exterior para después retornar a nuestro Laboratorio Eléctrico".

Regresamos por el elevador y cruzando el cuarto, Saint Germain caminó hacia una puerta que nos llevó al corazón de la montaña. Esta se abrió al toque de Su Mano y entramos a una especie de hall de recepción el cual tenía el techo semejante a un domo. Las paredes y el techo eran del más delicado y bello color crema, el piso estaba cubierto con una suave y espesa alfombra color crema de un material que parecía lana. Había cinco sillones hechos de un material semiopaco en color crema también y tapizados del mismo suave material de color azul que los sillones del cuarto de la Torre en la casa de Rayborn. Cuatro de los sillones eran exactamente iguales, pero el quinto tenía un gran respaldo labrado. Cada uno había sido colocado cerca de una puerta y el más grande se encontraba en el centro.

Saint Germain condujo a Nada y a Perla hacia la primera puerta a la izquierda. Las invitó a que entraran, se dieran un baño y vistieran después las ropas que se habían provisto y que después regresaran al mismo cuarto a esperar el llamado para la cena. Volviéndose hacia Rex y a mí nos guió a la otra puerta a la derecha haciéndonos igual invitación para prepararnos para la cena. Entramos al cuarto que se nos había indicado y ambos nos quedamos mudos de la sorpresa al ver la magnificencia del mismo, ya que era digno de un palacio. Era circular, decorado en oro y blanco y amueblado con dos hermosas camas, una silla colocada al lado de cada cama con un hermoso espejo en el muro entre las dos camas. Había unos curiosos cajones construidos dentro de la pared misma y que solamente se notaban por las jaladeras que sobresalían de ella. Las sillas y las cabeceras de las camas eran del tipo de material semiopaco que se asemejaba al metal. Rex cruzó hacia un hueco a la izquierda del cuarto y me pidió que mirara. Fui hacia donde él se encontraba y vi un hermoso baño romano, también circular. Estaba lleno de agua que brillaba y se movía constantemente como si estuviera cargada con la "Esencia de la Vida". No pudimos encontrar ningún tipo de ventilación y sin embargo en cada cuarto que visitamos, el aire se sentía fresco, limpio y vigorizante y con bello aroma de rosas. Nos bañamos y nuestros cuerpos resplandecían con una sensación de salud que nunca antes habíamos experimentado. En nuestras camas yacían las ropas que debíamos ponernos. No tenían costura alguna y estaban hechas de una tela que tampoco habíamos visto antes, algo como una rica y gruesa seda, pero muy suave y extremadamente ligera. Las de Rex eran de un hermoso color azul zafiro bordadas en oro. El bordado formaba una faja alrededor de la cintura, alrededor del cuello, de las mangas y en el borde de la túnica. La mía era blanca, bordada también en oro. Había también sandalias que hacían juego con las túnicas.

Cuando terminamos de prepararnos regresamos al salón de recepción. Pocos momentos después las chicas entraron ataviadas con túnicas iguales a las de nosotros y parecían una adorable visión. Las túnicas de Perla y Rex eran iguales así como la de Nada y la mía también. El cuarto de ellas era evidentemente igual al de nosotros excepto en el color pues el de ellas estaba decorado en un rosa suave. Nos encontrábamos ocupados comparando notas cuando unas celestiales campanitas sonaron a través del cuarto e instantáneamente la puerta de en medio se abrió. Entramos, estremeciéndonos al ver tal belleza.

Aquí, otra vez, el cuarto era de la misma combinación de suave color crema y oro. El domo formando el techo era en color azul cielo y las nubes dibujadas en él daban la impresión de un verdadero cielo. Las paredes estaban tapizadas con la más maravillosa tela, la cual brillaba como polvo de diamante pues algo en la composición de la misma le daba esa indescriptible belleza.

Esta Cámara de Audiencia era amplia por doquier y en el centro se encontraba una larga mesa dorada con cubierta de cristal. Al fondo de la estancia había otro duplicado de la mesa, pero esta era una tercera parte de su tamaño y a su alrededor estaban colocadas sillas para seis personas. En una esquina del cuarto se encontraba un hermoso órgano y en el lado opuesto en otra esquina, un piano con la cubierta hecha del mismo material metálico que el resto del mobiliario. Todos estábamos tan absortos admirando toda esta belleza que no reparamos en que nuestro Amado Saint Germain y Daniel Rayborn habían entrado hasta que los sentimos muy cerca de nosotros. Nuestro Amado Maestro nos condujo a la mesa pequeña sentando a Rayborn en un extremo y Él lo hizo a la cabecera. Perla y Rex fueron colocados a su derecha y Nada y yo a su izquierda.

Comenzó diciendo: "¿Me permiten el placer de ordenar los alimentos? Como verán, mi departamento culinario se encuentra en lo invisible para ustedes, pero es perfectamente real y tangible para mí". Asentimos verdaderamente felices y continuó diciendo: "Inclinemos nuestras cabezas en señal de adoración y agradecimiento hacia nuestra Poderosa Divina Presencia YO SOY dentro de cada uno de nosotros."

En un momento, y sin mediar palabra, una hermosa copa de cristal llena de un dorado y chispeante líquido apareció en la mano derecha de cada uno de nosotros. "A la iluminación y felicidad de cada uno de ustedes y de toda la humanidad", dijo Él levantando su copa y mientras bebíamos el maravilloso néctar todos sentimos correr por nuestro cuerpo el Acelerado Poder de su Esencia Dorada de Vida. Después apareció lo que parecía ser un budín de vegetales con un trozo de pastel de miel el cual sabía sólo ligeramente dulce. Todo estaba delicioso y estuvimos de acuerdo en que era lo más perfecto que habíamos comido. Una ensalada de fruta le siguió o al menos eso era lo que semejaba y Saint Germain nos comentó que era por demás nutritivo. Para el postre comimos algo que parecía helado pero no muy frío sino solamente fresco y con él un pastel esponjoso a un lado siendo el más delicioso que jamás habíamos probado.

Al final aparecieron otras copas de cristal con un líquido cremoso y al beberlo corrió por nuestro cuerpo como una Luz Viva. Al terminar cada plato el servicio simplemente desaparecía. Ninguno de nosotros había compartido una comida tan deliciosa, nutritiva y satisfactoria como ésta, la cual Nuestro Amado Saint Germain había producido para nosotros directamente desde la Omnipresente Sustancia Universal. Cuando terminamos Rayborn se volvió hacia Él y dijo: "Esta Experiencia, que ha sido tan asombrosamente maravillosa para nosotros, es natural y normal para Ti. Sentimos que nunca hemos sido tan honrados, tan favorecidos en la vida, como lo hemos sido esta noche".

"Mis Amados hijos" contestó Saint Germain, "todos ustedes tiene Esta Misma "Magna Presencia YO SOY", el Maestro Dios, el Supremo Poder de Dios dentro de ustedes, para hacer cosas semejantes". "Pueden ustedes producir cualquier cosa que requieran directamente del Suministro Universal. Yo he obtenido la Comprensión de cómo usar este potente poder y cómo dirigir su Ilimitada Energía para realizar mi deseo. Si ustedes lo desean, pronto podrán dirigir esta Poderosa Energía, la Energía de Dios, para hacer lo que ahora llaman grandes milagros. Toda la humanidad puede lograrlo, si tan sólo quisiera".

"NO HAY NADA EN EL UNIVERSO QUE TU DESEES A LO QUE SE PUEDA DECIR NO, EN TANTO NO DAÑES A OTRO HIJO DE DIOS".

"Esto requiere mucho menos energía y es mucho más fácil producir cualquier cosa que se desee usar directamente de la siempre Pura Sustancia Universal, que esperar el proceso de la Naturaleza para conseguirlo, cuando ya uno sabe cómo hacerlo".

Volteando hacia Nada y Rex, les dijo:

"¿Podrían ustedes mis amados hacerme el honor de cantar un par de sus propias composiciones para nuestro deleite?" "Encantados" replicaron. Nada se sentó ante el piano tocando algunos acordes para identificar la canción que cantarían. De pronto se detuvo asombrada por el tono del instrumento, pues era un tono musical que nunca antes se había producido sobre la Tierra. Cantaron una favorita: "La canción de amor árabe". Sus voces junto con el sonido producido por el maravilloso piano produjeron un efecto de indescriptible belleza. Cuando terminaron, nuestro Amado Saint Germain con toda la gracia y cortesía de un cortesano, se inclinó frente a ellos en reconocimiento de la "Magna Presencia YO SOY" que había actuado en forma tan perfecta. "Me inclino ante vuestro virtuoso trono de canto", les cumplimentó "pues nunca jamás había Yo escuchado algo más Divino".

"Ahora vamos hacía la Cámara de radio. Nos esperan algunos amigos".

Cuando llegamos, fuimos presentados a tres damas y tres caballeros, los cuales habían llegado antes. Estos iban ataviados con túnicas como las de nosotros pero en diferente color. Entre ellos se encontraba un caballero mayor con el cabello y barba blancos y que parecía sumamente débil. Una de las tres damas, a la cual llamaremos Leonora, se acercó al radio y dijo: "Este radio Perfeccionado es el resultado de mi trabajo durante siete diferentes encarnaciones; en cuatro de ellas usé una materia masculina. Llevé el recuerdo de este radio cada vez y por fin ha alcanzado la Perfección que debía tener. Este radio posee tres campos de operación, a los cuales llamo alto, medio y bajo". "En el alto, alcanza otros planetas de nuestro Sistema Solar. En el medio alcanza cualquier lugar en nuestro planeta Tierra, incluyendo sus cinturones Etéricos, y en el bajo alcanza el interior de nuestra Tierra. Conectémonos primero con algunas de nuestras ciudades".

En pocos momentos sintonizamos con Londres, París, Viena, Cairo, Calcuta, Hong Kong, Melbourne y Tokio. La distancia no parecía ser obstáculo para la recepción clara y no había en ningún momento la menor señal de estática. "Ahora vamos a llegar al primer Cinturón Etérico alrededor de la Tierra" nos dijo e inmediatamente escuchamos una majestuosa y conmovedora música y entonces una maravillosa voz se oyó diciendo: "Esto les llega desde la Dorada Ciudad Etérica sobre el Desierto del Sahara, Nosotros siempre sabemos cuando una conexión es hecha desde la Tierra aunque nosotros tenemos más Altos Medios de Comunicación como son la operación del Rayo del Sonido para hablar y el Rayo de Luz para ver a través. Cuando éstos dos se combinan se convierten en la forma más avanzada de comunicación. ¡Oh, que la humanidad elevara su conciencia y llegara a armonizarse en tal forma que lograra el uso de estos Rayos!"

"Como ven, la "Magna Presencia YO SOY" dentro del individuo no reconoce tiempo, lugar, espacio o condición. Tales conceptos de limitación ocurren solamente en la actividad externa de la mente o la conciencia humana."

Leonora ajustó el radio en "alto" y en un momento escuchamos una voz diciendo: "Leonora, este es Venus. Los conocemos porque el de ustedes es el único instrumento mecánico que nos alcanza desde la Tierra. Su comunicación usual con nosotros es a través de los Rayos de Luz y Sonido, por lo que juzgamos que esto es en beneficio de los demás y no para ustedes. Nuestro instrumento aquí nos indica por el sonido y color de la vibración con cuál planeta nos hemos conectado".

"Se aproxima rápidamente el día en que sus medios de comunicación puedan ser capaces de alcanzarnos también. Sus científicos llegarán a ello cuando comprendan y acepten que existen los Rayos Etéricos". "Ellos deben eterarse de la existencia de estos Rayos y ser enseñados a usarlos. Esto hará que cualquier clase de comunicación dentro del Espacio Cósmico sea un asunto muy simple y será entonces algo usual el mantener comunicación con nosotros".

“Dentro de los próximos diez años o quizá veinte, dependiendo de la Armonía entre los habitantes del Planeta, una gran cantidad de nuestros grandes inventos les serán dados a aquellos que se armonicen para poderlos recibir. Serán de gran beneficio para vuestra humanidad, como lo es el maravilloso Acelerador Atómico que algún día bendecirá a vuestra gente tremendamente. Llámennos cada vez que les podamos servir en algo. Nuestro Amor, Luz y Sabiduría los envuelva a ustedes y a vuestro Planeta”.

Leonora entonces cambió de “alto” a “bajo” y en pocos minutos una voz profunda se oyó diciendo: “Reconozco vuestra llamada, la cual contesto en persona. Este es Pelleur. Es interesante y alentador el saber que hay en la superficie de la Tierra quienes tienen alguna idea de que existe la posibilidad de que Seres de Dios puedan existir, y que existen, en el interior de la Tierra. Nosotros tenemos menos factores con qué lidiar que ustedes, pues no tenemos temperaturas extremas, ni estaciones de calor o frío”. “Nosotros tenemos la “Eterna Luz Blanca” que es suave y apaciguadora. Nuestro clima es verdaderamente delicioso, como el de sus zonas semitropicales. Vuestro continente tendrá algún día algo similar y aún así siempre habrá ligeros cambios de estaciones. Serán por supuesto mucho menos severos que en el presente. Nosotros tenemos algo que podríamos llamar “El Eterno Sol de Presión Nivelada”. Esto produce una atmósfera que está siempre en una presión igual y armónica para todos los que viven dentro de ella”.

“La Poderosa Presencia del YO SOY provee las condiciones Perfectas en cada fase de Su Expresión. Si todo el mundo pudiera darse cuenta y comprender esto, la terrible agonía que el miedo produce, sería enteramente borrada de la faz de la tierra. Como ven, soy un conocedor de muchas de las condiciones de la Tierra, aparte de mi propia Actividad aquí, porque cuando nosotros, al igual que ustedes, llegamos a la Mente de Dios, todo CONOCIMIENTO podrá ser obtenido puesto que nuestro motivo es puro y sin egoísmo alguno”.

“Dejaremos estas observaciones para después” explicó Leonora “pues en este momento otras cosas demandan nuestra atención y servicio”.

Saint Germain vio y sintió las preguntas que teníamos en nuestras mentes, como por qué hay habitantes en el centro de la Tierra; qué clase de seres son, ya que la idea nos impactaba igual que a nuestros lectores. Nos observó uno o dos segundos y entonces dijo: "La idea de que el centro de la Tierra es una masa de fuego, es enteramente errónea. Dentro de la corteza de la Tierra, hasta cierta profundidad, hay condiciones de una actividad del elemento fuego, pero dentro del verdadero centro de la misma existen Seres Humanos con Conciencia Individual, quienes a través de muchos ciclos de Trabajos y esfuerzo Propio han dominado el control de ciertas fuerzas con las que están trabajando para dar cumplimiento al Plan Divino en esa parte de la Tierra. Hay también Seres que se están esforzando por este mismo Ideal pero trabajando solamente bajo las condiciones que la Naturaleza les provee en la superficie de la Tierra".

"Deberán recordar y entender, que los Maestros Ascendidos están instruyendo y asistiendo en todos los grados de las experiencias externas de la Vida, tanto en cualquier condición dentro o fuera de la Tierra, como en otros planetas de este Sistema. ¿Por qué no podría ser algo perfectamente natural, una condición normal, que permitiera que un número de ellos fuesen Instructores de aquellos que están trabajando con las fuerzas del centro, así como en la periferia de los Planetas?"

"Esta Revelación no está fuera de lo natural, ni es inconsistente con el Infinito y Gran Plan Divino. La condición inconsistente, antinatural de la humanidad es la ignorancia, la estrechez, la pequeñez, la obscuridad del concepto humano, lo que cierra la puerta a las Estupendas Maravillas de este Glorioso Universo, diciendo No lo puedo creer, eso es imposible".

"Solamente la ignorancia y la oscuridad hacen que la humanidad crea que cualquier cosa es imposible. Los Estudiantes de la Luz que conocen y realmente aceptan la Fuente Todopoderosa de la Creación, y qué mente razonable puede dudarlo cuando uno estudia las maravillas del átomo, así como los Soles del Cosmos, saben que las Maravillas de la Creación a las cuales nos enfrentamos dondequiera en nuestro planeta son ilimitadas, maravillosas y estupendas. Estos hechos son la Verdad. Hay muchas clases de Individuos expandiendo su Luz en los Planetas de Nuestro Sistema, y sólo porque alguno no ha tenido conocimiento consciente de otros, no es prueba de que no existen".

"La humanidad deberá aprender algún día un poco más acerca de lo que habita en el Universo, además de ella, y esta Instrucción contiene parte de ese Nuevo Conocimiento. Esto es Verdad, cada palabra de Ello y ninguna duda o ignorancia humana puede apartar esa Verdad de Su manifestación en el Universo. Las nubes pueden tapar los rayos del Sol por un tiempo, pero realmente no podrán nunca acabar con la existencia del Sol. Así pasa con las opiniones e ignorancia humana del pasado y del presente. Algún día, la Luz deberá pasar a través de estas nubes y ese día está aquí. Este día es "AHORA". Dejemos que la Luz de la Verdad brille claramente a través de toda idea y opinión humana preconcebida. Hechos serán revelados que forzarán a la ignorancia a desaparecer en el mar del completo olvido y reemplazada por la Gran Luz de la "Magna Presencia YO SOY". Ahora continuaremos con nuestro otro trabajo".

"La hora de la Ascensión de este buen hermano ha llegado" dijo Él refiriéndose al caballero de cabello blanco a quien llamaremos David. "Debido a sus logros anteriores, él ha armonizado tanto su Corriente de Vida, que ahora puede entrar en una más amplia, u Onda Cósmica de Expresión, y en esta Gran Actividad, él podrá manifestar más Trascendentales Fases de Vida Individual de las que posiblemente puede lograr en ésta su existencia presente. Por el previo crecimiento y actual esfuerzo de la propia conciencia, ha sido posible que se le haya dado nuestra Asistencia. Vayamos ahora al laboratorio eléctrico".

Mientras la puerta se abría, pudimos observar que el cuarto se hallaba lleno de una enceguecedora Luz Blanca. Nos dirigimos hacia el Acelerador Atómico, el cual en ese momento se encontraba cargado con la Esencia de la Vida. No se nos ha permitido por ahora dar una descripción detallada de este Instrumento; lo único que puedo describir es que el Sillón en el que el Ser será Ascendido, parecía de oro puro, pero Saint Germain nos dijo que era una combinación de oro y otras sustancias aún no conocidas en el mundo externo actual.

Saint Germain pidió a David que tomara su lugar en el Sillón y entonces Ciertas Corrientes de Luz comenzaron a brillar dentro del Sillón. David se sentó con su cuerpo perfectamente recto y completamente relajado, con sus brazos descansando en los brazos del Sillón. No había mecanismo alguno dentro o alrededor del mismo y daba la maravillosa impresión de una regia comodidad. Era, positivamente, una extasiante y celestial sensación que uno percibía de todo aquél aparato.

Cuando todos nos encontrarnos silenciosos y atentos, uno de los Maestros Ascendidos de Tremendo Poder y Gloria apareció de repente directamente de la atmósfera. Colocó a los presentes en la posición adecuada, según su radiación, y les pidió que unieran sus manos para formar un círculo completo alrededor del Sillón, con el Poderoso Maestro frente a David. Las personas colocadas a cada lado del Maestro hicieron contacto con Él, colocando sus manos en Su espalda, justo en el lugar opuesto al Plexo solar, y Saint Germain se colocó en el lado opuesto, detrás del Sillón donde David se sentaba. Entonces el Poderoso Maestro dio las instrucciones necesarias.

"Vamos a hacer que cada uno cierre sus ojos", nos dijo, "enfocando la atención fuertemente en la Todopoderosa Fuerza de la "Magna Presencia Yo Soy" dentro de nosotros. Gozosamente alabemos y demos gracias porque el cuerpo de David es ahora Ascendido hacia su Divina Perfección y porque ahora recibe y acepta su Completa y Divina Libertad, Dominio y Maestría". Entonces Él me habló directamente y me pidió que observara el proceso de cerca.

Abrí mis ojos y al principio apenas pude vislumbrar la forma de David porque la intensidad de La Luz aumentaba. De momento todo se aclaró, pues parecía ser que de alguna forma yo también era elevado con la Luz. Entonces vi algo que me sorprendió. El cabello de David había vuelto a su color original, castaño obscuro, las líneas de su rostro se habían borrado, su carne se tornó del rosado de la perfecta salud y su barba desapareció.

No pude seguir viendo, pues la Luz se tornó tan intensa que no pude estar consciente más que de ello. La parte más concentrada estaba en su cuerpo, pero también nos envolvía a nosotros en la más deslumbrante Radiación. Los bordes de su figura desaparecieron completamente, e involuntariamente cerré mis ojos. ¿Cuánto duró aquello? Nunca lo supe. Entonces nuestro Amado Saint Germain dirigiéndose a nosotros nos dijo: "El cuerpo de David ha sido Ascendido a su Electrónica Perfección y el Poderoso Maestro, mi Hermano, lo ha llevado por el momento hacia el Reino de la Luz para el cual Él ha sido preparado a través de la Perfección de su Eterno Cuerpo de Luz. Después Él regresará en esa Forma Ascendida a dar servicio a la humanidad bajo la Dirección Divina. Vengan, iremos ahora a mis habitaciones".

Nos guió a la bellísima "Cámara de Cristal", como me gustaba llamarla, en donde habíamos comido nuestra maravillosa y "precipitada" comida. Aquí encontramos colocadas las sillas requeridas alrededor de la gran mesa dorada con la cubierta de cristal. Esta era su sala de audiencias, aunque a veces la usaba como comedor privado para invitados especiales. Él tomó la silla de la cabecera de la mesa y pidió a Daniel Rayborn tomara el lado opuesto de la misma y entonces comenzó una de sus Sorprendentes exposiciones.

"Mañana en la noche, tú, mi Hermano", dijo dirigiéndose a Rayborn, "tendrás un privilegio similar al que David tuvo hoy. Sin embargo, el proceso en tu caso no será completo pero con esto comenzará la ascensión de la estructura atómica para que cuando el tiempo llegue a lo que en otras circunstancias sería tu paso a través del cambio que llamamos muerte, podrás tener la Asistencia necesaria y elevarás tu forma externa hacia la Estructura Electrónica Perfecta, en lugar de desecharla".

"Les prometí", prosiguió, volteando hacia Nada y Rex, "que no habría tristeza en el cambio que tendrá su padre. Ahora podrán entender por qué. Nosotros nos ponemos fuera del alcance de lo que llaman muerte y así entramos conscientemente en la Vida Perfecta que es la Luz Divina de cada uno de los hijos del Padre. Muchos han escogido tomarse su tiempo para llegar a este Punto pero todos deberán comenzar alguna vez y todos deberán hacerlo eventualmente". "Esta parte de la experiencia humana no ha tenido reconocimiento y tampoco ha sido comprendida o considerada como posible de lograr hasta hace poco tiempo, a pesar de que el Divino Maestro Jesús dio el Absoluto y Perfecto Ejemplo y Explicación de esto hace dos mil años. Él dio a la humanidad la Prueba fehaciente y concluyente de ello diciendo: Las obras que Yo hago ustedes también harán y más Grandes Obras que éstas ustedes harán". Esa afirmación se mantendrá como una Obligación Perenne sobre la humanidad hasta que todos lo hagan. La raza humana ha pasado por encima de su Verdadero Significado y ha considerado esto como imposible. Aunque no todos puedan lograrlo exactamente de la misma manera que Él lo hizo, de todas formas cada ser humano, alguna vez, en algún tiempo, deberá elevar su estructura atómica externa al Cuerpo Electrónico Inmortal, donde no existe imperfección".

"Una gran cantidad de Individuos estarán capacitados para lograrlo en esta vida presente solamente con una pequeña Asistencia y es nuestro Gran Privilegio darla. El Acelerador Atómico ha sido perfeccionado para entregar esta Asistencia y no existe invento o descubrimiento alguno que haya jamás bendecido a la humanidad en tan alto grado".

"Los Resultados en el cuerpo de David, de los que han sido ustedes testigos, son Permanentes, Reales y Tangibles. Esta máquina sorprendente y verdadera es un poderoso agente sanador así como el medio por el cual un cuerpo puede ser ascendido. También establece rápidamente un perfecto equilibrio en la estructura del cerebro y a través del Balance de las actividades mentales y emocionales del ser humano, la deshonestidad y el crimen de cualquier clase pueden ser evitados. Esta máquina fue utilizada en la Atlántida, aunque no estaba tan perfeccionada".

CAPITULO IV

ROMANCE DIVINO

"Ahora voy a tocar algunos puntos muy importantes, los cuales son sagradamente personales", explicó, dirigiéndose directamente a Nada, Perla, Rex y Bob Singleton. "No quiero que sientan que me entrometo en sus asuntos privados o que tomo ventaja de ustedes por el Poder que poseo y que uso. Sin embargo, existen ciertas cosas que debo aclararles. Rex y Perla son "Rayos Gemelos" de la misma Flama Divina. La Flama viene desde el Corazón de Dios, La Gran Vida Consciente del Universo, El Gran Sol Central".

"Cuando tú, "La Magna Presencia YO SOY" deseas venir como un Foco Individualizado de Dominio Consciente y usar la Palabra Creativa "YO SOY", tu Primera Actividad Individual será la formación de una flama. Entonces Tú, el Foco Individualizado de la "Magna Presencia YO SOY" empiezas tu Dinámica Expresión de Vida". "A esta Actividad la llamamos Conciencia Propia, significando con ello al Individuo que está consciente de su Fuente y Perfección de Vida expresándose a través de sí mismo. Únicamente el Individuo de Conciencia Propia tiene TODOS los Atributos y Poder Creativo de la "Magna Presencia YO SOY". Sólo Él puede saber quién y qué es él y expresar la Plenitud del Poder Creativo de Dios, cuando él decreta por el uso de las palabras "YO SOY".

"La parte humana externa de esta actividad es lo que llamamos la personalidad. Este es el vehículo a través del cual la Perfección debe ser expresada en la Sustancia Externa del Universo".

"Dentro de la Flama de Dios, hay un aliento que pulsa constantemente. 'Este Gran Aliento de Fuego' es un Rítmico Manantial de Amor Divino, siendo sus Tres Atributos "Amor, Sabiduría y Poder en Acción". Estos se vierten constantemente en el 'Mar Infinito de Pura Luz Electrónica'. Esta Luz es la Sustancia Universal o Espíritu, del que todas las formas son compuestas. Es Inteligente, tomen nota, porque obedece la ley a través de la orden del Individuo que expresa o está consciente del YO SOY. Estas Dos Palabras son el Reconocimiento y la Liberación del Poder de Crear y traer hacia la existencia física la cualidad que sigue a ese Reconocimiento. Para que la Inteligencia actúe debe haber Inteligencia sobre la que se actúe y la Sustancia Universal, siendo como un film fotográfico, imprime cualquier cualidad que el Individuo le impone a través de su pensamiento, sentimiento y palabra hablada. Las palabras YO SOY, ya sean pensadas, sentidas o habladas, liberan el Poder de Creación instantáneamente. No hay error en esto. La Inteligencia es Omnipresente y Está dentro de la Luz Electrónica".

"La primera "Orden de la Creación" lanzada al Infinito fue "Hágase la Luz" y entonces la Creación se hizo, porque de esta Luz Primaria se deriva toda forma manifestada".

"La Luz" es el Punto Central de Vida o energía dentro de todo átomo que compone la sustancia de la cual se deriva toda manifestación física. Hablo del átomo porque el nivel bajo de vibración de que está compuesta la manifestación física, es la estructura atómica, que es lo que estamos considerando".

"Cuando conscientemente se envuelve o se mantiene a una persona, lugar, condición o cosa en la Resplandeciente "Luz Blanca", se está penetrando de la estructura atómica a la Electrónica, dentro de la cual no hay imperfección. En Este Uso de la "Luz", uno penetra la estructura de la imperfección y aquello en lo cual la atención se centra es traído en forma Perfecta; no únicamente como el Padre Lo ve, sino que Es la Perfección del Padre expresada".

"A ti, como El Hijo, se te ha dado facultad para elegir y dirigir a dónde debe ir la energía, que es la Actividad de la "Luz". Es imperativo tener el pensamiento consciente su firme atención en lo que se quiere realizar a fin de dar la dirección necesaria a la Actividad de Esta Fuerza Suprema, que es tu derecho y privilegio usar".

"CUANDO USTEDES USAN LA "RESPLANDECIENTE LUZ BLANCA", ESTAN VERDADERAMENTE ACEPTANDO LA ESTRUCTURA ELECTRONICA QUE ESTA PRESENTE EN LA MANIFESTACION, YA QUE ESTAN ACTUANDO DESDE EL PLAN DE ACCION O PERFECTA MANIFESTACION". Su deseo, cuando se mantiene firme, sin vacilaciones, se convierte en el Pensamiento Consciente dirigiendo, ya que no se puede tener un deseo, sin el Pensamiento Consciente en el deseo".

"Grandes pasos se han dado en el Uso Elevado de la "Luz" en los Niveles Internos en los últimos quince años. Su consciente y gran adhesión a la "Luz" muestra que están listos para su Más Elevado Uso". Si ustedes en el uso de la "Luz" saben que la Perfección de lo que ustedes desean ya está presente en la manifestación al momento que empieza la acción dinámica de la "Luz", Ella quitará toda inseguridad en su mente acerca de la positiva certeza de la manifestación, o lo que ustedes quieran que venga a la forma, para su uso físico".

"Al revestir o visualizar a una persona, lugar, objeto o condición con la Figura Iluminada de Jesucristo o la Figura de algún Maestro Ascendido, ustedes están realmente penetrando en la vestidura atómica, pues ahora ven, reconocen y aceptan la Perfección que desean esté presente en la forma, ya que han "barrido" toda imperfección en esta acción".

"El estudiante debe ver y sentir su cuerpo, como si estuviera compuesto de una Flama Blanca Pura enviando sus Rayos de Luz. La Flama es su Verdadero Ser La Magna Presencia YO SOY la Perfección Crística Total. Los Rayos lanzados son la Mente Divina o el "Amor en Acción". Estos Rayos son los que siguen su Dirección Consciente, llevando su pensamiento y produciendo mágicos resultados, cuando son conscientemente dirigidos y sostenidos sin vacilaciones. La Atención Consciente, "La Luz" que se visualiza, es la Sustancia Electrónica que los Hindúes llaman Prana".

"Esta "Luz", siempre es dirigida por el pensamiento, pero es imperativo que todos aprendan a controlarla y dirigirla conscientemente. Este Control y Dirección Consciente, es la forma en que los Maestros

Ascendidos logran tan Maravillosos Resultados. El Amor Divino es una Presencia, una Inteligencia, Un Principio, Un Poder, Una Actividad, Una Luz y Una Sustancia. Cuando ordenamos al Amor Divino para que vaya y haga algo, Nosotros estamos poniendo en movimiento la Más Elevada Forma de Acción "La Fuerza Más Potente".

"Esto, sin embargo, no requiere un esfuerzo terrible, de hecho requiere precisamente lo contrario. Es un conocimiento consciente, tranquilo, firme, definido. Cuando esto está fijo en la conciencia, con la absoluta seguridad en su conocedora conciencia, se tiene más y más instantánea respuesta a la petición y orden. Nunca tengan temor de pedir y ordenar algo que es un Principio Universal de Vida".

"¡No hay error! La "Luz", la Sustancia Universal Electrónica es para uso de ustedes ¡está a su disposición! Su "Magna Presencia YO SOY" es un Ser Consciente de Sí Mismo del cual su conciencia externa es un fragmento. Por lo tanto, pueden platicar con su Magno Maestro Interno, lo mismo que lo harían con un padre que poseyera ilimitada "Luz", Amor, Riqueza, Poder, Salud, Felicidad o cualquier cosa que puedan desear, pues entre más conscientemente usen Esta Magna Presencia YO SOY, más rápido responderá".

"El Amor Divino puede controlar toda manifestación. Si en el uso del Amor Divino ustedes están conscientes de que Él tiene en Sí todo el Amor, Sabiduría y Poder de Esta "Magma Presencia YO SOY", el hecho es que ustedes califican Este Principio, del que tienen todo el dominio, con la cualidad de la que están conscientes existe en Ella. Se les ha dado Dominio sobre todo en el aire, en la tierra, en el fuego y en el agua, a través del Poder de este "Magno Principio Universal" que está siempre a su Servicio Consciente y para su uso.

"EL AMOR, MENTE DIVINA Y PRANA SON UNO EN EL ESTADO ESTATICO. A TRAVES DE LA ACCIÓN CONSCIENTE DEL INDIVIDUO, EL AMOR DIVINO CONSCIENTEMENTE DIRIGIDO SE VUELVE AMOR, SABIDURIA Y PODER EN ACCIÓN. ES POR ESTO QUE EL AMOR DIVINO, CONSCIENTEMENTE DIRIGIDO PARA LOGRAR ALGO, PRODUCE TAN MARAVILLOSOS

RESULTADOS. SE VUELVE INSTANTANEO Y TODOPODEROSO TAN PRONTO COMO LA CONCIENCIA EXTERNA CESA DE LIMITARLO".

"Ahora, retomando a la explicación de los Rayos: La Poderosa Flama de Dios que alienta en Sí Misma proyecta Dos Rayos en el "Gran Mar de Luz Electrónica Pura". Esta Inteligente Sustancia-Luz se toma la vestidura, como fue, para estos Rayos de la "Magna Presencia YO SOY". Cada Rayo tiene todos los Atributos de Dios en Él y ninguna imperfección puede penetrar o registrarse en Él. La Flama Individualizada envía hacía cada Rayo un Punto Focal o Chispa, formando un Corazón Central sobre el cual se congrega la "SustanciaLuz Electrónica" creando el Cuerpo Electrónico. Alrededor de este Cuerpo la Luz envía Rayos de menor intensidad que forman el Aura o Campo de Fuerza. Este campo de Fuerza es a veces denominado "Cuerpo Causal" y en Él son depositados los resultados de todo esfuerzo constructivo durante y entre cada encarnación. Toda Sustancia Electrónica que ha sido usada constructivamente por la personalidad a través de experiencias físicas, es también depositada en Él (Cuerpo Causal) A través de Él, la Flama de Dios puede enviar al espacio mayor Liberación de su Propia Onda de Vida".

"El Cuerpo Causal a través del viaje que hace la personalidad en la experiencia física, se torna en un Sol Siempre Expansionante, en un Manantial Propio de Ideas Ilimitadas, Amor, Sabiduría y Poder fluyendo para siempre en Rayos de Amor hacia el resto del Universo. Este Sol es en Verdad un Receptáculo de energía y sustancia constructivamente usados, recogidos a través de la experiencia humana y atraídos hacia arriba de modo que El se convierte en la Gloria de la Flama de Dios, que, adviértanlo bien, nunca pierde su Identificación Individual en el Universo. Así es como la Actividad de la Vida y la Creación, Hermosa, Feliz, Perfecta e Ilimitada, va siempre expandiendo Su Perfección".

"La Sustancia Universal y Energía que la persona usa en forma discordante, se acumula en la atmósfera alrededor del cuerpo físico de ambos, la personalidad y la Tierra; periódicamente construye un vórtice y solamente puede ser purificada y devuelta al "Gran Mar de Luz Universal" por la actividad del Elemento Fuego".

"El proceso purificador del Elemento Fuego actuando dentro de la carne del cuerpo humano para consumir cualidades equivocadas, algunas veces produce la sensación de dolor si están mal calificadas por la personalidad; pero si el Elemento Fuego actúa dentro de la carne del cuerpo humano para vivificar y energetizar, produce una sensación de Paz, de Alegría y Extasis. Actuando en la atmósfera de la Tierra y dentro de la Naturaleza para purificar, algunas veces produce condiciones volcánicas y cataclísmicas; cuando actúa en la Naturaleza para vivificar y energetizar, produce un maravilloso crecimiento y aire puro que vitaliza todo".

"El ser personal de todo Individuo es dotado con el Poder de Elegir sobre lo que desea pensar, sentir, crear y experimentar. Si uno usa toda la sustancia y energía de su Ser constructivamente, entonces Paz, Expansión, Gozo, Opulencia y Gloria es lo que regresa a su Vida por haber derramado Sus Dones, Si uno escoge y crea de otro modo, su miseria y destrucción regresan a él y destruyen su cuerpo ".

"El ser personal es un Custodio de Vida, de Ideas y de SustanciaLuz, la Sustancia Electrónica Pura. El mero hecho de que uno existe como ser humano es un reconocimiento abierto para aquellos que son capaces de leer el Libro de la Vida, que ha decretado venir a la Existencia Individual y aceptado por su propia elección la Responsabilidad de ser un Creador. Todos tienen que responsabilizarse de su mundo. Si él ha creado, debido a los apetitos del cuerpo físico, cosas y condiciones que no disfruta, ÉL TIENE TODO EL PODER PARA PURIFICAR Y DISOLVERLOS POR EL USO CORRECTO DEL ELEMENTO FUEGO DEL CUAL EL AMOR DIVINO ES LA ACTIVIDAD MAS ELEVADA, MÁS PODEROSA Y ETERNA".

"Si él desea poner su persona y su mundo en orden y por lo tanto tener Paz y crear un mundo de Gozo, Perfección y Gloria, debe recurrir a su Cuerpo Electrónico, como el Patrón de su Divina Perfección, ya que no puede, ni nunca podrá, ser encontrado en ninguna otra parte. Allí, y solamente allí, puede el ser personal encontrar seguridad, descanso, satisfacción, alegría y el Cumplimiento de todo deseo constructivo, pues en la "Plenitud de la Presencia" están las cosas que desea".

"Este Cuerpo Electrónico, Perfecto y Eterno, se encuentra entre cuatro y cinco metros por sobre el cuerpo físico de todo Individuo, a menos que sea del tipo inferior o destructivo, y entonces el Cuerpo Electrónico se retira aún más lejos.

"Este es el Hijo y Sol de Dios, pues el Cuerpo Electrónico de toda Flama de Dios Individualizada es una Resplandeciente y Deslumbrante Luz de tal intensidad que los ojos humanos solamente pueden vislumbrarla por una fracción de segundo. POR LA ADORACION A LA FLAMA DE DIOS Y PURIFICACION DE SU INSTRUMENTO EL SER PERSONAL LA ACTIVIDAD EXTERNA DE LA MENTE Y DEL CUERPO FISICO, ES ELEVADO EN ARMONIA VIBRATORIA PARA VER EL CUERPO ELECTRONICO CLARAMENTE DENTRO DE LA DESLUMBRANTE LUZ DEL CAMPO DE FUERZA ALREDEDOR DE ÉL. El cuerpo físico o la verdadera estructura atómica de la carne, es la forma más densa y el registro de toda actividad externa de la mente".

"En algunos aspectos de la religión concernientes al Cuerpo Electrónico se le menciona muchas veces como el Angel Guardián. Es todo eso y mucho más cuando realmente es entendido y comprendido. El ser personal debe buscar en el Cuerpo Electrónico el suministro de toda cosa buena, como un niño busca a su madre. Todo lo que está en la Flama de Dios fluye hacia el Cuerpo Electrónico donde el Tremendo Poder y la Intensidad de la Luz de la "Magna Presencia YO SOY" es traída a un grado que puede actuar en la octava vibratoria del mundo físico".

"Del Corazón Central del Cuerpo Electrónico fluye una Corriente de Esencia de Vida o LuzLíquida que entra al cuerpo físico a través de la glándula pineal y llena los canales nerviosos. Este "Fuego Líquido Blanco" fluye a través de los nervios como la sangre lo hace por las venas. Esto hace que lata el corazón, mueve los músculos del cuerpo y nos capacita para caminar o levantar la mano. Es también la Luz Energetizante dentro de las células del cerebro".

"La Corriente de Vida del cuerpo ha sido llamada con frecuencia "El Cordón de Plata". Eso Es, pues la Corriente de Luz Líquida Blanca pulsa continuamente a través del cuerpo de carne por medio del sistema nervioso. A la llamada muerte, la "Presencia de Dios" se retira de la Corriente de Luz Líquida y la carne se desintegra".

"La razón por la que la humanidad continúa experimentando la llamada muerte es porque hay un desperdicio de esta Luz Electrónica a través de los excesos emocionales, en lugar de retenerla dentro del cerebro físico y el cuerpo, para reconstruir la estructura celular y suministrar la Fuerza Motriz para el cuerpo entero".

"A la humanidad no le gusta oír Esta Verdad, pero el desperdicio de la Energía de Vida a través de sentimientos incontrolados es la causa de la desintegración de todos los cuerpos físicos, excepto la de la violencia. Si utiliza uno la Vista Interna para observar la Corriente de Vida de un niño fuerte y saludable, podrían verse los nervios del cuerpo llenos de esta Luz Líquida Blanca, Resplandeciente".

"Después, si uno observa el cuerpo de la misma criatura cuando está enferma o fatigada, puede ver la Luz bastante disminuida". En un cuerpo viejo está todavía más opaca, y si uno desea observar al alma saliendo del cuerpo, a la llamada muerte, verá esta Corriente de Vida enteramente separada, por encima de la cabeza, hasta que se vuelve un delgado hilo de Luz que se rompe finalmente; en ese momento el corazón cesa de latir. Otra vez, regresemos a la explicación de los Rayos".

"Nada y Bob Singleton son otros Rayos Individualizados de la Flama de Dios. El que ustedes elijan aceptar este Maravilloso Hecho depende completamente de ustedes. Yo ni siquiera sugiero, pero sabiendo cómo sienten secretamente en sus Corazones, como lo sé, es mi Privilegio revelar lo que sigue. Explicaré algo de sus sentimientos que aún no han entendido".

"Mi sincera esperanza es que ustedes cuatro puedan ser capaces de elevar sus cuerpos en Esta Vida dirigiendo su atención externa consciente directamente a ese punto (La Ascensión.) Con la Asistencia que Nosotros podemos dar en el debido momento estarán capacitados para efectuar la Realización Final. Siento su gratitud y les doy las gracias. En contestación a su pensamiento de por qué Este Glorioso Privilegio es suyo, deben saber que es debido a su crecimiento previo. Su "Magma Presencia YO SOY" dentro de ustedes lo demanda para su Protección e Iluminación. Ahora les daré la Explicación de la Ley por la cual ustedes pueden iluminar, elevar el cuerpo físico y expresar el Completo Dominio, la Victoria y la Libertad que tienen los Maestros Ascendidos".

"La semilla dentro del hombre y de la mujer es para crear un cuerpo por el cual otra alma pueda venir a encarnar. De otra manera, la Gloriosa Luz dentro del cuerpo debe ser elevada por encima de la cabeza y dejarla que fluya en adoración hacia la "Magna Presencia YO SOY". Después, con pensamientos y sentimientos elevados uno puede hacer trabajo creativo a nivel mental a través de ideas gloriosas, ideales de arte, música, inventos, descubrimientos, investigación y creación de belleza y armonía de toda descripción, por medio de un Servicio para dicha de la humanidad y por lo tanto del Individuo que lo da".

"La Maravillosa Esencia de Vida que Dios nos da debe ser correctamente utilizada en Actividades Bellas, Idealistas y Creativas. En tal conciencia constructiva, el cuerpo físico permanecería eternamente joven y bello, el cerebro y las facultades alertas, agudas y activas y toda la expresión física se tornaría la Imagen y Semejanza del Dios viviente, verdaderamente el 'Templo de lo Más Alto'".

"Sus cuerpos están deseando su acostumbrado descanso. Sus habitaciones están listas. Duerman hasta que se despierten. Los encomiendo al Abrazo de su Gloriosa "Magna Presencia YO SOY". Que descansen en paz".

Regresamos a nuestras bellas habitaciones en las que todo estaba preparado. La más deliciosa fragancia de rosas lo penetraba todo y ciertamente nunca descansamos en mejores camas ni disfrutamos más divino reposo. Rex estaba muy contento de saber que Perla era su "Rayo Gemelo", de su misma Flama y hablando de ella, después de que él y yo nos fuimos a nuestro cuarto, dijo:

"Desde que nos conocimos, sentí una extraña atracción hacia Perla y siempre que estoy en su presencia estoy consciente de una sensación de callado contento. Nuestro Bendito Saint Germain ciertamente lo ha explicado todo maravillosamente y estoy muy agradecido".

"Al darme esta explicación hace algunos meses", contesté, "Él me dijo: "El Bellísimo Amor de un Rayo para su Rayo Gemelo es una sensación de mayor elevación, de exaltación maravillosa e Infinitamente más placentera que cuando la gran corriente de Fuego Líquido en la Corriente de Vida del Universo se desprecia y se torna pasión".

"Esta Magna Fuerza Electrónica concentrada o Esencia de Vida es una Luz Líquida que fluye dondequiera que la atención la dirija. La atención de la mente es llevada de aquí para allá por el pensamiento, sentimiento, vista y oído de hecho por la atracción de los sentidos físicos. La Verdadera Comprensión de qué Magno Poder está a su mando cuando tienen ustedes completo control sobre su atención, no puede ser sobre estimada. La Esencia Líquida Electrónica es la Suprema Energía y energetiza cualquier cosa en que la atención se fije".

"Si uno está haciendo intenso trabajo mental, la "Luz Líquida" permanece en el cerebro y fluye adelante a través del centro de la frente, entre los ojos, como un Rayo de Luz y si la Vista Interna se abre, uno puede verla siempre y fácilmente. Si uno está hablando, Esta Magna Energía Pura fluye a través de la garganta como sonido. Si uno está dando Amor Divino, Esta Luz Líquida fluye como una Radiación del Corazón Central".

"Si uno está enviando fuera sentimientos intensos, fluye del Plexo Solar. Aquí también hace la función de la digestión. Si se tiene la Vista Interna abierta, se verá la Corriente de Luz derramándose desde el centro de energía que se esté usando en el momento. Esta Luz Líquida Pura se colorea por cualquier cualidad que la personalidad le impone a través del pensamiento, sentimiento y palabra hablada. Aquí descansa la responsabilidad de uno como creador, y el medio por el cual puede corregir o purificar cualquier cosa que ha sido erróneamente creada".

"Si esta Esencia de Vida es liberada en el centro generador para el placer sexual, en lugar de construir un cuerpo físico para otra alma el proceso de desintegración del cuerpo físico empieza y el viaje hacia la disolución autogenerada del cuerpo comienza. No importa que el humano opine lo contrario. Esta es la Inevitable, Inexorable Ley de la encarnación física y no hay persona en el Universo que la pueda cambiar".

"Esta es la Principal Razón para que exista la condición que llamamos muerte dentro de la humanidad en general. Permítasele a quien esté en desacuerdo con Esta Verdad comparar el cerebro y el cuerpo de uno que conserva Esta Luz Líquida por un período de años, con el que lo ha desperdiciado por el mismo tiempo, y no necesitará otra prueba. La conservación de Esta Luz, Líquida Electrónica y la consciente elevación de Ella por la adoración de la "Magna Presencia YO SOY y por el poder de la mente a través del control de la atención, es el Camino de Perfección, y es seguro, sano, sensato y razonable. Sólo puede tener armonía, resultados constructivos para la mente, el cuerpo y el mundo del Individuo".

"Este no es un sistema de represión por el poder de la voluntad humana. Esto es, y siempre será, desastroso, pues contener una energía altamente concentrada, y luego por el pensamiento, sentimiento y sugestión continuar así atrayendo más de Ella hasta ese punto, por pensar en la misma en secreto, debe, por necesidad, causar una explosión de alguna clase. Ese método nunca ha sido la enseñanza espiritual original de alguien que haya realmente conocido y entendido la Verdad y la Ley concerniente".

"La Humanidad no ha entendido Esta Verdad, excepto en un grado muy pequeño, o miles ya se hubieran convertido en Maestros Ascendidos hace mucho. A fin de levantarse de la degradación, miseria, pobreza y desastre en que los humanos están ahora, el Individuo debe tener un claro conocimiento de Esta Ley en la actividad externa de su mente. A través del conocimiento consciente y control de las emociones, cierra la puerta a las más peligrosas y sutiles sugestiones del plano psíquico, que es el más desconocido enemigo y la más viciosa actividad de la fuerza siniestra de este mundo".

"El sentimiento natural del humano es un receptáculo de energía y es imposible para los pensamientos tornarse en cosas hasta que uno los lanza hacia el Mar de Sustancia Electrónica, por el sentimiento".

Así que nos retiramos, la Gloriosa Iluminación de nuestro cuarto se fue debilitando y pronto nos quedamos profundamente dormidos. Ninguno de nosotros había experimentado tan divino descanso. Debimos haber dormido doce horas enteras, cuando una campana de los más bellos tonos sonó a través de la habitación y una Resplandeciente Iluminación llenó el cuarto.

Cuando nos bañamos y nos pusimos nuestras Túnicas, encontramos el más delicioso almuerzo aguardándonos, servido en una mesa con cubierta de cristal que ninguno habíamos notado que estaba allí. En ella había alimentos de los que nunca habíamos oído hablar, más delicados y deliciosos que los que pueden ser servidos por un artista culinario de este mundo. Los platos parecían hechos de madreperla con orillas doradas y el resto del servicio estaba hecho de un metal semitransparente con mangos de perla. Comimos y estábamos comentando las maravillosas experiencias que habíamos tenido, cuando la mesa con todo el bellísimo servicio desaparecieron frente a nuestros ojos.

Otra vez el sonido de una bella campana llenó el cuarto, Fuimos al salón de recepción y allí encontramos a Nada y a Perla esperándonos, Se veían bellísimas. La juventud siempre responde maravillosamente a la "Magna Mágica Presencia", pero en este caso había habido una Transformación que era poco común en ellas, pues tenían una Radiación que nunca antes se les había visto. Ambas mostraban el despertar de un Gran Amor y aunque habían tenido el mismo gran descanso que nosotros, se notaba que habían pasado por un cambio extraordinario.

Habíamos apenas platicado unos momentos cuando las grandes puertas de cristal de la habitación se abrieron. Entramos y encontramos a doce Maestros Ascendidos presentes, por lo que ahora eran veinticuatro con los que habíamos contactado en El Retiro. Saint Germain nos presentó a Ellos y noté a una Dama y un Caballero a quienes rodeaba una Luz resplandeciente y su Radiación brillaba más que la de los otros. Ellos vinieron directamente hacia Nada y Rex, y con Indescriptible Gracia los saludaron.

"Amados Hermano y Hermana" dijo la Dama "nosotros venimos directamente de la Esfera en donde vuestra amada madre reside. No es Su Hogar, pero está allí para un entrenamiento especial. Ustedes no lo sabían en ese tiempo, pero si hubieran podido ver la caja mortuoria en que iba a ser sepultada, se habrían dado cuenta que faltaba su cuerpo físico. Nosotros fuimos dos de los Doce presentes que estuvimos con el Poderoso Maestro Saint Germain cuando se dio la Asistencia que le permitió ser elevada a Su Eterno Cuerpo Electrónico. Ella desea que ustedes lo sepan, ahora que están conscientes de, y han aceptado, el Modo de Vida de los Grandes Maestros Ascendidos".

"Estos, Nuestros Benditos Hermanos Ascendidos, encuentran que a cada uno de ustedes se les puede dar la necesaria Asistencia para elevar sus cuerpos como Ella lo hizo, en el momento en que su peregrinaje terreno llegue a su fin. Dentro de tres noches Ella vendrá a ustedes como nosotros lo hacemos ahora. Esta noche, Nada y su padre tendrán una feliz sorpresa".

De nuevo, una campana sonó y nuestro Amado Saint Germain anunció que todos debíamos entrar al laboratorio eléctrico. Al pasar vimos al Maravilloso Acelerador Atómico, brillante, con Grandes Corrientes de "Luz". Saint Germain pidió a Daniel Rayborn que tomara su lugar en el Sillón. Los dos Radiantes Maestros se pararon en lugares opuestos en el círculo, uno enfrente y el otro detrás de Rayborn. Saint Germain se paró dentro del círculo de veintiuno. Otra vez, me pidió observara el proceso detenidamente.

En un instante la "Luz" dentro del cuerpo de Rayborn empezó a aumentar y su rostro revelaba gran felicidad. Dentro de la "Luz" que lo rodeaba, había partículas de sustancia continuamente subiendo al momento en que las impurezas de su cuerpo físico eran arrojadas y consumidas. Esto duró como diez minutos; entonces vi su pelo gradualmente volver a su color natural, castaño oscuro, y su rostro tornarse radiante y joven. La Luz dentro del Sillón gradualmente desapareció y el laboratorio quedó otra vez normal.

Saint Germain extendió Su Mano al Sr. Rayborn y él se bajó con ligereza, como si escasamente se diera cuenta de que tenía algún peso. Por más de una hora, la Radiación de su cara y la Luz Brillante de sus ojos, fue de lo más notable.

"Las palabras no pueden describir las Maravillas que experimenté" dijo, volviéndose hacia nosotros, "y por primera vez en mi Vida "YO ESTOY" (YO SOY) comprendiendo el Verdadero Significado de la Vida. Nosotros ni soñamos en el estado no ascendido, la pequeña fracción del Magno Principio de Vida que nos apropiamos y usamos en nuestras ordinarias experiencias mundanas".

"Cada uno de ustedes" dijo Saint Germain "ha sido elevado a través de la Poderosa Radiación de Este Maravilloso Acelerador Atómico".

Regresamos a la Cámara de Cristal y notamos que habían sido colocadas sillas para sentar a veinticuatro personas alrededor de la gran mesa con cubierta de cristal. Los dos Radiantes Maestros tomaron Su Lugar en las cabeceras, nuestro Amado Maestro en el centro y Nada en el lugar opuesto a Él.

"Enfoca tu atención hacia Bob Singleton" dijo dirigiéndose a Nada "y pídele que venga aquí". Casi al instante una Luz de color rosa nos envolvió. En unos momentos un bello azul se formó alrededor del círculo color de rosa. Esto fue seguido por una radiación dorada, alrededor de la azul. Entonces oímos un ruido como el sonido de unas alas y Bob Singleton, en cuerpo visible y tangible se paró ante nosotros acompañado por los dos Radiantes Maestros que antes habían estado sentados a los extremos de la mesa. Yo no había notado que se habían ido, hasta Su Regreso con Bob. Allí parado, yo podía ver su forma hacerse más y más densa, hasta que se tornó tan tangible como la mía. Saint Germain se levantó y extendió su Mano a Bob. Todos nos levantamos y Nada lo miró fijamente por un instante al tiempo que el resto estábamos a punto de saludarlo. Bob puso sus brazos alrededor de ella y la acercó a su Corazón.

"Mi Precioso Amor" dijo, "siempre te he visto en mis sueños. Cuando viniste a la mina supe que eras mi Ángel de Amor, pero parecías tan lejana para mí, que no me atrevía a esperar nada. Ahora tenerte en mis brazos es la cosa más divina que conozco. En la Gloriosa Libertad de este Cuerpo Interno, veo la Luz del Amor Divino entre tu bendito hermano y mi querida hermana. Mi gratitud no tiene límites.

Daniel Rayborn dio un paso adelante y con sus manos extendidas dio su bendición a este Gran y Divino Amor y volteando hacia Perla y Rex también les dio su Bendición, diciendo que en el estado armónico en que se hallaba entendía todo con mayor claridad: "Podré recordar Esto", dijo Bob dirigiéndose a Saint Germain, "cuando regrese a mi cuerpo?, y Él contestó: "Lo podrás hacer si tú quieres El Privilegio que se te concedió ahora es poco usual, porque tú estás investido con un cuerpo temporal. Sin embargo, es tan tangible como tu cuerpo físico y el de los demás aquí".

Todos se acercaron y felicitaron a los enamorados, haciendo los Maestros Ascendidos una cadena por la cual se podía dar Asistencia en caso de necesidad en el futuro. Fue en ese momento que se nos dijo que los Radiantes Maestros eran también "Rayos Gemelos". Los Maestros Ascendidos presentes conocían a Bob por su contacto con él en esferas más elevadas, sólo que él no retenía recuerdo de su relación con Ellos. Cuando el Maestro Saint Germain se adelantó, Bob quiso hincarse frente a Él.

"No Bob", le dijo, levantando Su Mano en protesta, "tu propia Presencia YO SOY Morando en ti, es tan Grande como la de los Maestros Ascendidos que encontraron el camino antes que tú para la Maestría y la Libertad. A Ella pertenece tu Primer Amor, reconocimiento y devoción en todo tiempo, nunca lo olvides. YO SOY tu Hermano Mayor, eso es todo, y es Mi Privilegio asistirte hacia Esta Misma Libertad. Es con el consentimiento de tu Propia "Magna Presencia YO SOY" que te es permitido estar aquí esta noche. Siempre es un gusto dar asistencia de alguna clase, cuando la Gran Ley del Ser lo permite".

"Deseo que vengas mañana en la noche de la misma manera, para que conozcas a la madre de tu novia, ya que Ella estará aquí a esa hora. Mucho se está haciendo que aún no comprendes, pero tu bello amor y confianza están abriendo amplias puertas a bienes con los que no sueñas. Sin embargo, la completa comprensión vendrá según vayas progresando. Arregla tu trabajo en la mina de manera que te puedas retirar a las nueve de la noche. Ahora debes regresar a tu cuerpo físico". Enseguida nos pidió a todos que formáramos un círculo alrededor de Bob.

En unos pocos momentos, el Radiante Círculo de Luz rosa, azul y dorado nos volvió a envolver, Los dos Radiantes Maestros tomaron sus lugares cerca de Bob y en un instante los tres desaparecieron. El resto de nosotros permanecimos en la Cámara de Cristal y en cerca de veinte minutos los Seres Radiantes reaparecieron en medio de nosotros.

Nunca, en toda mi vida, he experimentado tan grande regocijo e Indescriptible Amor Divino como irradiaba de cada uno de los presentes. Esto terminó nuestro trabajo hasta la noche siguiente. Los doce Maestros Ascendidos que aparecieron al último, formaron un círculo y en pocos momentos desaparecieron de nuestra vista. Los restantes seis, después de darnos Su Bendición, se desvanecieron delante de nuestros ojos.

Nos reunimos todos alrededor de nuestro Amado Saint Germain con nuestra eterna gratitud y las Bendiciones sin Límite que habíamos recibido.

"Mis Amados Estudiantes" explicó, "¿ven ustedes cuánto más fácil, cuánto más placentero es el elevarse sobre todas las humanas, terrenas limitaciones y producir lo que se quiera directamente de la Sustancia Universal que es el Eterno Omnipresente Suministro de todo lo que uno puede desear? Cada uno de ustedes, que ha sido llamado aquí, puede aprender a hacerlo, mucho mas pronto de lo que se atreven a pensar en la actividad externa de su mente. El tiempo requerido para obtener Esta Maestría es tremendamente acortada cuando el Individuo llega a la comprensión de que su cuerpo físico es el Templo de la "Magna Presencia YO SOY", el DIOS del Universo y la misma Energía de Vida que mueve el cuerpo sobre el piso, es el Más Alto Dios Viviente. Este es el Cristo, el Unico Hijo Engendrado Dios en Acción. Sin embargo, encuentro que hay muchos que obtienen resultados formidables pensando en Ella como El Maestro Ascendido Interno, o la "Magna Presencia YO SOY" a la que pueden hablar. Esta Presencia es una Gloriosa Luz Resplandeciente. Pueden ver Su Luz dentro de su mente y cuerpo externo, Su Visible, Tangible Presencia, descansando a corta distancia sobre su cuerpo físico. Pueden hablarle y recibir sus Contestaciones Precisas, Dirección Perfecta y Maravillosa Revelación".

"Pueden ser siempre Divinamente dirigidos, si tan sólo contactan su "Magna Presencia YO SOY" íntimamente y con la frecuencia suficiente. Su Suprema Sabiduría, Inteligencia y Luz Líquida fluirán incesantemente hacia lo que ustedes deseen lograr, si mantienen fija su atención en la "Magna Presencia" primero, y en lo que deseen obtener, después. Enseguida continúen con definida y persistente insistencia. Tal Supremo Poder e Inteligencia es Absolutamente Invencible y nunca puede fallar".

"Las dudas y el temor humanos, los cuales son sentimientos sutiles, pueden impedir que se acepte esta "Magna Presencia YO SOY" y Su Perfección si ustedes los dejan, pero la "Presencia" nunca lo hizo y nunca falla. Esta es una fórmula simple para una rápida y certera realización. No pueden ustedes valorar el tremendo avance que es posible hacer en corto tiempo si ustedes así lo hicieran, porque pueden, aceptar conscientemente, continuamente, el Maravilloso Amor, Inteligencia y Poder de la "Magna Presencia YO SOY" cuya Energía está fluyendo y actuando a través de su mente y su cuerpo en todo momento las veinticuatro horas".

"Hay un punto que los Estudiantes Verdaderos y aquellos que desean la Realización deben saber de cierto, y concierne al deseo. Nadie puede obtener la Maestría sobre la creación y ganar la Ascensión por medio de una actitud de nodeseo, porque sin el deseo de lograr, el logro no puede ser posible. Recuerden siempre que todo Deseo Constructivo es "Dios en Acción" en ustedes, porque si el deseo no estuviera dentro del Principio Divino, la manifestación no podría lograrse; hasta que Dios deseó la manifestación, no pudo ser".

"La actividad del deseo es el impulso que mueve la Vida Misma y no se puede estar sin él. La Vida es movimiento Perpetuo y sustento de Esa Actividad, es todo Deseo Constructivo".

"Sin embargo, se debe ser cuidadoso para discernir entre el deseo y los apetitos humanos, pues están tan lejos uno de otro como la Luz de la oscuridad. El apetito es una acumulación de energía calificado por el ser humano, a través de la formación de un hábito en el organismo sensorial únicamente, y no tienen nada que ver con el deseo dentro de la Vida de Dios, ya que todo lo que mora dentro de la vida es puro, perfecto y Constructivo. El deseo Constructivo es eternamente existente dentro de la Vida. Es imposible progresar, o expresar Vida, sin alguna forma de deseo".

"Es el deber del estudiante estar alerta y en guardia, discerniendo siempre, acerca del motivo de hacer algo. Debe ser severamente honesto consigo mismo en sus sentimientos y motivos, porque muchas veces la actividad externa de la mente trata de hacerle a uno pensar que está haciendo algo desde el punto de vista de la razón, cuando lo que está haciendo es satisfacer un sentimiento".

"Todavía la mayoría de los humanos son criaturas de sensaciones ya que los controlan en un noventa por ciento del tiempo, lo que lo hace la sabiduría de la mente. Es por eso que son principalmente criaturas de apetitos físicos, en lugar de Maestros. De Circunstancia y Dominio dirigidos por Dios".

"Hasta que el estudiante toma en su mano este cuerpo sentimiento y definitivamente lo controla por el Amor, Sabiduría y poder de su "Magna Presencia YO SOY", no puede ser nunca responsable, ni hará progreso permanente hacia la Libertad. La "Magna Presencia YO SOY" almacena su fuerza en el cuerpo emocional o cuerpo de sentimiento y depende de esta energía para lograr el Cumplimiento del Plan Perfecto y Divino de Vida".

"Todo el mundo sabe la diferencia de sentimiento entre una idea Constructiva y una destructiva, y la diferencia entre un sentimiento de Amor, Paz y Tranquilidad y uno de discordia. De manera que la mente más simple hasta de un niño, sabe de modo innato la diferencia entre el Divino Modo de Vida, Deseo Divino y apetito humano de gratificación propia. Somos compelidos a elegir el Divino Modo de Vida, y si no forzamos a los apetitos de los sentidos a obedecer esa Orden, entonces debemos sufrir viviendo en el caos y la destrucción, hasta que pongamos nuestro mundo en orden de manera que se una con el Gran Movimiento Ordenadamente Armónico de la Completa Pureza. El Orden y la Armonía son La Ley de Perfección por siempre".

"Cuando uno desea dar rienda a su propio sentimiento de resistencia, en lugar de aquietar ese sentimiento y reemplazarlo por uno de Paz, se destruye a sí mismo, mente, cuerpo y mundo, porque la Ley es que cualquier pensamiento y sentimiento discordante enviado por un ser humano, primero debe vibrar a través del cerebro y el cuerpo del que lo envía, antes de que penetre al resto del Universo. Después de vibrar empieza su viaje de regreso a su creador. En este regreso recoge más de su misma clase y Eso se convierte en la acumulación de que está hecho el mundo Individual. Esta es la "Ley" y ella es Inmutable".

"Cuando la Gran Energía de Vida dentro del cuerpo físico es usada constructivamente, el resultado es el mayor gozo, felicidad y realización, no nada más para nosotros, sino para toda persona, lugar, condición y cosa que Controlamos. Entonces la "Magna Presencia YO SOY" a través del vehículo del ser personal manifiesta el Amor Divino en acción, y entre más firme y más concentrada la atención, más poderosa la acción y más maravillosos los resultados".

"Ahora vayan a su muy merecido descanso. La Todopoderosa Iluminación y Paz Infinita del Más Alto permanezca con cada uno, pues yo tendré mucho que decirles al cerrar nuestro trabajo mañana en la noche. Que todos permanezcan en el baño no menos de quince minutos. Será preparado especialmente y después les aguardará algo de comer. Con mi Paz, Fuerza y Amor los envuelvo y a su "Magna Presencia YO SOY" los encomiendo. Buenas noches".

Fuimos a nuestras respectivas habitaciones y encontramos todo resplandeciente con la Vivificante Vida de la "Magna Presencia YO SOY". La atmósfera misma estaba cargada con la Luz Electrónica Pura. Al sumergirme en el baño me sentí encantado por la Presencia Viviente dentro del agua. Era como la mágica caricia de la Madre de Toda Vida.

Cada átomo de mi cuerpo era vivificado en esa Radiante Paz que sobre pasa toda comprensión. Cuando estuvimos listos para los alimentos nos paramos frente al espejo y casi no nos reconocimos; nos veíamos radiantes, resplandecientes. Nuestro refrigerio fue exquisito y después de terminarlo nos retiramos enseguida.

A las cinco de la tarde siguiente fuimos despertados por el bello tono de una campana etérica sonando a través de nuestras habitaciones y notamos que la Radiación de la Luz en nosotros era más brillante de lo usual. Había sido tan vivificada dentro de nuestros cuerpos que su Radiación emanaba de nuestras manos vívidamente.

Los alimentos que nos dieron eran de la más excelente calidad y parecían como Esencia Concentrada. Había un líquido dorado, cremoso, que parecía casi Luz Líquida. Mientras lo tomábamos, le dije a Rex:

"Sabes, yo creo que alguna poderosa experiencia va a tener lugar y se nos da este Líquido para que el cuerpo no sea cargado con sustancias innecesarias".

Cuando terminamos, un vaso del tamaño de una copa de vino apareció en la mesa ante nosotros y con él una hojita de papel en que se

Leía "Bébanlo sin temor". La sustancia en los vasos se veía como Pura Energía Electrónica. Tomé mí vaso y lo vacié sin detenerme. Al principio, me pareció como si mi ser se expandiera sin parar y después vino una sensación de ser levantado a tremendas alturas. Pensé que iba a perder el sentido, pero no fue así. Pronto me ajusté a Eso y miré a Rex y lo vi parado en una Llama de Luz Brillante. Sus ojos estaban cerrados y su cuerpo balanceándose como si se fuera a caer. Empecé a acercarme a él, cuando las palabras se me vinieron como relámpago:

"No teman". A poco abrió sus ojos y me miró: dos Rayos de Luz salían de ellos. Fue una experiencia sorprendente y por fortuna, en verdad, no tuvimos miedo.

Después de unos momentos, la campana sonó llamándonos a la Cámara de Cristal. Cuando llegamos a las grandes puertas, se abrieron silenciosamente y la más arrebatadora música nos saludó. Estaba sentada al órgano la más bella, Soberana Presencia que haya visto o imaginado, y otra, su "Rayo Gemelo", se sentaba al piano. No hay palabras que puedan hacer justicia a esa armonía, pues la música le llegaba a uno a la más recóndita profundidad del alma. No estuvimos conscientes de que alguien más estuviera en el cuarto hasta que la música cesó y entonces nos dimos cuenta que diez de los Maestros Ascendidos se encontraban en medio de nosotros. Justo atrás de ellos estaban Nada y Perla envueltas en una brillante Luz que se extendía alrededor de ellas como por tres pies. Otro diluvio de música siguió, y de repente en medio de ella todos volteamos hacía la puerta. Nuestro Amador Saint Germain y Daniel Rayborn entraron con una bellísima Dama Maestro entre ellos.

Al entrar ellos, la música cesó y Nada y Rex exclamaron: "Madre". En un instante los dos estaban en Sus Brazos. Rex vino hacia donde yo estaba y poniendo su brazo alrededor de mí me llevó a su Madre diciendo: "Este es nuestro entrañable amigo que está con nosotros hace algunas semanas. Más no lo podríamos querer".

"Mi querido hijo", dijo Su Madre, "he observado mucho de lo que ha ocurrido y estoy tan agradecida como tú por que es tan buen amigo para mis seres queridos. Me uno a la familia en el gran Amor que le brindan tan sinceramente. Veo que ustedes corresponden brillantemente. Que las más escogidas Bendiciones de Dios, Amor e Iluminación los envuelva para siempre".

Todos se acercaron e intercambiaron saludos como una bella y feliz familia. De pronto sentimos una intensa vibración y viendo hacia arriba vimos a la Dama Maestro que había estado tocando el órgano, flotando cerca del techo arriba de nosotros. Realmente parecía como si estuviera en los Reinos Etéricos en lugar de en el corazón de la montaña en la Tierra. En un momento dado se paró en el suelo cerca de nosotros y fuimos presentados a Ella como Daphné, "La Hija de la Luz". También fuimos presentados a Arión, su acompañante en el piano, y Saint Germain señaló que eran de la Séptima Esfera, que hacía mucho tiempo que habían alcanzado el estado Ascendido, al haber completado su viaje a través de la humana experiencia.

Daphné y Arión se dirigieron a Nada y a Rex, formándose entre ellos un lazo de gran Armonía Interna. Preguntaron si los chicos cantarían con el acompañamiento del órgano y piano. Contestaron afirmativamente y Daphné preguntó a Nada qué iban a cantar.

"Luz de Amor Eterno" dijo ella "Rex y yo la escribimos". Daphné tocó la frente de Nada un momento.

"Ya la tengo" dijo y yendo hacia el instrumento empezó. Las voces de los chicos eran espléndidas antes, pero ahora había un nuevo poder y belleza maravillosos. Aún los Maestros Ascendidos expresaron su aprecio. Alguien le pidió a la Madre de Nada que cantara y desde el momento que empezó, una Estremecedora Emoción de Gozo llenó cada Corazón al verter Su Gran Amor para bendecir a todos a través de su canto. Fue ciertamente la Gloria del Cielo derramada sobre la Tierra.

Fue en este punto que Saint Germain nos pidió que fuéramos al laboratorio eléctrico. Cuando estuvimos acomodados alrededor del Acelerador Atómico, nos pidió a cada uno de los que aún no habíamos elevado nuestro cuerpo que tomáramos turno y lugar en el Sillón, empezando por Daniel Rayborn, Perla, Rex. Nada y yo.

"La Magna Presencia YO SOY" en cada uno de ustedes les dirá cuándo deben dejar el Sillón" nos instruyó "ya que no se debe hablar ninguna palabra mientras el proceso de elevación está en operación".

Daphné tomó Su lugar, de frente al Sillón y Saint Germain directamente en el opuesto. Rayborn se sentó y una deslumbrante Luz azul-blanca brilló tan clara como el cristal. En unos diez minutos su carne se vio perfectamente transparente. Lentamente, una corriente de azul vivo recorrió su espina y encontró las corrientes combinadas de la glándula pineal, cuerpo pituitario y la base del cerebro, formando todas una Luz Dorada Brillante, circundada por el más vivo azul que yo haya visto.

Entonces, por el mismo Poder de su propia Luz, se levantó del Sillón y al hacerlo parecía flotar más bien que caminar. Perla tomó su lugar en el Sillón. En menos de cinco minutos su forma desapareció completamente, tan deslumbrante era la Luz Blanca. Esto duró posiblemente diez minutos, antes de que emergiera de Ella. Al bajar del Sillón, la Luz la siguió como si la acariciara.

Enseguida le tocó a Rex. Al principio, hubo un resplandor de suave Luz rosa, gradualmente cambiando a oro, azul y luego a intenso blanco con un glorioso tinte de azul que aún permanecía. Su forma no desapareció enteramente de la vista, pero en unos diez minutos se levantó del Sillón con los ojos brillantes por la Luz de la "Magna Presencia YO SOY".

Nada se sentó e instantáneamente la Luz se tornó un Sol deslumbrante; su forma completamente desapareció dentro de su resplandor. Tan ligeramente se levantó del Sillón que parecía flotar y Rayos de intensa Luz continuaron saliendo de la parte superior de su cuerpo, por algún tiempo.

Por último, tomé mi lugar. Sentí como un millón de chispas de Luz penetrando en mi carne, según iba la gran fuerza dentro de los electrones liberándose a través de la estructura atómica. Al principio quería salir del cuerpo que estaba usando y reclamar la Completa Liberación de mi "Magna Presencia YO SOY". Pronto me ajusté a Ella y entonces una sensación de la más gozosa exaltación llenó mi ser entero, una sensación que las palabras no pueden describir.

Derramé Gran Amor a la humanidad y oré para que todos pudiesen, recibir esta Misma Gloriosa Iluminación, porque nadie puede retroceder una vez que ha entrado en la Luz de esta manera. En este Formidable Estado de Exaltación pude, conscientemente, enviar todo el Poder del Divino Amor para bendecir e iluminar a la humanidad, en una forma mucho más poderosa de lo que hubiera creído posible. Si el setenta y cinco por ciento de la humanidad pudiera comprender, ser elevada a Este Maravilloso Estado y conscientemente enviar el Magno Poder del Amor Divino por siete días, la Tierra y todos sus habitantes quedarían transformados. No habría más egoísmo, y por ende no más lucha. Quisiera Dios que ese día ya estuviera aquí.

Nuestro Amado Maestro nos pidió que regresáramos a la Cámara de Cristal. Así lo hicimos, y encontramos el número exacto de sillas para los presentes colocadas de manera que vieran a la pared este del maravilloso cuarto. Saint Germain se acercó a un cordón que colgaba de la pared y tiró de él, las cortinas se abrieron y dejaron al descubierto una superficie pulida de cerca de cuatro por siete metros.

"Esto" explicó Él, "es un Espejo Cósmico en el cual cualquier Individuo que haya alcanzado cierta elevación, puede ver la serie completa de sus vidas; la causa y efecto de su actividad consciente y cómo es el progreso gradual para adquirir la Maestría. Entonces, viendo el Plan Divino de su futuro, él comprenderá cómo debe cooperar con el Gran impulso Cósmico de Adelanto y aumentar su poder de servicio y utilidad por medio de la expansión del Amor, Luz, Sabiduría y Poder de la "Magna Presencia YO SOY" en él".

Cinco de las sillas fueron colocadas directamente enfrente del centro del espejo. En éstas, Saint Germain sentó a Rayborn, Perla, Rex, Nada y a mí, en el orden mencionado.

"Les suplico que todos tengan sus ojos cerrados" dijo "excepto el que yo voy a indicar que haga la observación, y en ningún momento deberán hablar. Yo diré el nombre del que esté en turno, cuando el anterior termine. Deseo que tú" dijo indicándome a mí "veas todo, ya que estás aquí para observar y comprender todo lo que suceda, de manera que Este Conocimiento pueda ser dado al mundo. Los otros están aquí para su propio crecimiento individual". Sólo me es permitido relatar fragmentos de estas actividades impersonales, de lo que fue revelado. "Al pronunciar el nombre de cada uno", el Maestro añadió, "él debe arrojar la Luz de su alma hacia el espejo, mantenerla allí sin vacilaciones y calmadamente observar los resultados, no importa lo que aparezca".

"Daniel Rayborn".

Inmediatamente una mancha de Luz azul zafiro apareció en la superficie blancolechosa del espejo y empezó a expanderse hasta que se tornó tan clara como el cristal. Entonces Saint Germain explicó:

"Vida tras Vida aparecen, algunas con gran detalle, otras mostrando la lucha terrible del ser externo contra cierto avance y expansión de la Gran Luz Interior. Esta Luz está expandiendo Perfección desde la "Presencia". Esto puede ser retrasado, pero no puede impedirse que obtenga Su Ultima Eterna Victoria y Dominio".

"En algunos casos, centuria tras centuria y Vida tras Vida pasan con muy pequeño progreso por la terquedad del ser externo. Cuando ya se cansa del desperdicio de la existencia, la irrealidad de las cosas, y llama fervorosamente y gozosamente a la "Magna Presencia YO SOY", entonces todas las barreras desaparecen y su Gran Luz Interna puede expresar más y más Perfección. Así, al fin, la Completa Maestría es lograda". La pantalla reveló las experiencias de Rayborn, incluyendo aquellas de su vida Presente y nuestra reciente asociación.

"Verán ustedes", prosiguió "que le ha sido concedida una Extensión a este buen Hermano, hasta que termine cierto trabajo externo y los muchachos hayan terminado la escuela. Estas Extensiones sólo se otorgan cuando es posible elevar la estructura atómica del cuerpo físico a la Electrónica. Cuando esto se efectúe, él será unido a su bellísimo Rayo Gemelo, la Madre de Rex y Nada. Entonces se revelará su Verdadero Servicio a través de la "Magna Presencia YO SOY", creciendo más y más brillante su Radiación. Al tiempo señalado, ellos vendrán con su Maestro AscendidoAutoridad, para servir en sus Cuerpos Ascendidos Visibles y Tangibles en su posición de Grandes Maestros de la Luz, en altos puestos en el Gobierno, siendo Mensajeros Directos del Más Elevado Dios Viviente". La superficie del espejo se Puso blanca y Saint Germain dijo:

"Perla".

Una mancha de Luz violeta apareció, se expandió y cubrió el espejo con una Radiación Preciosa. Aquí todo fue muy distinto. De entre las muchas vidas mostradas, sólo hubo tres en las cuales el ser externo se rebeló contra la "Luz". Se mostraron encarnaciones masculinas y femeninas. Muchas veces ella fue una fervorosa Maestra de la Verdad para la humanidad. En una, ella fue testigo ocular de la crucifixión de Jesús. En otra, vio arder a Juana de Arco. Después vino su encuentro y unión con Rex, la Iluminación Final y la Ascensión de sus cuerpos y el ministerio que seguiría. Hasta los mostraron siempre en contacto con sus padres como amigos muy queridos, pero ya no en su relación padreshijos. Otra vez la Luz se desvaneció, la superficie del espejo se puso blanca y Saint Germain dijo:

"Rex".

Un disco de intensa Luz de color rosa cubrió rápidamente el espejo y una larga serie de vidas siguió. Estas también fueron encarnaciones masculinas y femeninas. En tres de ellas, fue un gran Maestro de la Verdad de la Vida. Muchas veces fue oficial de importancia en grandes ejércitos. En esas ocasiones fue muy activo, especialmente en el tiempo en que la Civilización Griega alcanzó su ápice. En otra se le vio en Francia y en otra en Inglaterra en el tiempo de la revolución Americana. Aquí el Maestro llamó nuestra atención a una circunstancia poco usual.

"El crecimiento de Rex " dijo "ha sido tan firme que él no ha tenido grandes luchas en sus encarnaciones. Esta es una cosa rara, cuando uno considera los cientos y algunas veces miles de encarnaciones que el alma hace a fin de ganar la Eterna Victoria y el Dominio. En tres vidas consecutivas fue un científico de renombre que hizo notables descubrimientos que fueron una bendición para la humanidad".

"Ahora veremos su Vida presente que apenas bien empieza. Aquí está el fin de sus días de escuela, su unión con Perla y la llamada de los Maestros para ir al Himalaya y al Lejano Oriente. Esto cubrirá por lo menos dos años. Noten la maravillosa y vívida descripción de cierto trabajo que él hará en el futuro en el cual tendrá una actuación prominente en el gobierno de América". Entonces, como relámpago todo se desvaneció del espejo y Saint Germain llamó:

"Nada".

Casi instantáneamente una Luz como un sol cubrió el espejo y cuando se aclaró Saint Germain continuó:

"Esta es una Notable Revelación de cientos de vidas, cuyas encarnaciones muestran intensa actividad y en las cuales parece que siempre hubo un sincero deseo por la Luz. En la Vida que ahora vemos, muestra su encuentro con Bob Singleton cuando estuvieron juntos en Atlántida. En ese tiempo él era sobrino de uno de los Grandes Maestros Dirigentes. En otra, Nada fue una sacerdotisa en Egipto. En la que ahora vemos, fue la hija de un jeque Arabe y por muchas vidas ha estado bajo mi Cuidado e Instrucción".

"Esta es su Vida presente mostrando nuestro encuentro, su contacto con Bob y el repentino final de su trabajo en la escuela. Ella hará un Trabajo Cósmico que Bob aún no está preparado para hacer. Noten que según él se despierta completamente, la Gran Luz que sale de él resplandece. Es cuando ellos se convertirán en grandes Maestros de Sabiduría Divina. Como ven, Bob elevará su cuerpo, así como los otros, con la Asistencia de los Maestros Ascendidos. Su Futuro Trabajo en el estado Ascendido es bellísimo en verdad". Saint Germain pronunció mi nombre.

Al instante arrojé mi AlmaLuz hacia el espejo y una Luz girando como un gran diamante en el centro, rápidamente se expandió hacia las orillas. Muy atrás en el pasado Me vi mi Verdadero Yo, "La Magna Presencia YO SOY" utilizando un cuerpo tras otro, a través de una larga serie de vidas. Dos fueron en Atlántida, una como ingeniero de minas y navegación aérea. Cuando la segunda estaba en la pantalla, Él explicó:

"En tu última encarnación en Atlántida, por primera vez te pusiste en contacto con tu Rayo Gemelo. En Egipto fuiste un maestro secreto del "Dios Bolso''. En Roma fuiste un centurión durante la Vida y Ministerio de Jesús, finalizando esa encarnación en lo que ahora es la Gran Bretaña. Otra vez en Inglaterra durante la XII centuria y la siguiente Vida fue en un cuerpo femenino en Francia".

"Ahora viene tu Vida Presente, otra vez en Perfecta Unión con tu Rayo Gemelo. Esto entra en el futuro lejano cuando estando con la Gran Familia de Maestros Ascendidos tú estarás haciendo tu ministerio a través del Amor Divino a los que están en la Tierra, asistiéndoles en su progreso hacia arriba. La Bendición del Servicio Divino es un gran privilegio, pero recuerda siempre que tu Primer Servicio, el Más Grande Servicio que puede existir, es el Conocimiento Completo y Aceptación de tu "Magna Presencia YO SOY" La Poderosa Luz Interna y encima de ti".

"Deseo que todos recuerden especialmente lo que voy a decir sobre el servicio, ya que es uno de los asuntos más mal entendidos. Mucha gente considera varias cosas como servicio, que en Verdad no son servicio sino mera esclavitud a las creaciones humanas de ellos y otros. La ejecución de ACTOS FISICOS para GRATIFICACION y SATISFACCION de las LIMITACIONES del SER HUMANO NO es servicio, nunca lo fue y nunca lo será. Eso es esclavitud a la creación humana y la rueda del molino de las limitaciones del hombre. Les ruego quitar de sus mentes, de una vez por todas, esa idea como concepto de servicio, pues les digo en Verdad que no es así. Una de las Damas Maestras Ascendidas ha dicho:

"El Primer Servicio para cualquier humano es alabanza y adoración al Dios Interno El Gran Maestro dentro de cada Individuo, Fijando la atención de la mente externa en el Unico Dador de todo cuanto bueno podemos recibir, eleva la mente externa hacia la Completa Aceptación del Supremo Poder Conquistador anclado dentro de la forma humana, la cual, después de todo, es divina".

"Si en el servicio del hombre el hombre ha fallado en tener su atención fija en la "Fuente Suprema" de Amor, Sabiduría y Poder, entonces ha fallado en ese servicio en alto grado".

"Si en la búsqueda de cosas de los sentidos externos, su consciente atención se ha fijado tan sólo en la manifestación, en lugar de la "Suprema Presencia" que la produce, entonces otra vez ha fallado".

"Otra vez, si en el gran deseo de servir, el abrumador deseo de servir a sus hermanos le hace que descuide el mantener su atención fija en el Supremo Hacedor entonces ese servicio también ha fallado en gran medida".

"El Unico Verdadero Servicio está en mantener la atención y aceptación tan firmemente fija en el "Gran Maestro Interno" (El Unico Hacedor) que la mente externa esté tan plena de la "Presencia Interna", que naturalmente cada actividad del día se convierta, sin considerarla, en el "Perfecto Divino Servicio" del momento. Entonces el "Gran Maestro Interno" La Magna Presencia YO SOY" siempre está dirigiendo la actividad externa hasta que la acción entera se convierte en la Perfección expresada".

"El ser externo, hasta que no llega a estar completamente despierto, tiene períodos en los cuales sin darse cuenta, se pavonea ante sus hermanos mostrando su vanidad y sus habilidades. Esto siempre invita a que algún choque de alguna clase agite al ser externo para que se haga consciente de lo que hace. Entonces con ansias busca a su

"Fuente de Poder" que había sido u olvidada o voluntariamente hecha a un lado, pues en nuestra compulsoria elección y uso de nuestro Libre Albedrío, "Este Gran Maestro Interno" no interferirá a menos que sea bienvenido o invitado gozosamente para hacerlo. Digo gozosamente porque entre más gozo ponemos en la aceptación del "Magno Poder que Mora en Nosotros", más rápida es la manifestación que le sigue".

"Nuestra aceptación es una orden que debe ser obedecida. No puede ser negada. La atención y aceptación deben ser mantenidas el tiempo necesario, firme y sostenidamente en la "Magna Presencia YO SOY" hasta que el cascarón del ser externo sea completamente separado de la idea de que tiene algún poder propio".

"La mente externa no puede argüir contra el hecho de que toda la energía que usa proviene de la "Gran Presencia Interna", no importa cómo sea esta energía aplicada. Nunca dejen que ningún deseo de servir los prive del tiempo necesario –completo para fijar su atención y aceptación de su "Gran Maestro Interno", sabiendo que así, en forma natural, darán el servicio correcto y harán la cosa debida. Esta es la Ley del Verdadero Servicio Divino, el que dice siempre al ser personal "No tendrás otros Dioses delante de mí". Esta es toda la Ley aplicada".

"El ser personal no tiene nada absolutamente de sí, ya que viene a la encarnación sin siquiera ropa, y a menos que el cuerpo físico sea iluminado y elevado, pasa a través de la llamada muerte dejando atrás su cuerpo. Así que el ser personal realmente no es dueño de nada. No puede negarse el hecho de que todo ha sido prestado por la "Gran Presencia Maestra", no importa el mal uso que haga de los maravillosos Dones de la Vida".

"Mantengan su atención en las Alturas, La Luz, y la lucha del ser externo cesará. Se encontrarán elevándose en el glorificado Estado Ascendido donde el Gozo del Servicio Divino trasciende toda terrena comprensión y no hay palabras para describirlo".

Esto pone al descubierto las revelaciones del crecimiento individual por medio de cientos de vidas de experiencia terrena. Es un raro suceso, y un privilegio para cualquier estudiante, el que esto le sea mostrado, y solamente es permitido cuando el individuo ha alcanzado una altura determinada y Fuerza Interna que lo capacitan para observar las experiencias del pasado sin sugestionarse, o ser por lo menos influenciado por ellas, a pesar de lo terríficas que hayan podido ser.

Solamente un pequeñísimo fragmento de todo lo que pasó por ese espejo es reportado aquí, ya que las experiencias de un solo Individuo a través de cientos de encarnaciones llenarían muchos volúmenes. Saint Germain recorrió las cortinas del espejo y tomando Su Lugar enfrente de Sus Invitados, dio una Maravillosa Disertación. Gran parte fue Instrucción privada e información para los presentes, concerniente a su propio trabajo. Referiré sólo una pequeña parte enseguida.

"Es mi Deseo" dijo Él, dirigiéndose a Perla, Nada y Rex, "que Perla regrese con Nada a su escuela. Es imperativo ahora que ella empiece ciertos estudios que yo indicaré en el año, hasta su graduación. Al terminar ese tiempo, me dará mucho gusto que Me acompañen al Lejano Oriente donde ustedes permanecerán por dos años y donde harán ciertos Contactos que serán necesarios para ustedes".

"Para entonces, Bob ya estará listo para ir con ustedes. Yo veré que hombres responsables sean llevados a la mina y al rancho. Dentro de un año, el veintiocho de julio, volveremos a encontrarnos en la Caverna de los Símbolos y Daniel Rayborn completará la elevación hacia su Cuerpo Electrónico y entrará en la Perfecta Libertad con su amado Rayo Gemelo, Nada, "La Criatura del Canto".

"Cada uno de ustedes recibirá Entrenamiento e Instrucción de tiempo en tiempo, según lo vayan necesitando, y éste será su Sendero hada la Libertad. Sabrán que sólo hay una Fuente que buscar para cualquier cosa y ésta es su "Magna Presencia YO SOY" dentro y alrededor de ustedes, a quien pueden llamar, y nunca les fallará su respuesta. De Ella, ustedes recibirán Valor, Fuerza, Poder, Protección y Guía sin

Límites, que los llevarán con éxito a través de cualquier prueba que puedan encontrar".

"No he observado ninguna debilidad en ustedes, de Otro modo no estarían aquí. Pruebas vendrán de los más insospechados lugares. Ustedes, por supuesto, recordarán que el estudiante sincero SIEMPRE ESTA EN GUARDIA. "La Luz Interna" nunca fallará a menos que deliberadamente se alejen de Ella, cosa que estoy seguro ninguno hará nunca!"

"¿Ahora, me acompañarán a la Mesa de Cristal? Todavía tenemos que dar otro servicio a nuestro amado Hermano Bob". Cuando todos estuvimos en nuestros lugares, Él le pidió a Nada que llamara a Bob con la "Luz Interna". En unos diez minutos estuvo parado a la mesa delante de nosotros. Rex extendió su mano y Bob se adelantó ligeramente y tomó a Nada en sus brazos. Ella lo condujo y lo presentó a su Madre, quien había regresado a la Cámara de Audiencias con Daniel Rayborn.

Ella le miró fijamente por un momento y con la más dulce de las sonrisas le extendió los brazos y le abrazó. Al hacerlo, la Luz dentro de Ella resplandeció con tal intensidad que sus cuerpos eran apenas visibles.

"Mi Amado Hijo, en quien pongo toda mi complacencia", dijo Ella, soltándolo, "los felicito a los dos por este Descubrimiento y el Amor que envuelve su Divina Unión. La Más Grande Bendición que mi Poder en el Estado Ascendido puede dar, los cubre a ambos para siempre. Recuerden siempre que el Amor y la Devoción Puros, sin rasgo de egoísmo, forman el Sendero Abierto al Estado Ascendido".

Nada pidió a Daphné y Arión que tocaran otra vez y Ellos accedieron. Cuando tomaron su lugar en el órgano y al piano, una luz deslumbrante flotó sobre ellos Cerca del Techo. Al empezar los primeros acordes de una bella melodía, la Voz de un Glorioso Tenor brotó de la Luz. El Control de la Voz era Perfecto, su alcance parecía que no tenía límites.

Aquí estábamos escuchando al Ser que no veíamos, pero cuya Voz era la más magnífica prueba de la Presencia y sus Grandes Dones a la humanidad. Cuando la primera canción terminó, el órgano, piano y Voz modularon "América". Instantáneamente todos se levantaron, no solamente como tributo a América, sino al Gran Maestro cuya Fabulosa Voz nos tenía tan emocionados.

"América, dijo Saint Germain, significa mucho más para la mayoría de sus habitantes que lo que ellos piensan, pues ella es el Corazón Central del Progreso Espiritual de este planeta. Es en América que el Firme Fundamento del Cristo Cósmico La Magna Presencia YO SOY se anclará en los Corazones de la humanidad. Esta Gran, Todopoderosa Luz se intensificará y expanderá hasta que no haya vestigio de egoísmo o intrigas políticas que sean recordadas. Muchas cosas asombrosas tendrán lugar en los años venideros hasta que la humanidad verdaderamente se dé cuenta que el tiempo de los milagros no ha pasado, sino que está para siempre con nosotros. Entonces comprenderemos que no son sino los resultados de la obediencia al Gran Plan Divino de Vida. Apenas empezamos a entrar a la era de los llamados milagros que revelarán las glorias que la "Mágica Presencia" guarda para sus Hijos".

"América es el "Grial" La Copa para Esta Tierra que lleva la Luz del Cristo Cósmico que iluminará la Tierra y la pondrá en Orden Divino por el Poder de la "Magna Presencia YO SOY".

Bob estaba tan contento que quiso saber si le sería permitido conocer al Amado Maestro en su cuerpo visible y tangible antes de que la escuela comenzara y Saint Germain contestó: "Puede ser más pronto de lo que esperas, pues tus estimados amigos estarán en la mina dentro de corto tiempo y Yo me encontraré con ustedes por ese tiempo, digamos el diez de agosto. Ahora Bob, debes regresar a tu cuerpo físico". Al instante los dos Radiantes Maestros se pusieron a su lado, Bob dio las buenas noches a su novia y a los presentes e inmediatamente desaparecieron. El resto de nosotros nos juntamos alrededor de Nada, la Madre, quien abrazó a sus Seres queridos. "Es hora de que nos separemos" dijo, "pero en esta ocasión es en gozoso arrobamiento en lugar de pena, como fue la primera vez".

"Deseo que retornen a sus habitaciones" dijo Saint Germain "y que descansen hasta las dos de la tarde de mañana y luego emprendan el regreso al hogar. Los alimentos necesarios serán servidos cuando estén listos. Es mi privilegio llevar a Esta Amada Criatura del Canto (indicando a la Madre de Nada y Rex) a la Esfera donde ella está residiendo".

Los observamos de cerca y vimos las Dos Formas que empezaron a esfumarse y en unos tres minutos completamente desaparecieron, Tal es el Poder del Maestro Ascendido para ir y venir en el Cuerpo Tangible y hacerlo visible o invisible a su voluntad. En nuestro interés de observar a la Madre de Nada y al Amado Maestro cómo desaparecían, no notamos que los otros Maestros Ascendidos se habían ido también, dejándonos a Daniel Rayborn, Perla, Nada, Rex y a mí.

Cuando nos miramos unos a los otros no creo que hubiera ojos secos en todo el grupo, pues lágrimas de inmensa gratitud y felicidad llenaban nuestros ojos y Corazones hasta el borde.

Regresamos a nuestras habitaciones y encontramos la más apetitosa comida esperándonos. Había un delicioso pan de nuez, un líquido ambarino maravillosamente refrescante y una ensalada preparada con ingredientes que nunca habíamos comido. Cuando nos acostamos la Brillante Luz del cuarto se fue desvaneciendo gradualmente, quedando solamente una Radiación azulblanca como luz de luna. A menos que uno haya experimentado algo parecido, no es posible describir la sensación de descanso y quietud que dicha Luz proporciona.

La próxima cosa de que nos enteramos, fue oír la campana etérica sonar a través de nuestras habitaciones y cuando miré el reloj vi que era la una. Nos pusimos nuestras túnicas y nos sentamos a la mesa de cristal de nuestro cuarto en la que había riquísimas frutas, entre ellas melocotones y fresas como nunca había visto en el mundo externo.

Había una sustancia, como crema batida, para la fruta, y cada cucharada era como una carga eléctrica en el cuerpo que le daba a uno una Sensación de Fuerza, Valor, Poder y Confianza, que es imposible explicar.

Al terminar nuestro refrigerio, una hoja de papel flotó hacia la mesa, en la que se nos pedía que fuéramos a la Cámara de Cristal. Las grandes puertas se abrieron al aproximarnos y al entrar Saint Germain y los otros que habían llegado, nos saludaron.

"Nuestro Trabajo aquí se ha terminado por el momento" dijo tan pronto como nos sentamos "pues ustedes han dado rápidamente un salto adelante en su progreso debido a lo que han logrado previamente y de lo cual no estaban ustedes conscientes. Ahora, regresarán a la rutina y actividades diarias del mundo externo, pero ya no están en él. Nunca más la acción vibratoria de sus mentes y cuerpos bajarán al nivel en que estaban antes de que entraran a la Caverna de los Símbolos hace tres días".

"Sus amistades los verán y sentirán el Cambio, pero no sabrán Su Causa. Ellos se restringirán de hacer preguntas personales. Ahora podrán vestir sus ropas para el mundo externo, pero siempre conserven sus Túnicas, pues son para su meditación y comunión con los Maestros Ascendidos".

"Yo tengo Mi Propio Modo de mantenerme en contacto constante con ustedes. Si vienen conmigo tan pronto como estén listos, les llevaré a la entrada de la Caverna, ya que debo estar en el Lejano Oriente a las cinco de la tarde. En adelante, no estaremos nunca separados".

Regresamos ya vestidos con nuestra indumentaria de excursión y Saint Germain nos condujo a la entrada. Tratamos de expresar nuestra gratitud pero Él levantó Su Mano en ademán de silencio y dijo:

"En el futuro, no tratemos de expresar lo que ya es conocido de los demás. Nosotros, creo yo, hemos ido más allá de los convencionalismos humanos. Sé que mi Amor y Gratitud son tan grandes como los suyos porque han encontrado el Sendero hacia la Luz Eterna, la Libertad y la Perfección. Que Yo haya tenido el privilegio de ser de Asistencia es mi Suficiente Recompensa. Todo está en el mandato de la "Mágica Presencia" dentro de ustedes, la "Magna Presencia YO SOY del Universo".

Al terminar de hablar, Su Cuerpo fue haciéndose menos denso, fue esfumándose en sus contornos y finalmente desapareció completamente delante de nuestros ojos. Nuestro Amor y Gratitud al Amado Saint Germain es Ilimitado y Eterno, la obediencia a Su Más Pequeña Solicitud es un Mandato para nosotros y un Gozo perenne. Le ha ayudado a la humanidad incesantemente a través de las centurias, tanto que todo el mundo debería Darle toda su cooperación.

CAPITULO V

El Gran Comando

Cuando vimos el mundo externo otra vez, fue casi como si regresáramos de otro planeta. Seguimos el sendero hacia donde nos esperaba el auto con un indescriptible Gozo cantando en nuestros Corazones y llegamos al rancho de Rayborn a las tres y media de la tarde. Había veces que no podía evitar el pensar, estando en el rancho, cómo era posible para Rayborn estar en ese negocio y sin embargo tener el privilegio de experimentar las maravillosas experiencias de que habíamos sido testigos en la Caverna de los Símbolos. En respuesta a mi pregunta mental, Saint Germain explicó:

"Aunque es poco usual el encontrar a alguien que esté tan cercano a la elevación ocupado en estas actividades del mundo externo, en ocasiones se da el caso de que un Individuo que ha tenido una madurez espiritual previa se enrede, por decirlo así, en asuntos externos por asociaciones de negocios. En estos casos, los Maestros Ascendidos dan su asistencia instruyéndolos en el uso de la Llama Consumidora que permite al Individuo consumir una gran cantidad de creaciones erróneas, previamente generadas. Esta Llama la deben usar a su elección y de esta manera, se puede completar el plan de muchas vidas. Sin embargo, Nosotros no Sancionamos este modo de trabajo como el más apropiado curso de actividades comerciales personales. No deseamos que haya un mal entendimiento acerca de estas condiciones que la parte humana de la humanidad genera, puesto que el criar animales para matarlos para alimento está mal desde el principio hasta el fin, pero de vez en cuando un alma de gran crecimiento se enreda en una actividad como ésta a través de las sugestiones y condiciones generales del mundo externo. Cuando esto pasa, la Gran Ley Divina a través de la Sabiduría de los Maestros Ascendidos proporcionan un camino para ayudar al Individuo que trata de alcanzar su Realización Final y ser Libre."

A las siete de la mañana del día nueve, debíamos ir a la mina. El día estaba precioso y el padre de Nada sugirió que fuéramos por cierto camino a través de las montañas desde donde podríamos ver una de las más maravillosas vistas del Oeste. Lejos, hacia el noroeste, se destacaba el Gran Tetón en medio de un salvaje y bello cinturón escénico incomparable. Al sur quedaban los Pikes Peak, al sureste Longs Peak y muchísimos otros elevándose hacia el cielo. Nunca lo olvidaré. Pasando por la montaña se observaba un panorama perfecto de exquisita belleza. A las siete entramos al campamento de la mina, pero nadie se sentía ni levemente cansado.

Tocamos el claxon y en unos momentos Bob vino hacia nosotros corriendo. Esta vez pareció olvidar a Perla y se fue directamente a Nada. Ella se quedó muy quieta, como si no lo reconociera. El se paró, se puso blanco, y entonces Nada con su más dulce sonrisa le tendió los brazos, pero pasaron unos segundos antes de que él pudiera hablar.

"Querida" dijo él "me causaste un terrible susto y por un momento creí que mi Experiencia en la Caverna de los Símbolos había sido sólo un sueño. Ahora sé que no fue así".

"No, amor", dijo Nada, "fue muy real, alabado sea Dios y yo estoy muy agradecida. Los dos estaremos agradecidos siempre." Entonces Bob se dio cuenta de que había otros presentes.

"Querida perdóname", dijo tomando a Perla en sus brazos, "Tú sabes que no te haría a un lado".

"Hermano querido", dijo ella "yo entiendo. Todo está bien".

Bob nos abrazó a todos, aún a Daniel Rayborn.

"Bob" dijo Rayborn "me da mucho gusto de verte tan natural y amoroso. Ven a cenar con nosotros esta noche. Desde ahora eres un miembro de la familia. Ven a cenar con nosotros siempre, en lugar de hacerlo en el campamento. Esa noche, en la cena, Bob relató su Experiencia en la Caverna de los Símbolos, ya que había retenido cada detalle de ella y estaba perfectamente fascinado con la Madre de Nada. Era aparente que por ello había tenido lugar una Gran Armonía. Después examinamos el trabajo que se hacía en el "Descubrimiento del Maestro".

"Es sorprendentemente rico", dijo Bob "hemos sacado algo más de trescientos mil dólares hasta ahora." Estábamos para levantarnos de la mesa cuando un pedazo de papel flotó enfrente de Daniel Rayborn. En él estaban escritas las palabras: "¿Podría tener el privilegio de cenar con ustedes mañana en la noche y proporcionarles alimento de la Sustancia Universal? Sugeriría que se le diera libre la noche a la encargada." Estaba firmado Saint Germain.

Esto era nuevo para Bob y por unos momentos se quedó perplejo. "¿Me quieren decir" dijo "que el Maestro traerá la Cena de lo Invisible?"

"Precisamente eso, Bob" contestó Rayborn. "Sin embargo tendrás amplía oportunidad de observar todo lo que acontezca, pues un mundo nuevo se abrirá para ti." Una vez que la mesa se desocupó, hablamos de negocios.

"En toda mi vida Sr. Rayborn" empezó Bob, "nunca había visto más hermosa armonía entre los mineros, o tanto Amor y respeto para el dueño. Creo que esto se debe a Este Maestro".

"El nuevo Asistente, David Southerland, ya llegó y me gustaría que lo conociera mañana en la mañana. Fue mi compañero en el Colegio de Minas en Colorado y se graduó un año después de que yo lo hice, con altos honores".

"Es mejor que venga ahora" dijo Rayborn. Bob telefoneó y en media hora allí estaba, un joven bien parecido de seis pies dos pulgadas bien constituido, con un rostro franco y abierto que ganaba el corazón de cualquiera. Era un hombre de honor e ideales elevados en el que uno sentía que podía confiar absolutamente en todo momento.

A la mañana siguiente, Rex y yo fuimos con Bob a la oficina y encontramos que David ya estaba allí. Parecía muy agradecido y que valoraba la oportunidad de estar con Bob y Rayborn.

"Nunca soñé que estaría tan cerca del cielo" dijo, con franco entusiasmo.

"David" contestó Bob "no sabes lo cerca del cielo que en realidad estás".

Al cuarto para las seis, nos reunimos en el salón y tendríamos allí como tres cuartos de hora, cuando alguien llamó a la puerta levemente. Cuando Rex abrió, Saint Germain estaba frente a él con un hermoso traje blanco, un caballero perfectamente arreglado a la usanza moderna.

"Pensé en darles una pequeña sorpresa", dijo saludándonos con su Graciosa y Amorosa Sonrisa.

"Bueno, Bob" dijo Él, mirándolo en cierta forma, ¿por qué no lo haces? Bob se quedó confuso por un momento y luego echó sus brazos alrededor del Maestro y le dio un apretón.

"Mi querido Hermano" prosiguió, "el primer paso a la Perfección es ser natural, ya que todo está correcto cuando el Motivo es Divino". Bob vio al momento que Saint Germain sabía sus más íntimos pensamientos.

"Ahora, tomemos nuestro lugar a la mesa y cenemos. La mantelería y todo el servicio requerido esta noche será permanente y será obsequiado a Perla y a Rex, como un regalo de Uno que los ama mucho".

Daniel Rayborn acomodó a nuestro Amado Saint Germain a la cabecera de la mesa, Nada a su derecha y luego Bob, Perla, Rex y yo a su izquierda, sentándose él en la otra cabecera. Todos inclinamos la cabeza en silencio mientras el Maestro Alababa y daba Gracias por la abundancia de todo lo que se necesitaba.

Cuando levantamos nuestras cabezas, el mantel blanco más exquisito cubría la mesa, con servilletas para cada uno. En el centro había un florero de jade bellamente tallado, lleno de rosas, con botones que empezaban a abrirse, y cuya deliciosa fragancia llenaba el cuarto. Una copa conteniendo el Dorado Líquido apareció en cada lugar. Saint Germain levantó Su vaso e hizo un brindis al que todos nos unimos:

"A la Completa Iluminación Gloria y Perfección de cada uno de ustedes y de toda la humanidad". Bob vació su copa rápidamente y cuando la Esencia recorrió su cuerpo como relámpago, la expresión de su cara reveló su sorpresa.

Después siguieron los platos, tazas y otras piezas de la más exquisita porcelana que hubiéramos visto. Eran como de la sustancia de las perlas, con hojas doradas en relieve, de precioso diseño. Los cuchillos, tenedores y cucharas estaban hechos de un metal raro, blanco, con los mangos de cristal tallado. En el lugar de cada uno había lo que parecía carne, pero cuando lo probamos no había carne en él.

"Esto que parece carne" explicó Saint Germain, "contiene una combinación de sustancias que aún no se conocen en la Tierra. Hay una razón definitiva por la cual Nosotros nunca comemos carne y por qué los seres humanos tampoco deben hacerlo. Esto es porque los átomos de que está compuesta son la condensación de la sustancia de que están hechos los pensamientos malignos de la humanidad de este mundo y sentimientos del pasado".

"Los animales no existían en este planeta durante las primeras dos Epocas Doradas. Empezaron a aparecer después de que la humanidad generó la discordia que siguió a estos dos períodos. La Primera Creación descrita en el Génesis hace referencia a estas dos Epocas Doradas y las describió como "Muy buenas". Después surgió la niebla, y la llamada "caída del hombre" apareció por la atención del intelecto que se enfocó hacia los apetitos del cuerpo, a través del sentimiento".

"Así fue que la mente externa se enajenó más y más en el mundo de las cosas y por lo tanto olvidó la Fuente y el Poder de la Morada de su Ser, que es la "Magna Presencia YO SOY". El Plan Completo, o Modo Divino de Vida se perdió y más y más discordia ha continuado introduciéndose en los sentimientos de la humanidad desde entonces".

"En tanto los seres humanos insistan en matar animales nunca serán capaces de romper los hábitos viciados en sus sentimientos por los cuales se hayan encadenados, pues están constantemente destruyendo sus propios cuerpos y dejando fuera los más delicados impulsos mentales. El Amor de la humanidad hacia los animales domésticos está elevando y purificando algo de esto creaciones pasadas y liberando esa corriente de Vida hacia una más armoniosa fase de la existencia. Según la humanidad va haciéndose más armoniosa y pura, los animales desaparecerán de la Tierra; hasta la hierba mala y todo lo que marchita a las plantas será removido y la Tierra retornará otra vez a su Prístina Pureza, descrita como el jardín del Edén, o sea la obediencia a la Divina Sabiduría".

"El gran daño en comer carne es que la carne del animal registra los sentimientos de temor que experimenta cuando se le va matar. El animal tiene un cuerpo emocional y la vibración del miedo registrado previamente al momento de la muerte, califica la carne y esa propiedad es absorbida por el cuerpo emocional del humano que la come. También causa que cierta sustancia se condense en el cerebro y nuble el intelecto, impidiendo que impulsos más delicados fluyan de él, provenientes de la "Magna Presencia YO SOY"

"Los Maestros Ascendidos no interfieren en lo concerniente a esta sustancia debido a que el individuo hace estas cosas por su propia voluntad. El miedo, en sus muchas sutiles fases, es el sentimiento predominante entre la humanidad de hoy y es la puerta abierta a través de la cual la fuerza siniestra mantiene el control de la personalidad y efectúa su trabajo destructivo. Enseñar que es necesario comer carne para tener fuerza, es malo y una mentira, pues el elefante, una de las más potentes criaturas en la Tierra, es un animal que no come carne".

"La idea de que los sueros de animales pueden producir salud y perfección o protección contra la enfermedad en el cuerpo limpio de un niño o un adulto, es otra actividad que realiza de manera consciente la fuerza siniestra en este mundo. Quebranta la salud y resistencia de la raza de modo que los sentimientos destructivos dominen y destruyan los ideales de la humanidad. La profesión médica, sin saberlo, ha sido la añagaza para esta destrucción bajo la apariencia de la ciencia. Es solamente por la terquedad persistente en los apetitos de los sentidos que la raza continúa usando su maravillosa capacidad mental y la Energía Pura de la "Magna Presencia YO SOY", para crear más y más destrucción".

"Cuando los seres humanos dediquen el mismo tiempo y energía estudiando la Perfección y los Maravillosos Milagros de la Creación que vemos por doquier, como lo hacen ahora gratificando los apetitos físicos y antojos del yo personal, ellos también producirán los mismos milagros que los Maestros Ascendidos pueden hacer. Sin embargo, antes de que pasen cincuenta años, la humanidad verá el hábito de comer carne, como ahora ve el canibalismo".

"Hay muchas cosas que dejan una sustancia en el cerebro que deben ser purificadas, si es que la Completa Perfección de la "Magna Presencia YO SOY" va a ser liberada a través de la conciencia personal. Estas cosas son, en su orden de importancia: narcóticos, alcohol, carne, tabaco, exceso de azúcar, sal y café".

"Ahora llegamos al remedio para estas cosas, ya que nunca llevaré su atención a un estado de imperfección sin que les enseñe el Modo de trascenderlo y reemplazarlo por la Perfección, traído de manera armoniosa. Deseo que se den cuenta siempre que cualquier cosa que se necesita cambiar en la experiencia física, si ustedes acuden a su "Magna Presencia YO SOY" en acción, con su mente y cuerpo, se obtendrá resultado sin sufrir discordancia de ninguna clase".

"El Camino de la Perfección, que es la Actividad de la "Presencia YO SOY", nunca pide al yo personal nada sino la liberación de sus cadenas, su discordancia, sus limitaciones y sus sufrimientos, y este cambio siempre es realizado armoniosamente y por el Amor Divino".

"El modo de purificar el cerebro y la estructura del cuerpo, si la personalidad ha estado suministrando estas sustancias al cuerpo físico en el pasado, es llamar a su "Magna Presencia YO SOY" para usar, a través de la mente y el cuerpo, la Llama Violeta consumidora, utilizando la siguiente afirmación:

"MAGNA PRESENCIA YO SOY", ARDE A TRAVES DE MÍ TU LLAMA CONSUMIDORA DE AMOR DIVINO. RETIRA ESTE DESEO DE MÍ, ANIQUILA SU CAUSA Y EFECTO, PASADO, PRESENTE Y FUTURO Y REEMPLÁZALO CON TU PLENITUD, TU PERFECTA SATISFACCION Y MANTEN TU COMPLETO DOMINIO AQUI PARA SIEMPRE".

"Esta misma afirmación puede usarse para otra cosa, con el mismo milagroso y permanente logro. Después, tomen un momento, por lo menos tres veces al día, visualizándose parados dentro de un pilar de Llama Violeta girando desde los pies hasta más allá de la cabeza y extendiéndose por lo menos tres pies a cada lado del cuerpo. Mantengan esta visualización por el tiempo que les resulte cómodo y sientan la Llama, que es el Poder Purificador del Amor Divino, penetrar en cada célula de su cuerpo. Esto disuelve toda impureza y sustancias innecesarias en las células de su cuerpo, aclarando e ilimitando la consciencia. Esto es Parte del Conocimiento del Fuego Sagrado que sólo ha sido enseñado en los Retiros de la Gran Hermandad Blanca, a través de las edades. Es el Modo en que los Maestros Ascendidos purifican, curan y armonizan a la humanidad, y a la Tierra misma. Es el Poder por el cual los llamados milagros son realizados. No puede tener otro efecto, ya sea en el cerebro, cuerpo o asuntos, que no sea de gran alivio, confort, paz y eterno bien".

"Cuando me refiero a la creación animal de este mundo, deseo que comprendan que las aves fueron originalmente creadas por los Maestros Ascendidos como mensajeros para uso de la humanidad. Lo destructivo que algunas veces expresan es debido a la irradiación de discordancia de los humanos. Según se acerca la Nueva Era, esta condición desaparecerá. La Naturaleza, y por esto quiero decir la vida vegetal y mineral de Esta Tierra, es creada y traída a la manifestación por los Grandes Maestros Cósmicos que diseñan y dirigen la Creación de un planeta a Niveles Cósmicos".

"La Naturaleza, por ella misma, es siempre pura y si la humanidad no impusiera su discordancia e impureza en la atmósfera en que la vida vegetal se desarrolla, no habría hierbas o plantas venenosas en existencia. Hubo un tiempo en Esta Tierra cuando todo en la Naturaleza afectaba las mentes y cuerpos de los seres humanos en forma armoniosa".

"Dentro de la Naturaleza hay una Actividad Eterna que es Purificadora y Protectora en sí misma y que tolera, solamente por un tiempo, el genio destructor del hombre. Los cataclismos son su método de defensa hacia lo que el hombre le ha impuesto hace miles de años. De esta manera, Vida tras Vida el hombre continuamente encuentra su propia creación regresando a él, hasta que construya su Universo de acuerdo al Patrón de la Divina Perfección, que es la Verdadera Expresión de Su propia Divinidad".

"Epoca tras época, la Naturaleza está continuamente devolviendo al hombre, en cataclismos, su propia iniquidad, y Ella es más fuerte que ningún oponente, porque Ella es la Creación Directa Emanante de los Maestros Ascendidos. De esta manera, la discordia del hombre le destruye, y la Naturaleza en su Prístina Pureza, sigue adelante expresando serenamente su Inmortalidad. Noten las muchas civilizaciones que ha habido en Esta Tierra y el hecho de que la Naturaleza ha borrado toda traza de las obras del hombre en cada una, y sólo la tradición y los mitos quedan de estas obras".

"El hombre, si ha logrado Sabiduría, que es el uso constructivo de todo conocimiento, puede tener la cooperación perfecta de las Gigantescas Fuerzas de la Naturaleza y a través de ellas hacer Inmortales sus obras. Debe ponerle alto a la matanza de animales para alimento y al negocio de criarlos para eso".

Unos momentos después de empezar a cenar, un panecillo apareció enfrente de cada uno; el de Nada y Bob venían juntos y el de Perla y Rex también. Esto fue seguido por una deliciosa ensalada de vegetales, completamente diferente de lo que hemos probado. De postre, tuvimos un batido de frutas hecho de duraznos, ciruelas y otras frutas desconocidas para nosotros. Mezclado a esto tenía una crema batida, como escarchada, apenas fresca, que resultó una golosina desconocida para nosotros.

"Ahora" dijo Saint Germain, "tomarán algo que estoy seguro preferirán al café". Al decir esto, una preciosa jarra apareció ante El llena de un líquido ambarino muy caliente. Taza tras taza se levantaba de la mesa a sus manos, era llenada y luego devuelta, como si estuvieran sostenidas por manos invisibles. "Esto", dijo, "no requiere crema y por favor no se alarmen por la sensación de la primera probada. No es intoxicante, sino una de las bebidas más alimenticias".

Bebimos lentamente y sentimos una emoción como Corriente Eléctrica que nos recorría el cuerpo como Luz Viviente. Era verdaderamente deliciosa. El servicio de cada platillo desaparecía tan pronto como terminábamos y antes de que el siguiente llegara. Al final de la comida Bob no pudo contenerse más tiempo y dijo:

"Nunca en mi Vida me he sentido tan sorprendido y tan feliz. Pensar que estamos viviendo en medio de estas Maravillas todo el tiempo y sin embargo tan inadvertidamente, que es casi increíble. La posibilidad de que uno Logre esta Comprensión y tenga tan ilimitado uso de la energía y sustancia de Dios para producir lo que necesitamos, como ha sido esta noche, me estremece. Yo quiero entender el uso de esta Gran Ley más que nada en el mundo. Estoy dispuesto a hacer todo lo que sea necesario para lograrlo". "¿Querría, Amado Maestro" exclamó, volviéndose a St Germain, "ayudarme?"

"Mi Querido Hermano" contestó Él, "acabas de hablar desde tu Gran Yo Interno. Es el YO SOY dentro de ti y Su Gran Sabiduría y Poder que aprenderás a usar cuando aceptes esta "Mágica Presencia" en Toda su Plenitud. Entonces harás estas mismas cosas tan fácilmente como me viste a Mí hacerlas esta noche".

"Recuerden a este respecto, que los Maestros Ascendidos nunca usan cuartos obscuros para producir eso que ellos crean directamente de la Sustancia Universal. Cualquier cosa que no puede soportar la Luz no es de Cristo y debe ser instantáneamente rechazado. Que nadie que sirva a la Luz tome asiento nunca en un cuarto obscuro tratando de producir un fenómeno. Aquello que es de la Luz, siempre obra en la Luz, y lo que no pueda soportarla, ciertamente no sirve al Sendero Constructivo o Camino de la Perfección.

"Todo lo que requiere lugares obscuros para producir fenómenos, pertenece al plano psíquico y tarde o temprano atrapará en la red de miseria y destrucción que allí existe, a los que traten de hacerlo. Si ustedes siguen la Instrucción que será dada de tiempo en tiempo, tendrán razón para recrearse por toda la eternidad".

"Ahora, mantengo mi promesa a ustedes", continuó, dirigiéndose a Rex y a Perla, y en un momento todo el servicio que había sido usado durante la cena, reapareció en la mesa, como si hubiera sido colocado por manos invisibles. "Nosotros hacemos nuestra limpieza", dijo, "por el uso de corrientes de energía, un medio que muchos usarán en la Nueva Era por comenzar. Esta delicada porcelana y servicio de cristal que les entrego es irrompible". Al hacer esta aclaración, un vaso y un plato cayeron al suelo sin haberse dañado en lo más mínimo.

"El mantel y las servilletas nunca se ensuciarán ni se gastarán", prosiguió, "pero nunca dejen que otros se hagan cargo de ellos, sino ustedes mismos. Ahora, deseo que me presten atención. Unicamente porque ésta es la unión de dos pares de Rayos Gemelos de Dios, produciré, para su instrucción, lo que verán". Extendiendo las manos, en un momento apareció en cada una de ellas, un disco de oro como del tamaño de una pieza de veinte dólares.

"El oro siempre responderá", continuó, "a su llamado si ustedes entienden la Gran Ley que gobierna su producción. Deseo que examinen esto cuidadosamente" comentó, pasando las piezas alrededor de la mesa para que cada uno las examinara de cerca. Se las devolvimos y Él continuó:

"¡Miren de nuevo! Inmediatamente un perfecto diamante azul-blanco se formó en cada palma de su mano, pasándolos para su examen y después tomando una pieza de oro y un diamante en cada mano, cerró Sus Dedos, esperó un momento y cuando Él los abrió, un bellísimo anillo de diamante reposaba en cada Mano. Dio uno a Bob y el otro a Rex diciendo:

"Con mi Amor para ustedes. Úsenlos siempre. Observen por favor otra vez". Aquí, Él extendió Sus Manos y en un momento aparecieron, como suspendidos en el aire, un collar de perlas en Su Mano izquierda y un diamante en la derecha. Gentilmente reposaron en Sus Palmas y Él continuó: "Estos son de igual valor, y en el mundo comercial costarían una fortuna. Los hago presentes a mis Amadas Estudiantes, Perla y Nada con un Propósito Muy Ajeno al del valor monetario". Le dio el collar de perlas a Perla y el diamante a Nada, con su Bendición.

"Con mi Amor para ustedes. Úsenlos siempre. Ahora su conciencia está anclada de manera que Yo puedo darles el "Gran Comando". Con Él ustedes pueden ordenar al cuerpo que manifieste Perfección, teniendo el Dominio y uso de ciertos elementos, corrientes de Fuerza Electrónica y Rayos de Luz. Así, pueden ustedes gobernar su Vida y asuntos en Perfecto Orden Divino. Esta es estrictamente Instrucción Privada para ustedes aquí en Este Retiro, y nunca se dará a nadie, excepto por Mí".

Saint Germain procedió a explicar el Formidable Uso del "Gran Comando" con su Sencillez tan maravillosa y Su Poder tan estupendo. Entonces nos llamó aparte y nos pidió que diéramos el "Comando" y que viéramos cuán imposible era que resultara otra cosa de Ello sino la Más Grandiosa Armonía Posible y Bendición para todos.

Todos tuvimos resultados instantáneos y nos quedamos casi mudos ante la Enormidad de Su Poder. Prometimos ante la Magna Presencia de nuestro Dios Interno, que nunca lo usaríamos, excepto en el Servicio del Amor Divino.

"Todos ustedes han oído la frase: "Con Dios todas las cosas son posibles". Les digo que ustedes pueden perfeccionarse, elevar su conciencia a la Pura Esencia de Dios, que todas las cosas con USTEDES son posibles, tan pronto aprendan a dirigir "Este Gigantesco Poder por el Amor y la Sabiduría de su propia "Magna Presencia YO SOY". "La Magna Presencia YO SOY" dentro de ustedes es Suprema y Triunfante sobre todo lo que hay en el Cielo y en la Tierra. Denle preeminencia primero y siempre y contemplen Esta Suprema Verdad, cada vez que tengan un momento de quietud".

Eran ya las nueve de la noche y estaba muy oscuro afuera y sin embargo ninguno nos habíamos dado cuenta que la Luz dentro de nosotros había aumentado, al tiempo que la Luz de afuera disminuía. Nadie pensó en encender la luz, pues Saint Germain tenía iluminado el cuarto por Su Control de la fuerza electrónica.

"Deseo, que cada uno de ustedes", continuó, "se entrene de manera que nunca les sorprenda Mi Aparición. Puedo venir en cualquier momento, en cualquier lugar, cuando sea necesario dar Asistencia." Aquí miró directamente a Bob.

"No, Bob" dijo, "Nosotros nunca damos a un estudiante lo que no está preparado para recibir. Un Maestro Ascendido no comete errores, eso se los puedo asegurar. En cuanto a esos que algunas veces son llamados Maestros, Deseo dar una explicación que es de suma importancia para los Estudiantes de la Luz y la Verdad".

"En primer lugar, existen esos que se llaman Maestros, algunos de los cuales han logrado un alto grado de sabiduría y han sustentado la Vida en el cuerpo físico por casi dos centurias y sin embargo no han elevado el cuerpo como el Amado Jesús lo hizo. También hay muchos que se llaman a sí mismos maestros, que no tienen ni la más leve idea de lo que un Maestro Verdadero es".

"De una cosa pueden ustedes estar absolutamente y eternamente ciertos y es que nadie que sea un Maestro Verdadero, lo dirá, y que un

Maestro Ascendido nunca acepta pago de ninguna clase por la Ayuda que Él da, porque la Primera Cualidad de la Verdadera Maestría es hacerlo todo como Un Regalo Espontáneo y Gozoso de Su Servicio de Amor al mundo".

"El Maestro Ascendido es absolutamente Infalible siempre, porque El ha pasado de la octava de acción vibratoria en la cual los errores pueden suceder, pues El ya se ha convertido en Enteramente Divino. Por la elevación de Su Cuerpo, toda la estructura atómica ha sido cambiada a la Electrónica. El ve con Visión sin Límite y sabe todo porque Él usa solamente La Mente Omnisapiente de Dios".

"Esos Maestros que han logrado un grandísimo grado de sabiduría, pero que no han elevado aún su cuerpo atómico, pueden, y algunas veces lo hacen, colorear lo que dan según sus propios conceptos personales y es que nadie es Infalible hasta que funciona en su Cuerpo Electrónico, o Cuerpo de Luz Pura, donde no existe contaminación ni existen conceptos personales".

"Bob, tú eres merecedor de todo lo que has tenido el privilegio de experimentar. Siempre esfuérzate en hacerte más merecedor de la "Magna Presencia YO SOY" que hace latir tu corazón y te da el uso de toda cosa buena".

"Quisiera sugerir que Nada, Perla y Rex regresen al Colegio y este Buen Hermano", indicándome a mí, "permanezca en el rancho con el padre de Nada y Rex, hasta su graduación y la Ascensión de él". Después de eso, los cinco deben considerar el Rancho Diamante K, su hogar. Su actividad, después de tres años más, será tal que el mundo será su hogar, ya que serán requeridos para servir dondequiera que su asistencia sea necesaria. Dentro de un año, empezando el diez de septiembre venidero, deseo que Nada, Perla, Rex y Bob me acompañen al Lejano Oriente, India y Arabia, y que permanezcan allí por dos años".

"Bob, sería bueno mientras tanto preparar a David Southerland para que se haga cargo de la mina durante su ausencia. Por lo que hace a nuestros planes, les ruego absoluto silencio. Volveré a verlos a todos una vez más en el rancho poco antes de que los jóvenes partan para la Universidad, y deseo, Bob, que igualmente hagas arreglos para estar allí también. Les haré saber la fecha exacta más tarde".

"Su Gran Amor y sinceridad han abierto de par en par la Puerta a la Iluminación. Sean fieles a la Gran Luz Interna, la Gloriosa Presencia YO SOY. Siempre pregunten y luego escuchen a su Guía Interno. Su respuesta deberá venir clara, definida y correctamente. Me alegro de haber sido el invitado de tan nobles y fieles amigos. Mi Amor y Bendiciones siempre estarán con ustedes, buenas noches".

Cuando Él decía Estas Palabras, la Deslumbrante Iluminación se esfumó. Rex atravesó el cuarto y encendió las luces. Saint Germain se había ido. Regresamos al comedor y ante nosotros estaba la mesa puesta con el maravilloso cristal, porcelana, mantelería y cubiertos. Estas personas, quienes son todavía mis Queridos Amigos, tienen hasta hoy estos Bellos Regalos.

"¡Ah, la Gloria de esta noche! Estará conmigo para siempre" exclamó Bob en su natural entusiasmo. "Esto trasciende cualquier cosa que yo haya oído o soñado, y es Real, Verdadero y, Asequible para nosotros. Estoy tan agradecido que estas dos fuentes de felicidad me llegaran juntas, Nada y Esta Gran Revelación de Perfección y Poder. Tener el regalo del más Elevado Amor posible y la Gloria de mi Rayo Gemelo, es un milagro para mí y una cosa que había estado anhelando toda mi vida".

"La felicidad de haber encontrado la "Magna Presencia YO SOY" dentro de mí no la puedo describir y cuando pienso en la Asistencia de nuestro Amado Saint Germain y en mi situación financiera tan buena, a través de ustedes, mis benditos amigos, mi gratitud no tiene límites. Mi copa de la felicidad está llena y lista para derramarse. Me siento con deseos de inundar el mundo con el "Supremo Amor Interno", que me doy cuenta claramente, es la Gran Solución para todas las cosas".

La primera cosa que oímos a la siguiente mañana fue a Bob diciendo: "Ah, felicidad, todavía lo tengo". Pregunté ¿qué? "Mi anillo", contestó él y con eso empezó un alegre día para todos.

Rex empacó los Preciosos Regalos de Saint Germain y los puso en el coche cuando estuvimos listos para regresar al rancho en la mañana del quince. Los ojos de Bob estaban llenos de lágrimas cuando nos abrazó a todos cerca de su Corazón en agradecimiento de tanta felicidad. Cuando llegó a Nada, su fuerza flaqueó, pero cuando levantó la cabeza y vio el rostro del Amado Maestro, al instante se recuperó.

Con una amplia sonrisa, nos ayudó a acomodarnos en el coche y nos despidió. Llegamos al rancho el siguiente día.

El sábado en la mañana al despertar Rayborn, encontró un Mensaje de Saint Germain, rogándonos que lo encontráramos en el cuarto de la torre a las ocho de la noche, informándonos que había invitado a Bob también.

A los veinte para las ocho fuimos al cuarto de la torre y al aproximarnos la puerta se abrió de repente. Allí estaba nuestro Amado Maestro en su Túnica Blanca sin Costuras, cada línea de Su Ser expresando la Majestad y el Dominio por Amor. El resto de nosotros usábamos las Túnicas que nos habían sido dadas en la Caverna de los Símbolos, excepto Bob, que aún no había recibido la suya. La radiación de Saint Germain nos envolvía al saludarnos.

"Veo que son cumplidos y fieles en todas las cosas" dijo, alargando a Bob su Túnica y continuó: "Acepta esto con Mi Bendición". Bob regresó al momento y nos pareció como un Ser de otro mundo, tal gracia y poder irradiaba, y tomamos nuestros lugares acostumbrados.

"Que cada cual enfoque su conciencia en la Luz dentro del Corazón de la "Magna Presencia YO SOY". En unos minutos abrimos nuestros ojos y pudimos ver y oír dentro del mundo del Maestro Ascendido, por la elevación de conciencia que logramos durante la meditación.

Cada uno podía ver su propia "Magna Presencia YO SOY" sonriéndole serenamente desde arriba. Esto nos hizo darnos cuenta de lo que podríamos ser, al momento que nos afirmamos en el conocimiento y aceptación de la Unica Presencia en el Universo que puede elevar la parte humana de nosotros y atraernos hacia Sí Misma. Así, por Su Amor, Luz y Poder es que nos convertimos en absolutamente Perfectos. Ciertamente que no puede haber más grande incentivo para la humanidad que llegar con toda su fuerza, determinación y devoción a Esta "Magna Presencia YO SOY" para ser elevados más allá de las limitaciones de cualquier clase. Entonces seremos capaces de vivir como fue la intención originalmente, y brindar el Servicio verdaderamente Divino.

La oportunidad de ver, aún por pocos momentos, nuestro Cuerpo Electrónico, es una Bendición y un Privilegio que no puede ser sobre estimado pues nos da fuerza y nos alienta, atrayéndonos como un imán hasta que al fin entramos al Santuario y nos convertimos en Uno con la Fuente de la cual salimos. Después de algunos momentos de contemplar esa "Magna Presencia YO SOY" Saint Germain hizo descender la acción vibratoria hasta que casi toda esa Elevada Conciencia se disipó de nuestra vista.

"¿Ven ustedes Mis Amados", explicó El "qué fácil es elevar conscientemente su conciencia hasta que se expande y abarca todo lo que ustedes pueden desear saber?"

"Este es el método que deseo que usen, y al hacerlo, eleven su vigilancia hacia lo que verdaderamente comprendan de la Gran Ley para lograr su uso completo y operación. ¿Ven cómo pueden utilizar y dirigir Esta Suprema Energía sin límites? Pronto lo estarán haciendo fácilmente ustedes mismos. Les he mostrado la "Presencia YO SOY" Individualizada de cada uno de ustedes, para que comprendan qué pequeño fragmento de su Dominio Dado por Dios están usando en su experiencia física. Esta Gloriosa Presencia siempre les está urgiendo para que se eleven, reciban su Corona de Gloria y empuñen su cetro de Completo Dominio sobre Sus Vastos Dominios y que sean Libres para siempre de toda limitación. Esta Trascendente Presencia YO SOY que acaban de ver es su propio Maestro Verdadero, el Cristo Mismo. Es todo Majestad y Maestría en Completo Eterno Dominio sobre todos los mundos, sobre todo lo creado".

"Tengo algunas instrucciones que darles antes de dejarlos esta noche. Es Mi Deseo que Nada, Perla, Bob y Rex se reúnan con nosotros en Washington D.C. para las festividades de Navidad y Año Nuevo, Su padre y este buen hermano" indicándome a mí "estarán allí algunas semanas antes, para un Trabajo que tenemos que hacer".

"Alexander Gaylord, el amigo de su padre los visitará mañana. Recuerden, al regresar a convivir en el mundo externo, el Unico Verdadero Servicio es entender y usar, en Perfecto Orden Divino, la Suprema Energía de Dios dentro y alrededor de ustedes. Dirigir conscientemente esta Perfección es la única actividad importante de su vida. Todo lo demás es secundario. Otra vez los envuelvo en la Luz del Amor Eterno, Paz y Completa Iluminación, con mis Sinceras Bendiciones".

Con estas Palabras de Despedida, el Cuerpo de Nuestro Amado Saint Germain fue entrando a la Octava Vibratoria Más Alta, y desapareció.

CAPITULO VI

El Mensajero de la Gran Hermandad Blanca

El prospecto de ver a nuestro viejo amigo Gaylord nos encantó, ya que su amistad con los dos era ya de tiempo atrás y había una especie de Lazo Interno. Rayborn y yo sentíamos que su visita iba a ser de gran importancia. El Sr. Gaylord llegó a las once de la mañana del día siguiente, nos saludó cordialmente e iba a manifestarle mi gratitud por haberme puesto en contacto con los Rayborn, cuando mirándome fijamente a los ojos dijo:

"Debe agradecérselo al Amado Maestro".

"¿Conoce usted a Saint Germain? pregunté.

"Sí" contestó, "Lo conozco y he estado bajo Su Dirección en algunos asuntos especiales por diez años más o menos. Está reuniendo algunos de sus Estudiantes para un Importante Trabajo que deberá empezar este año, concerniente a una seria crisis que afecta al mundo entero, especialmente Norteamérica. Sin embargo, es posible que algunas cosas puedan ser evitadas, y si lo son, el mundo nunca sabrá el peligro que amenaza y el abrumador desastre del que habrá escapado.

Hay una fuerza siniestra trabajando en la atmósfera de la Tierra que está tratando de destruir la bella Luz de Cristo que está creciendo como una flor en los Corazones de más del sesenta por ciento de la humanidad. La mayoría de éstos están en América, pero hay muchos más de otras nacionalidades". Entramos a la casa y Gaylord saludó a Rex y a Nada como si fueran sus propios hijos, y fue presentado a Perla.

"¿Me disculpan un momento?" preguntó inmediatamente. "Tengo asuntos de naturaleza privada que debo tratar con su padre, querría usted" dijo indicándome a mí "¿permanecer cerca? " Una hora después me reuní con ellos y fue entonces que me di cuenta de lo importante que era su visita.

Cuando estuvimos sentados, el Sr. Gaylord reveló algo de su actividad como Mensajero Secreto de la Gran Hermandad Blanca y presentó sus credenciales. Su trabajo en esta modalidad tenía ya siete años. Poseía sus propios conductos para ponerse en contacto personal con algunos oficiales del Gobierno y círculos diplomáticos en Washington, así como muchos otros lugares de importancia. Era precisamente por su influencia personal con estos contactos que estaba en posibilidad de ser de gran ayuda a la Hermandad cuando se necesitaba.

"Saint Germain" empezó el Sr. Gaylord, "está preocupado con ciertas actividades que hay en Washington en la actualidad. Nos solicita que los tres nos encontremos allí el dos de octubre y El nos recibirá a nuestra llegada." "Manifestó que es posible que lo utilicemos" me dijo "en alguna forma en que no es posible que lo hagan otros de sus estudiantes".

"Recuerde siempre" prosiguió, conversando conmigo, "que nuestro Eterno Lema y regla de conducta es "Saber, osar, hacer y callar". Su confianza en su propia "Magna Presencia YO SOY" puede ser probada en los próximos meses, pero debe darse cuenta que los Mensajeros de los Grandes Maestros Ascendidos sólo pueden darse a conocer en el momento apropiado y ese momento es decretado por los que están a cargo de la actividad".

Con algunas otras indicaciones personales para mí, la reunión terminó. Después de la cena, Rayborn y Gaylord fueron al cuarto de la torre. Nos reunimos otra vez en el almuerzo a la mañana siguiente y supe que los dos habían estado presentes en un importante Concejo de Maestros Ascendidos en Arabia. Rayborn, con la asistencia de Gaylord, pudo salir en su Cuerpo Etérico mientras sus cuerpos físicos permanecieron sin ser molestados y protegidos en la Cámara Sagrada. Cuando el Sr. Gaylord se iba señaló:

"Me alegro que todos hayan entrado al Sendero de la Luz, ya que solamente en él encontrarán Felicidad Duradera. De aquí en adelante nos encontraremos seguido en los lugares y momentos más inesperados y la distancia en el futuro no será una barrera para ninguno de nosotros". Dijo adiós, entró en su coche y despidiéndose con la mano se fue. "Sabía usted que el Sr. Gaylord conocía Amado Saint Germain?" le pregunté a Rayborn.

"Hace como cuatro años" contestó, "aunque conocía a Gaylord de mucho tiempo atrás, apenas ahora es que empecé a darme cuenta de la verdadera grandeza y el valor interno de este hombre". Al referirme a esto mas tarde con el Maestro Sanint Germain, me dijo:

"La gente rara vez se da cuenta con qué frecunecia se pone en contacto con almas muy iluminadas que muchas veces son Mensajeros de los Maestros Ascendidos y está absolutamente ajenos a ello hasta que algún evento poco usual abre la puerta y les obliga a revelar la Gran Luz Interna. Puede uno vivir meses o años bajo el mismo techo con un Mensajero y no reconocerlo hasta que alguna crisis revela su Poder".

Los jóvenes partieron para el Colegio y Bob regresó al rancho con nosotros para recibir instrucciones del Sr. Rayborn acerca del trabajo en la mina y las órdenes para estar listo para regresar temprano el día siguiente. Esa noche los tres tuvimos una plática confidencial que reveló más de la nobleza de carácter de Bob. Se hicieron arreglos para que él fuera a Washington D.C. por la Navidad a fin de reunirse con Saint Germain.

Rayborn y yo tuvimos unas noches muy agradables platicando sobre la Instrucción que Saint Germain nos habia dado. Una noche, cerca de una semana después de que Bob se habia ido, estábamos estudiando profundamente la reencarnación, cuando Rayborn quiso leerme parte de lo que sobre el tema le había enseñado el Maestro, lo cual transcribo fielmente:

"Si los seres humanos pudieran comprender que la encarnación en Esta Tierra es una oportunidad que la Gran Ley de la Equidad da al yo personal para corregir los errores cometidos en vidas anteriores, usarían cada expiencia y extraerían la lección que contiene, en lugar de rebelarse contra las circunstancias y ser usados por ellas".

"Este retorno constante a la encarnación, o vestido de carne, sería un círculo sin fin de causas y efectos, si el hombre no tuviera la "Presencia de Dios" dentro de él".

"Esta parte de ustedes que dice "YO SOY", es la Vida, la Inteligencia y El Poder que se mueve a través de su cuerpo físico y a través de él se plasma. Cuando los hábitos discordantes de la conciencia atómica de su Cuerpo fisico hacen que la Luz de la "Magna Presencia YO SOY" ya no pueda ser expandida y por esa razón sustentar el cumplimiento de un Plan de Vida Constructivo; El Maestro Interno empieza a disminuir su suminstro de energía y eventualmente se retira". ¿Me disculpan un momento? preguntó inmediatamente.

"Solamente hay una cosa que causa lo que el mundo llama muerte, y ésta es la falta de suficiente "Luz Líquida" dentro de los canales nerviosos. Esta Luz Líquida irradia el Poder Cohesivo que mantiene los átomos juntos que constituyen el cuerpo de carne. Esta Luz Líquida es propiedad únicamente de la "Magna Presencia YO SOY" del Universo y solamente de ella proviene. La vestidura externa es el receptáculo dentro del cual Esta Presencia derrama Su Luz para un propósito y un uso constructivo únicamente. Cuando ese propósito es continúamente interferido, la Luz se retira y el cuerpo de carne, que debiera ser el Templo del Más Alto Dios Viviente, se desintegra".

"La experiencia llamada muerte es una constante censura a la humanidad y un recordatorio al yo personal de su desobediencia al Plan de Dios original, al Modo Divino de Vida".

"Si el estudiante deveras quiere saber la Verdad acerca de la encarnación y de la Vida, debe acudir a la Fuente de Vida "La Magna Presencia YO SOY" y estudiar allí, ya que sólo si él recibe Sabiduría de su Omnisapiente Mente, podrá Ser Su "Luz".

"Podremos tener ideas y conceptos mentales por millares, pero a menos que seamos Uno con algo, sintiéndolo, nunca sabremos. Reunir conocimientos del mundo de los sentidos y de la forma, o de la actividad externa de la mente, no es más que una acumulación. La Eterna Verdad, Ley e Inteligencia proviene solamente de la "Magna Presencia YO SOY", la "Luz del Universo".

"Si uno desea probarse a sí mismo la Verdad de la encarnación, esa prueba sólo puede venir de sus propias experiencias reveladas por su propio Dios. Ningún argumento ni fenómenos psíquicos serán nunca suficiente prueba para nadie. Para el que desea tener Esta Prueba, les doy la siguiente, y es Infalible, ya que los Maestros Ascendidos han logrado Su Perfección en el Estado Ascendido por su uso, y otros pueden hacer lo mismo si así lo eligen:

"Si el estudiante, con firme determinación, reconoce y acepta su "Magna Presencia YO SOY", la llama constantemente y sinceramente se eleva hacia Ella, La Ama y le agradece la maravillosa Vida que está usando en todo momento, caminando, durmiendo, hará que su conciencia externa se eleve tanto que él sabrá, verá y experimentará, sin intermediarios, la contestación a toda pregunta y problema que confronte".

"La más grandiosa y más importante Actividad de la Vida es el amor, Devoción y Gratitud a la Vida, por todo lo que la Vida nos da. Según nuestra conciencia externa se eleva, manteniendo constante adoración a la "Magna Presencia YO SOY", y se reconoce continuamente sólo a la Perfección de la Vida, todos los hábitos humanos y creaciones erróneas desaparecen y expresamos "Luz" únicamente. Esta es la Conciencia Maestra Ascendida".

"La actividad externa de la mente y cuerpo físico se hacen la forma visible y tangible de cualquier cosa que pensamos y sentimos. El hombre se convierte en aquello en que fija su mente. Si medita sobre la "Magna Presencia YO SOY" se convertirá en la Emanación Completa de esa Perfección. Si emplea su tiempo y energía con su atención puesta en los apetitos de la carne o cuerpo físico tratando de satisfacer sus insaciables demandas, él destruye su templo. Ningún hombre le dirá no, a nada, no importa lo que él escoja. La responsabilidad de su elección no tiene escapatoria ya que es inherente al Libre Albedrío".

"El Máximo Comando del Eterno es: "Sé Perfecto, como es Tu Padre en el Cielo", pues la Vida te devolverá la conciencia individual una y otra vez en humanas encarnaciones, hasta que cumplas el Supremo Dictado de la Vida, Cuando ese Decreto sea obedecido, encontraremos que las manifestaciones del Modo Constructivo de la Vida se han convertido en Inmortales".

"La Actividad Cósmica y la Luz de nuestra Tierra está siendo expandida ahora. Muchos sienten esta energía grandemente aumentada, y a menos que sea usada de manera constructiva, el Individuo la califica con sus propias irritaciones y resentimientos contra las personas, lugares y condiciones. Esto crea gran agitación en su propia mente y cuerpo que constantemente lo molesta a él y a otros".

"Durante la Presente Expansión de la Luz por toda la Tíerra, es absolutamente imperativo para el Individuo el mantener un control de hierro sobre su propio pensamiento, sentimiento y palabra hablada, obligándolos a ser constructivos y a no dar reconocimiento a nada más, si es que quiere evitar sufrimientos y pérdidas incontables para sí mismo y su mundo. En ningún momento en la historia del planeta ha sido esto más importante que como lo es ahora".

"La Tierra está pasando por la agonía de un tremendo nuevo nacimiento y en unos cuantos años habrá un período de transición. Está cambiando ahora de una Manera Cósmica, de la actitud de la guerra a la de la Paz; del odio al Amor, del egoísmo al desinterés y al reconocimiento pleno de que en el futuro, la gente debe ejercer fuerza suficiente para vivir de acuerdo con la Ley del Amor".

"La hora ha sonado en la evolución de cada planeta y su humanidad en que deben expresar la Plena Paz, Armonía, Perfección y el Plan Divino del Sistema al cual pertenecen. Cuando esa hora suene, la humanidad o se mueve hacia adelante y cumple el Plan de Dios con nueva actividad, o la porción que no se alinie tendrá que irse a otra escuela del Universo, hasta que esas personalidades aprendan a obedecer a la Vida".

"La Ley de la Vida es Ciclo, Paz, Armonía y Amor hacia todo lo creado. Aún los éteres del espacio Infinito expresan Esta Armonía dondequiera. Los seres humanos son los únicos creadores del "infierno". Ellos pueden aceptar y obedecer la "Ley de la Vida y gozar de todo lo bueno del Reino, o pueden desobedecer esa Ley y ser rotos, como una caña en la tormenta, por su propia discordia. Cada Individuo lleva su propio ciclo o infierno con él en todo momento, pues éstos no son sino los resultados de estados emocionales y mentales que el Individuo ha creado por su propia actitud. No hay otra causa".

"LosMaestros Ascendidos y los Grandes Mensajeros Cósmicos están enviando Grandes Corrientes de Amor y Armonía sobre el caos generado en el pasado por los humanos. La humanidad, que por tanto tiempo se ha rebelado contra la Gran Corriente Cósmica de Amor que siempre busca bendecir, se ve ahora compelida a darse la vuelta y buscar la Luz a fin de sobrevivir en medio de sus propias emanaciones destructivas del pasado. El Constante Mandato de los Maestros Ascendidos es: "Dejemos que la Gran Luz de la "Magna Presencia YO SOY" envuelva a la humanidad de la Tierra pronto para que sus sufrimientos cesen". Miseria, obscuridad e ignorancia existen nada más por la falta de Amor".

El Sr. Rayborn y yo fuimos los únicos que permanecimos en el rancho por las semanas que siguieron. Recibimos espléndidas cartas de Nada y Rex y ocasionalmente de Perla. Estaban muy agradecidos al Amado Saint Germain por el bello apartamento que El, en su Amor, había provisto para ellos y entre otras de sus bendiciones estaban Sus otros estudiantes, quienes actuaban como cocinero y sirvienta. Venían de Arabia y aún en su actividad de sirvientes, eran la misma esencia de la amorosa ayuda.

Cuando llegó el veinticuatro de septiembre, Rayborn y yo hicimos una visita a la mina por última vez antes de partir para Washington. El viaje fue hermoso y sentimos tangiblemente el asombroso Poder de la "Mágica Presencia" que nos llenaba de indescriptible gozo y felicidad. Bob ya nos esperaba pues Saint Germain le había dejado recado diciendo que llegaríamos esa noche.

El propósito del Sr. Rayborn esta vez, era acercarse más a los hombres y darles una Radiación que los bendijera a todos. Habló a los integrantes de los tres turnos, según iban terminando el trabajo, notificándoles acerca del nuevo Superintendente, David Southerland y ellos apreciaron la bondad y generosidad de Rayborn hacia ellos y cuando les dio las gracias y los animó en su trabajo, más bien parecía un hermano que un patrón.

No dejo de maravillarme del Poder del Amor para bendecir al hombre y sus negocios cuando ellos realmente lo aceptan y lo viven. Rayborn era la prueba viviente de su eficiencia y sabiduría, en la práctica diaria de experiencias en el mundo de los negocios.

Esa noche Rayborn empleó mucho tiempo dándole a conocer a Bob muchas cosas que Saint Germain le había revelado durante sus horas de Instrucción. Bob estaba tan contento como un niño de escuela, profundamente agradecido por todo lo recibido. A la mañana siguiente los tres nos despedimos con los Corazones llenos de Amor. Rayborn y yo regresamos al rancho después de un viaje sin incidentes y nos retiramos temprano.

A la mañana siguiente él sugirió que sacáramos al hermoso caballo Arabe para que hiciera ejercicio y de esa manera viera parte del rancho que quedaba en las faldas de la montaña. Me pidió que cabalgara en Pegaso y cuando el mozo conducía al caballo, se soltó y se vino hacia mi frotando su nariz contra mí, como si expresara su alegría por no haber sido olvidado. Rayborn montó el caballo negro que pertenecía a Rex y nos fuimos al trote. Ibamos ya de regreso cuando de repente Pegaso plantó sus patas y no se movió. "Déjelo que haga lo que quiera" explicó Rayborn, "él sabe que hay una víbora de cascabel cerca. Suelte las riendas y observe". Rayborn se colocó a cierta distancia muy lentamente y luego se paró. Oimos con claridad el cascabel y a corta distancia vimos una enorme víbora de cascabel.

"No toque las riendas" advirtió Rayborn. "Verá usted algo muy extraño". Levantando su pata derecha Pegaso empezó a golpear a la víbora despacio, al tiempo que la observaba de cerca. De repente la víbora se alzó y rápido como un rayo Pegaso le dio en la cabeza separándola del cuerpo por completo. No pude evitar abrazar a Pegaso, pero él estaba muy calmado. Desmonté para ver los cascabeles y encontré que eran doce.

"Mejor me da esos cascabeles" dijo Rayborn, "Pegaso no le dejaría nunca que los lleve encima de él, tiene una violenta antipatía hacia ellos".

La siguiente mañana nos fuimos a Denver, directamente al Hotel Brown Palace donde Gaylord había dejado recado de que fuéramos inmediatamente a sus habitaciones. Obedecimos y fuimos saludados amablemente por nuestro anfitrión. Llamó al mozo para checar nuestros boletos y cuando el hombre regresó, él ya sabía que faltaba uno.

"Mi buen hombre, no checó usted uno de los boletos" le dijo. El mozo vio su error y regresó luego con el boleto. Abordamos el tren a las nueve y nos dimos cuenta de que habia arreglado que tuviéramos tres alcobas adjuntas. Gaylord se disculpó inmediatamente.

"Deseo retirarme en seguida" explicó "y dejar mi cuerpo, pues debo ir a Arabia para recoger algunas instrucciones, pero estaré de regreso a la hora del almuerzo". A la mañana siguiente, a la primera llamada, Gaylord, Rayborn y yo fuimos al coche comedor. Mientras estábamos desayunando, un hombre moreno, bien parecido, pasó acompañado de una bellísima mujer muy llamativa. Involuntariamente nos fijamos en ellos. Terminamos nuestro desayuno y Gaylord nos pidió que fuéramos al momento a su alcoba.

"Ese hombre y esa mujer" explicó, tan pronto como estuvimos sentados "son dos de los representantes comunistas con los que tenemos que tratar. Nosotros estamos perfectamente seguros, porque ellos no saben cómo protegerse ni proteger sus secretos con el Poder de la Luz Interna. Ellos no sirven a la "Luz " y por lo tanto no la pueden usar como nosotros y liberar Su Poder. Sin Embargo debemos estar en guardia desde el Principio de manera que no puedan detectar nada de nuestras actividades. La compañera del hombre es una de las más listas, más peligrosas y notorias personas que se conocen en Europa".

"Revístase de entereza" dijo él, dirigiéndose a mí " ya que para tratar con esta mujer, cuando el momento llegue, nececitara usar todos los poderes de la diplomacia. Usted tiene una parte que cumplir más importante de lo que cree, pero conozco su valor, serenidad y seguridad en su "Magna Presencia YO SOY". Ella lo llevará hasta el final Victoriosamente".

"Por mi visita al lejano Oriente anoche, es evidente que estamos acercándonos a la acción muy rápidamente. Esas personas que son los ganchos de la fuerza siniestra, ya que van ensuciando y corrompiendo dondequiera que es posible, con engaño y traición. Ahora se puede dar cuenta qué grande Sabiduría la del Amado Saint Germain al preparlos y Armonizarlos en los tres días que estuvieron en la Caverna de los Símbolos. Yo Conozco el lugar, he estado allí muchas veces".

"¿Podría usted" pregunté "decirnos algo que pueda ser conocido de sus experiencias?"

"Tendré mucho gusto" contestó amablemente "en relatarles lo que se me permita, para su instrucción e iluminación, pero desde luego no para su entretenimiento. Cambiaremos de trenes en Chicago y después de que hayamos partido, que será cerca de las nueve de la noche tendré mucho gusto en visitarlos otra vez". Cuando el tren llegó a la estación, el Sr. Gaylord se bajó del coche y desapareció inmediatamente entre la multitud.

"Debe haberse cubierto con la Capa de la Invisibilidad" dije a Rayborn "por lo rápido que se fue". Cambiamos de trenes y fuimos inmediatamente a nuestro compartimiento. Cuando el tren arrancó oímos a Gaylord entrar a su compartimiento. Como a los diez minutos tocó a nuestra puerta para hablar.

"Fue tal como lo pensé" explicó "nuestro adversario tiene un poderoso instrumento en esta ciudad, un alto político quien está recibiendo grandes sumas de dinero por la ayuda que está dando a sus actividades destructivas. Sin embargo, está bajo vigilancia y será encarcelado en la mañana. Nadie osará hacerlo publico, pues los otros con quienes está conectado, son personas prominentes y sería muy peligroso para ellos permitir que sus nombres se revelen. Es la misma vieja historia, cuando la guerra se torna feroz en el campo de los no virtuosos, es cada hombre para sí, y las obras de cada uno lo atrapan en su propia red".

"El hombre y su compañera, a quienes vimos en el desayuno la otra mañana, han tomado el compartimiento próximo al de usted" continuó indicándome a mí, "sin embargo, ustedes sabrán hacer lo correcto en el momento apropiado y yo sé que lo harán. Ahora, les contaré, para su instrucción, una de mis experiencias que empezó en la India, alcanzó su clímax en Arabia y finalizó en América".

"Hace algunos años, cuando los acontecimientos de la guerra estaban perdiendo su furia, fui seleccionado por el Concejo de la Gran Hermandad Blanca de la India para actuar en mi capacidad de Mensajero. Este trabajo hacía necesario que llevara mi cuerpo físico conmigo, ya que por ese tiempo yo no era capaz de levitar y transportarlo a través de la atmósfera como los Maestros Ascendidos lo hacen. Sin embargo, ahora puedo dejar mi cuerpo -conscientemente en cualquier momento, como han podido ver, y este buen hermano" indicando a Rayborn "ha podido observar físicamente".

"Obedeciendo al Llamado del Concejo de la India, me embarqué para Francia, que era la primera parte de mi viaje. En este tiempo, yo no estaba tan claramente sensitivo a la Acción Vibratoria más fina, como lo estoy ahora, y tenía que ser conducido más o menos intuitivamente. La primera mañana en el mar encontré a un caballero muy distinguido sentado a mi mesa, cuando bajé a desayunar. Se levantó al aproximarme y se presentó. "Me tomo la libertad de presentarme" dijo "Espero no molestar" Me agradó muchísimo al momento de estrechar manos con él y charlamos de generalidades por unos momentos, cuandos señaló:

"Presumo que está usted viajando por placer, o quizá en una misión?", y al pronunciar la palabra "misión" me miró muy agudamente. Instantáneamente sentí algo dentro y me puse en guardia al momento.

"Me gusta mucho viajar por mar" contesté, "especialmente en el mes de mayo". Una leve sonrisa pasó por su cara y una mirada divertida se asomó a sus ojos. De todos modos el sentimiento de agrado hacia él creció más fuerte, no lo podía evitar, ni explicar la causa. De repente cambió la conversación, empezó a hablar de un cierto joven príncipe y preguntó si lo conocía.

"Unicamente cuando era niño" contesté, "pero siempre sentí que era una grande alma".

"¿Qué es lo que quiere decir con eso, exactamente?" contestó.

"Quiero decir que es uno que ha vivido muchas vidas y logrado cierto Conocimiento Interno a través de muchas experiencias" contesté.

"¿Entonces usted cree en la reencarnación?" me preguntó de nuevo.

"No solamente creo en ella, sino que creo que es Verdad y que es cierta fase de Una Actividad de la Gran Ley Cósmica", le contesté.

"Habla usted con gran seguridad" continuó él.

"En este respecto, yo hablo porque lo sé", le repliqué.

"¿Ah, lo sabe? Por ejemplo, ¿cree que nos hemos conocido antes usted y yo?" prosiguió, y había una especie de nota media burlona en su voz, y sin embargo tenía algo de bondad que negaba una abierta oposición con mi pensamiento.

"Sí" continué yo, "nos conocimos antes del último cataclismo en la Atlántida y también en Egipto. Ahora nos volvemos a encontrar y trabajaremos juntos muchas veces para nuestro mutuo beneficio. Hablé con un Poder Interno Impelente y un Sentimiento de Autoridad que me sorprendió. Estaba pasmado ante mis propias palabras".

"Extendió su mano, me miró con una sonrisa que hubiera derretido a cualquiera y me dio una señal que sabía sólo podía venir de una alta autoridad de la Gran Hermandad Blanca. Estaba profundamente agradecido y muy feliz".

"Has pasado esta prueba espléndidamente, Mi Hermano" me dijo "y está bien que hayas estado en guardia, en forma tan natural. Esto hace posible que la Presencia Interna actúe en todo momento. Recuerda que la "Magna Presencia YO SOY", es el Unico Poder que te puede proteger en la actividad externa, pues no puede hacerse con la voluntad personal".

"Nunca dejes de mantener esta Guardia Continua, ya que es imperativo en el trabajo que tienes que hacer. La Gran Corriente de Vida y plan de trabajo nos ha reunido por los próximos meses. Tu "Presencia YO SOY" dijo la Verdad acerca de que hemos trabajado juntos en vidas anteriores. Me da gusto, como veo que a Ti te da también, que nuestras actividades externas nos unan otra vez ahora. Vamos a mi cabina y te daré una idea de Nuestro Trabajo. Recibirás futuras instrucciones en detalle del Concejo de la India". Al entrar en su cabina sentí una exquisita belleza en todo lo que lo rodeaba. Entonces no lo sabía, como ahora lo sé, que no era tanto el decorado, como la Hermosa Radiación que esparcía sobre todo. Su Deslumbrante Aura penetraba, cargaba e iluminaba todo en el cuarto.

"La primera cosa importante que tengo que decirte" explicó "es que estoy encargado, con tu ayuda, de prevenir el asesinato del joven príncipe que mencioné hace rato a quien los dos queremos por su Luz Interna. El segundo deber es prevenir una gran injusticia que tratan de cometer ciertos poderes Europeos contra Arabia. La tercera cosa es la actividad de la fuerza siniestra con la que estamos tratando ahora. Pararemos dos días en París, de paso por Francia y allí estableceremos importantes contactos para ayudarnos a lograr Nuestro Trabajo".

"Los días pasaron demasiado rápidos en mi asociación con este Notable hombre y la única promesa que pudo extraerme en ese tiempo fue de que nunca revelaría su Nombre a nadie. Nunca lo he hecho hasta hoy y nunca lo haré, excepto con Su Permiso".

"Pensé en ese tiempo, cuando lo vi hacer lo que el mundo llama milagros, que El era la más maravillosa persona del mundo y eso que solamente había revelado una parte de Su Conocimiento y Poder en ese tiempo. Cuando le mencioné estas cosas contestó: "Esta clase de actividad es la menos importante que los Miembros de la Gran Hermandad Blanca pueden hacer; de hecho no hay nada que Ellos no puedan hacer, cuando la necesidad y la Ley Divina lo permiten".

"El barco llegó a Cherbourgo, y al desembarcar vi a un hombre que parecía árabe, hacerle a mi Amigo la Señal de la Hermandad Blanca, la cual El contestó. El árabe nos condujo a un magnífico auto, entrando él en seguida y tomando lugar frente al volante".

"Dentro del coche se sentaba una mujer velada a quien fui presentado no por nombre, sino como el "Hermano del Lejano Oeste de América" y Ella solamente como la "Hermana de la Hermandad Blanca". Tanto como podía darme cuenta, parecía muy joven, no más de diecisiete años. Apenas nos habíamos sentado, cuando dijo:

"Podemos llegar a París mucho más rápido por este camino", indicando una carretera en la que dimos vuelta inmediatamente.

"Nos siguen" nos advirtió un momento después, y viendo hacia atrás alcanzamos a distinguir otro coche que nos seguía a toda velocidad. Al momento se levantó del suelo una Cortina de Vapor entre los dos coches.

"No pasarán esta barrera hasta que ya estemos fuera de su alcance" nos aseguró Ella.

"Llegamos a París unas cuantas horas después y paramos frente a una residencia, como castillo, desde la cual podíamos ver, aunque débilmente, la Torre Eiffel. La casa estaba situada en un lugar alto y de sus muchas ventanas podía uno tener una vista casi completa de la ciudad. Parecía que había sido construida con ese propósito".

"La Dama Velada nos condujo a la entrada y hacia arriba a las grandes escaleras. Entramos a lo que parecía una cámara de audiencias y pasando por una puerta lateral entramos a la biblioteca".

"Un hombre alto, bien parecido, nos saludó con una graciosa inclinación, como ya no se usa en este tiempo. Después supe por qué. Era uno de los Grandes Maestros Ascendidos que había hecho su Ascensión hacía más de quinientos años. Sus ojos brillaban con Bondad y Sabiduría que parecían tan antiguos como la Eternidad".

"La Dama Velada que nos acompañaba, explicó él, era su hija de otra vida y una discípula en ésta. Tenía trescientos años en el Estado Ascendido y sin embargo parecía de diecisiete años. No les puedo manifestar el efecto que esas experiencias tuvieron en mí. Cada Nueva Revelación removía sentimientos que nunca pensé exisitirán en mí".

"Mis Queridos Amigos" dijo nuestro Anfitrión luego que fuimos Presentados, "siéntense por favor. El Almuerzo será servido inmediatamente y después les transmitiré la Instrucción que debo darles".

"Unos momentos después, dos jóvenes con ropa de color crema aparecieron y sirvieron nuestra comida. Estuvo deliciosa y era de la clase de alimentos "precipitados" que todos hemos tenido el privilegio de comer en el Retiro de Saint Germain en la Caverna de los Símbolos".

"Esta noche", dijo nuestro Anfitrión "serán ustedes mis huéspedes junto con ocho Hermanos que vendrán para estar con nuestro Hermano Americano. Ellos lo conocen, pero él no retiene memoria de Ellos".

"A las ocho de la noche nuestro Anfitrión nos condujo al piso de arriba y entramos a un cuarto circular donde todo estaba decorado en color crema. En el centro había una mesa de ónix blanco y alrededor había doce sillas. Nos paramos por un momento en cada esquina de la mesa con nuestra cabeza inclinada y cuando las levantamos los Ocho Hermanos estaban allí en Cuerpos tangibles. Fui presentado a cada uno y entonces el grupo se sentó".

"Todos ellos conocían a mi Amigo del barco muy bien. Muchos problemas de importancia nacional e internacional fueron tratados para solucionarlos y en todos los casos un verdadero remedio, merecedor de su tiempo y atención fue encontrado".

"Fue allí que supe que nuestro Anfitrión era jefe del Concejo de Francia, aunque El no era francés". Cada Hermano recibió instrucciones que era su deber cumplir. Cuando el Concejo dio por terminada la sesión, todos se despidieron con la Bendición: "Lo envolvemos en el Portentoso Poder de la "Mágica Presencia YO SOY" de quien todos los Hermanos de la Gran Hermandad Blanca reciben sin límite". Inclinamos nuestras cabezas y los Hermanos desaparecieron tan silenciosamente como llegaron".

Dimos las buenas noches a nuestro Anfitrión y fuimos llevados a nuestros cuartos.

"Nos desayunamos temprano la mañana siguiente y estuvimos listos para partir a las nueve, acompañándonos, como antes, la Dama Velada. llegamos a los muelles de Marsella, justo a tiempo para pedir las Bendiciones de Dios para nuestra gentil Hermana y marcharnos".

"Abordamos el vapor y pregunté a mi Amigo por qué sentía tal atracción hacia la Dama Velada y qué significaba eso, ya que Ella parecía siempre tan cercana a mí y ante mis ojos desde que habíamos abordado el coche en París".

"Ten paciencia" me contestó "pronto lo sabrás".

"Nuestras cabinas estaban juntas y nos dispusimos a disfrutar el viaje por el Mediterráneo. Nos dirigíamos a Bombay por el Canal de Suez y el Mar Rojo, con visitas a Alejandría y El Cairo. Fue un viaje que no podría olvidar en mil años. No ocurrió un solo incidente que manchara su belleza y nuestro gozo, y como me gustaba tanto viajar por mar, disfruté enormemente de esa nueva felicidad".

"Al arribar nuestro barco a los muelles de Bombay empecé a tomar más interés, ya que éste era mi primer viaje a esa parte del mundo. Después de estos años, el Oriente se ha tornado familiar para mí".

"Esperaba que haríamos la última parte de nuestro viaje por tren, pero para mi sorpresa, apenas habíamos dejado la plataforma cuando un joven Hindú vestido de blanco, se acercó. Nos dio la Señal que conocíamos tan bien y nos guió a un hermoso auto. Abrió la puerta con callada dignididad y esperó a que entráramos. Para mi sorpresa, en el coche se sentaba otra Dama Velada que se parecía mucho a la que habíamos dejado en Francia. Para mi intelecto eso parecía imposible, de modo que lo descarté. Fui presentado a ella en forma similar y no pasó mucho sin que nuestra Gentil Compañera contestara mi pensamiento con una pregunta:

"¿Por qué, mi Buen Hermano, hemos de pensar en imposibles, si la Comprensión del Ser es completa?"

"Mi Buena Hermana" contesté "te pareces tanto a la Encantadora Dama que conocimos en París, que apenas puedo creer que no sean la misma persona. Sin embargo la dejamos allá y no puede estar aquí".

"¿Cree usted que no?" volvió a preguntar, y mi Amigo sugirió:

"Es mejor que observemos el hermoso paisaje pues podríamos no volver a pasar por este lugar otra vez". La vista era majestuosa y realmente una fuente de inspiración y placer. Eran las diez de la mañana cuando dejamos Bombay. Viajamos hasta las seis de la tarde llegando a una pequeña y silenciosa ciudad. Fuimos llevados a una residencia típica y el hombre de blanco que manejaba esperó a que descendiéramos partiendo inmediatamente.

"Otra vez la Hermana Velada guió el camino hacia nuestra morada. Una digna dama inglesa de pelo blanco, de rostro y figura juvenil, abrió la puerta".

"Bienvenidos, mi Buena Hermana y Hermanos" dijo, saludándonos cordialmente. "Deseaba que llegaran. Sus cuarto están listos y el encargado los conducirá si desean refrescarse después del largo viaje. La cena estará servida en veinte minutos". Pronto sonaron los suaves tonos de una campana anunciando la comida, y entramos al comedor.

Imagínense mis sentimientos cundo encontré que la Hermana Velada que había viajado con nosotros de Bombay era la misma Dama que conocí en París. En cuanto me di cuenta, la saludé con un: "Mi Amada". No había tenido la intención de decir algo así y me sentí grandemente enfadado y confuso. Me disculpé ampliamente y traté de refrenar un impulso casi irresistible de hablar. A ella no pareció importarle la familiaridad en lo más mínimo, contestando: "Aprecio profundamente su sincero saludo". Hice lo posible por poner en orden mis pensamientos, lo suficiente para preguntar:

"¿Me podría usted decir cómo es que llegó a la India antes que nosotros?"

"Tengo medios de transportarme" explicó "con los cuales no está usted familiarizado. Sin embargo, usted será enseñado a viajar como yo lo hago. Nosotros somos capaces de transportar nuestros Cuerpos a cualquier distancia que deseemos, sin utilizar ningún medio físico".

"A la mañana siguiente ya estábamos en camino al despuntar el día. Afuera estaba muy caluroso, pero dentro del auto estábamos muy frescos y siempre éramos provistos con deliciosas bebidas refrescantes".

"Ibamos recorriendo las montañas hacía ya rato y subiéndolas en forma constante, cuando penetramos a una profunda garganta cuyas paredes se levantaban por lo menos dos mil pies a cada lado. Parecía como si hubiera sido hecho un gigantesco corte a través de las montañas de casi una milla de longitud".

"Pasamos a través de esta hendidura y salimos a un vallecillo de unas cuatro millas de circunferencia, rodeado de enormes picos. Era un Perfecto Paraíso".

"En el lado oeste de este valle, mirando hacia el Este, había un Magnífico Palacio de mármol blanco, como ningún otro que haya yo visto en el mundo externo. Saint Germain no lo ha dicho, pero yo siempre he creído que era de una Sustancia Precipitada. Un enorme domo dorado cubría la parte central del techo, y había cuatro domos más pequeños en cada esquina. Cuando el sol de la mañana daba en estos domos, toda la escena se convertía en indescriptible deslumbramiento de gloria, un símbolo cotidiano y silencioso de reconocimiento de la Naturaleza de la "Gran Luz" y Sabiduría que constantemente se derrama sobre la Tierra desde su Templo de belleza".

"Llegamos en el coche a la entrada oriente de este magnífico palacio, y dos jóvenes con ropas de una blancura de nieve salieron a saludarnos. Eran la imagen de la perfecta salud, juventud y belleza. Su pelo, era especialmente atractivo, el de uno era castaño ondulado y el del otro del más maravilloso rubio. El último nos dio la bienvenida:

"Amados Hermana y Hermanos, los esperábamos y son muy bienvenidos. ¿Me querrían seguir?" Entramos y fuimos saludados otra vez por uno de los Maestros Ascendidos que es muy querido en el mundo externo y que ha trabajado incesantemente por muchas centurias para traer iluminación a la raza humana. Tiene un rostro muy bondadoso, una sonrisa que derretiría un corazón de piedra, y lo hace sentir a uno inmediatamente que El empuña el Poder que resuelve todas las cosas".

"Otras personas vinieron para atendernos con movimientos gráciles y rítmicos y nos condujeron a nuestras habitaciones. El diseño interior y decorado de este palacio eran exquisitamente bellos, Desde mi primera visita a este maravilloso lugar, ha sido mi deber, así como mi placer, el ponerme en contacto con muchos lugares importantes a través del mundo, debido al trabajo con la Gran Hermandad Blanca con la que he estado asociado, pero ni el más primoroso se aproxima a la Exquisita Perfección de Este Palacio de Mármol Blanco de los Maestros Ascendidos".

"Todo el interior de este maravilloso edificio estaba hecho de un material imperecedero, cremoso en color, con toques allí y allá de un delicado dorado, violeta, verde y un azul eléctrico intenso. Esto producía un efecto artístico inimaginable. Todo estaba inmaculadamente limpio debido a que todo el edificio estaba cargado con Fuerza Electrónica por dentro y por fuera, y el nivel vibratorio era tan elevado que el Poder de la "Luz" repelía toda imperfección y mantenía todo en un estado de Belleza y Perfección sostenidos de por sí".

"La cena será servida en sus cuartos" explicó el joven del pelo rubio "y se les suplica usar las Túnicas de seda y sandalias que serán provistas".

"Cuando la cena fue traída, vi que consistía de varias clases de fruta fresca, entre ellas frutillas o bayas servidas con una sustancia como crema batida, similar a la que hemos tomado en la Caverna de los Símbolos, y una deliciosa bebida dorada, como la miel, pero menos espesa".

"Tan pronto como terminamos nuestro refrigerio, fuimos llamados a la Sala del Concejo, que estaba bajo el domo central. Al entrar, la gran mesa en el centro de la Sala captó nuestra atención por la enormidad de su tamaño. Estaba hecha enteramente de jade, entreverada con oro, bellísima en su más mínimo detalle y alrededor de ella estaban colocadas sesenta sillas hechas de oro sólido y tapizadas con una tela de suave color violeta, que parecía terciopelo de seda".

"Nos quedamos parados un momento admirando la Belleza y Perfección de todo, y paseando nuestra mirada alrededor, vimos al Amado Saint Germain. El Concejo entero entró en pequeños grupos de tres a doce. Cuando estuvieron todos, menos uno, y tomaron Sus lugares alrededor de la mesa, nuestro Amado Maestro habló:

"Inclinemos nuestras cabezas en silenciosa alabanza y gratitud a la "Magna Presencia YO SOY" que está elevando los Corazones e Iluminando las mentes de la humanidad". Cuando levantamos nuestras cabezas, el Más Maravilloso Ser había tomado el lugar vacante a la cabecera de la mesa. Era Uno de los Grandes Maestros Ascendidos a quien es imposible hacer completa justicia, ya que la Gran Majestad y Autoridad a que ha llegado, sobrepasa todo humano poder de descripción. Sus Ropas parecían una masa de joyas brillantes, pero según me fui acostumbrando a la Brillantez de Su Luz, vi que lo que parecían como piedras preciosas al principio, eran puntitos de Deslumbrante Radiación que emanaban de Su Cuerpo y Su Túnica. El Amor que irradiaba era TodoEnvolvente y parecía que inundaba el Universo, tan grande así era su Alcance".

"Amados Hermanas y Hermanos de la Gran hermandad Blanca, los saludo", dijo, dando la Señal de la Orden, que reconoce únicamente la Omnisciencia de la "Magna Presencia YO SOY" la Omnipresencia de la "Eterna Flama de Vida" y la Omnipotencia de la "Luz sin Sombra".

"Mi Hermano de América, te doy la bienvenida, acepta mi Amor y Gratitud por el servicio que has realizado. Hablaré contigo largamente cuando termine esta junta".

"Este Potente Hermano de Luz procedió a dar Instrucciones Definidas concernientes a las más importantes actividades de la Tierra, principalmente los cambios Internos y externos que deben ser hechos para el adelanto de la Humanidad. Muchos de los Concejos de todo el mundo estaban representados por los que allí se encontraban. El jefe de Cada Concejo recibía órdene directas del Maestro que Presidía y daba las Suyas a los que estaban bajo El. Cuando terminaron de delinearse las actividades, El pidió a cada uno poner su silla de cara al oeste".

"En la atmósfera, ante nosotros, empezaron a pasar imágenes vivas de los problemas que la Gran Hermandad Blanca estaba tratando, o trabajando en el presente. Mostraron a los Hermanos que los tenían a su cargo y que continuarían trabajando en los detalles y medios de solución. El trabajo de protección al joven Príncipe a que me he referido, y los Hermanos a quienes concernia este asunto, fue una de las muchas escenas que pasaron ante nuestra vista. El método para reajustar condiciones concernientes a Arabia, también fue mostrado y verdaderamente excitó mi admiración".

"Cuando el grave problema de tratar con la fuerza siniestra que está haciendo lo posible por evitar que la humanidad reconozca y manifieste la Perfección y Bendición de la "Magna Presencia YO SOY" fue mostrado, fue una cosa verdaderamente sorprendente. Se mostró realmente la Fuerza Ilimitada de la "Luz Cósmica de Cristo" tratando con la obscuridad y no hay palabras que puedan describir la Majestad, Poder y Victoria de la "Infinita Presencia YO SOY".

"Al presente, no puedo dar muchos detalles, pero la Gloria y la Supremacía en acción de la "Magna Presencia del Infinito YO SOY" trasciende todo lo imaginable, tal como la "Luz" trasciende la obscuridad. Las imágenes llegaron a su fin y el Maestro que Presidía, El, el de la Deslumbrante Radiación, se dirigió a la Hermana de Francia y a mí:

"Vengan, Mis Queridos Hijos", dijo. Nos adelantamos y El extendió ambas manos, Su izquierda hacia ella y Su derecha hacia mí.

"Mi Hermano de América" prosiguió "Yo les bendigo grandemente. Aún no se dan cuenta de la Eterna Perfección que ya es suya en la actividad externa. Nuestra Amada Hermana es tu Rayo Gemelo. Este es uno de los más Grandes Misterios de Dios y explica la mutua atracción entre ustedes, desde que se conocieron en París. Si la Humanidad de la Tierra pudiera tener la Comprensión de Dios para esta Parte del Plan Divino, haría más para purificar el caos del mundo externo, más que cualquier otra cosa que conozcamos".

"El tiempo se acerca en que la Verdad concemiente a los Rayos Gemelos debe ser bien entendida, y Su Magna Sabiduría y Poder utilizados. No hay Individualización de Dios que haga Trabajo Creativo a Niveles Cósmicos en la Plenitud de la "Magna presencia YO SOY" hasta que uno de los Rayos Gemelos haya hecho la Ascensión. La elección terrena no tiene nada que ver. Cada Rayo debe, por Comprensión Consciente y uso del Gran Comando, purificar, perfeccionar e iluminar toda humana creación de la cual se haya rodeado a sí mismo. Entonces se convierte en el Maestro Ascendido, quien para siempre tiene Dominio Consciente sobre la Tierra y todo lo que hay en ella"

"Cuando ambos Rayos han efectuado la Ascensión, tienen el mismo estado de Pureza, Libertad y Dominio Perfecto. Los Dos están entonces capacitados para trabajar a Niveles Cósmicos. Allí ellos pueden proyectar grandes Rayos Cósmicos de Amor, Luz y Sabiduría, enfocándolos con tal Poder que Ellos crean y controlan las Actividades Cósmicas y revelan la Gran Gloria de la "Magna Presencia YO SOY".

"Nuestra Amada Hermana conoce esto desde hace tiempo y con paciencia ha aguardado este divino momento. Después de la elevación de tu cuerpo, su trabajo juntos será de trascendencia. El levantó Sus Manos sobre nosotros para bendecimos y Su Voz, bella como una campana con tonos de Autoridad Eterna, pronunció el Supremo Decreto del Eterno Amor sobre nuestra unión".

"Por el Mandato de la "Magna Presencia YO SOY", Yo uno Estos Dos Rayos Gemelos de la Eterna Flama de la Vida en Supremo Amor, Luz y Perfección".

"Al tiempo que el Maestro decía estas Palabras, un Haz de Luz Deslumbrante nos envolvió y con Esto, la "Magna Flama de nuestros Rayos Gemelos" dejó impreso su Eterno Sello sobre nuestro Camino Cósmico de Vida. En ese momento fuimos totalmente conscientes de nosotros solamente como la "Mágica Presencia del YO SOY". Con esto terminó la reunión del Concejo y en la hora que siguió conocimos a los miembros de aquel Retiro y recibimos sus felicitaciones. Nos aseguraron que nuestro Servicio Cósmico Ilimitado empezaría ya. Al día siguiente, el Maestro, nuestro Anfitrión, nos explicó algo de Su Trabajo y reveló la Perfección que había sido mantenida allí por centurias. Explicando el origen de Su Trabajo, dijo:

"Este Concejo de la Gran Hermandad Blanca fue creado hace centurias por los Grandes Hermanos de la Luz, de manera que un Poderoso Foco de Su Ayuda e Iluminación a la humanidad, pudiera ser atraído y perpetuado por un período definido de tiempo. El maravilloso clima semitropical que hay aquí durará por el tiempo que Nosotros deseemos retener este lugar como Retiro".

"Esa noche nos fue mostrada la operación de un instrumento perfeccionado para televisión. No pude menos de señalar las maravillas que la humanidad experimentaría si tan sólo se elevara consciente y sinceramente hacia la "Luz Interna" y cada Ser Individual abriera su Corazón y sentimientos a la "Magna Presencia YO SOY".

"Temprano, a la mañana siguiente, regresamos a Bombay, lugar desde el cual embarcaríamos para Arabia. El viaje por la costa fue delicioso. La atmósfera en el coche siempre se mantuvo fresca y confortable, no importando cuánto calor hiciera afuera. Sabia que esto se debía enteramente a la gran comprensión de mi Amada y mi Amigo. Regresamos a Bombay por un camino completamente diferente del que habíamos tomado para llegar al Retiro. A la mañana siguiente abordamos un pequeño barco hacia Egipto deteniéndonos en el puerto que deseábamos en la costa oeste de Arabia. Cuando llegamos al Mar Rojo y navegábamos hacía el norte en sus plácidas aguas, mi amigo de repente se cargó de Energía Electrónica, tan poderosamente, que todos lo notamos".

"Por alguna razón" dijo El "hice contacto con el período en el cual Moisés guió a los Hijos de Israel a través de este mar, pues las imágenes vivas están apareciendo ante Mí, aquí, en los Archivos Etéricos. Qué tiempo de maravillas fue ése, en medio de tanta calamidad. Moisés hizo, ciertamente, un maravilloso contacto con los Maestros Ascendidos que estaban Ayudando y que manejaban Tremendo Poder a través de él para lograr esa misión".

"Yo veo, por la primera vez, al Gran Maestro Ascendido a quien Moisés dirigió su petición, para que lo ayudara en ese tiempo. La Majestad y Poder de ese Poderoso Ser apenas si pueden ser comprendidos por la mente humana, tan maravillosamente trasciende la ordinaria experiencia de la humanidad".

"Que poco sabe este mundo moderno, o qué poco crédito da a estas maravillas que realizan estos Grandes Servidores de Dios, para la iluminación y elevación de la humanidad. Estos estupendos milagros, así llamados, son después de todo únicamente la Actividad de la Ley que la humanidad no ha querido todavía tratar de estudiar o de entender".

"Cuando uno habla en términos de Verdad Universal, no hay tal cosa en la Infinita Creación que sea "milagro", porque lo que el mundo llama milagro es solamente la operación de la Ley Divina, la cual por su Verdadera Naturaleza de Perfección hace a un lado las leyes humanamente establecidas de limitación. Es para traer la Completa Comprensión de la operación de la Ley Divina a las mentes de los hijos de la Tierra, que los Maestros Ascencidos han trabajado en el pasado y por lo cual trabajan incesantemente, con los habitantes de este planeta".

"Hoy, desconocidas para el mundo externo, hay muchas más maravillosas cosas que se están haciendo que las que se hacían en aquellos tiempos. Por lo que concierne a Este Vasto, Profundo Conocimiento y Poder, la mayoría de la humanidad no son más que unos bebés, Sin embargo, la hora se aproxima rápidamente en que la humanidad debe despertarse a la Omniabarcante Presencia Interna de Dios, actuando a través del Individuo".

"Al fin el barco se detuvo en nuestro puerto en la costa de la Provincia de Hejaz, una especie de península que sobresalía de la costa noreste del Mar Rojo. Desembarcamos en este extraño lugar, y otra vez, nos dio la señal secreta un Arabe alto y delgado vestido con impecables ropas blancas, quien se mantuvo de pie al lado de un poderoso auto, abriéndonos la puerta para que entráramos".

"Sin mediar palabra, fuimos conducidos a gran velocidad por una carretera arenosa. Ya tarde entramos a un villorrio y paramos frente a una casa blanquísima. Nuestro silencioso Arabe abrió la puerta y nos invitó a entrar. Tocó en una puerta interior que fue abierta inmediatamente por un caballero de edad, de tez morena y ojos bondadosos".

"Hermana y Hermanos" fue su saludo, "los esperaba. Refrésquense y les daremos de comer tan pronto como estén listos. Al caer la noche un Hermano vendrá y los llevará a su destino. Estoy seguro que la Hermandad no fallará en Su Asistencia a nuestro país." Iba a hablar, cuando mi Amada me tomó del brazo firmemente. Entendí la seña y guardé silencio.

"La Luz de Dios nunca falla" contestó mi Amigo a nuestro anfitrión en una Voz que hizo que el aire temblara, tan grande fue el Poder y la Verdad con que Su Palabra hablada estaba cargada y tan llena de autoridad con que había pronunciado ese "Todopoderoso Decreto". El efecto fue mágico. El anciano cayó sobre sus rodillas e inclinó la cabeza hacia la tierra ante mi Amigo. A las nueve de la noche, un hombre bien parecido, vistiendo el traje blanco nativo, con una larga capa azul apareció en la puerta,

"Amigos del Oeste", dijo, "¡vengan! El camino está abierto".

Lo seguimos inmediatamente sin una palabra. Caminamos una corta distancia y encontramos unos camellos que nos aguardaban. Montamos silenciosamente y rápidamente nos dirigimos a las montañas. Después supe que éstos eran camellos de carreras y el que mi Amada montaba era blanco como la nieve. Anduvimos por casi dos horas a gran velocidad y llegamos a una como cabaña de piedra pegada a la montaña. Cuando desmontábamos un hombre salió de la obscuridad para atender a los camellos. Nuestro Guía entró a la cabaña y nos indicó que pasáramos también".

"Fuimos hacia el lado opuesto de la habitación y El levantó Sus Manos y las puso contra la pared. Al instante salió de ellas una Luz Radiante, tan grande era la Fuerza que despedía. Estaban tan deslumbrantes como un bulbo eléctrico, sólo que mucho más blancas. Presionó una sección de la pared y accionó un pivote que descubrió la entrada hacia un túnel de intensa Luz Blanca. Nos adentramos en éste y la entrada se cerró detrás de nosotros. Lo seguimos un largo trecho y llegamos a una puerta de metal. Nuestro Guía puso su Mano en cierto símbolo en ella y la puerta, que pesaba varias toneladas y que tenía ocho pulgadas de espesor, se abrió lentamente y entramos a un cuarto largo y estrecho cuyas paredes, techo y piso estaban hechos de acero inoxidable".

"En unos segundos una puerta oculta se abrió en una de las paredes, y un hombre entró haciéndonos una señal para que lo siguiéramos. Con nuestro Guía todavía conduciéndonos, caminamos alguna distancia y llegamos a otra pared sólida. Se abrió al aproximarnos y nos encontramos en una maravillosa cámara como de cien pies de largo y cuarenta de ancho, amueblada en una forma extraordinaria, pero artística, exquisita y bella como un sueño".

"En el centro del piso había un gran círculo con un precioso zodíaco y alrededor de éste habían sido colocados suaves cojines para veintiocho personas. Nuestro Guía se dirigió a un cuarto al lado de esta gran cámara y nos pidió que lo siguiéramos. Dentro había un baño brillante y allí, a un lado, estaban colocadas unas Túnicas y Sandalias para nuestro uso. "Cuando estén listos, envíenme su pensamiento" dijo nuestro Guía y nos dejó. Terminamos nuestra preparación y enviamos un mensaje mental como fue requerido e inmediatamente un servidor apareció con riquísimos alimentos. Terminamos de comer y regresamos a la gran cámara donde ya estaban reunidos veinticuatro Hermanas y Hermanos. Nuestro Guía nos presentó a todos y tomaron su lugar alrededor del círculo".

"Para mi sorpresa, descubrí que el Hermano que había actuado como Guía, no era otro que el jefe del Concejo de Arabia, un Gran Maestro Ascendido de quien había oído hablar muchas veces. Se levantó, hizo una invocación y se dirigió a la asamblea:

"Debido a la agitación inusitada" explicó "en los círculos políticos de Arabia en el presente, ha sido imperativo mantener en gran silencio el hecho de traer algunos miembros a este Concejo. Es por esto que hemos ejercido gran vigilancia de nuestra parte mientras nuestros miembros visitantes estaban en camino". Asuntos de grave importancia fueron presentados para discusión, especialmente el más cercano a los Corazones de estas personas. El jefe dirigió su atención a mi Amigo:

"Este Hermano" dijo "tiene una solución al problema que concierne a nuestra amada Tierra de Arabia" y le pidió que la expusiera.

"Mi Amigo expuso su plan brevemente y cuando hubo terminado, todos en la habitación, excepto nuestro jefe, quedaron sorprendidos por su audacia e ingenuidad. El jefe sonrió y continuó:

"El Plan es factible, digno de consideración y será llevado a cabo rápida y exitosamente. La Gran Hermandad Blanca de la Tierra estará pendiente de la reunión que va a tener lugar y pueden estar seguros que el plan será puesto en operación en seguida".

"La Hermana y Hermanos que han llegado bajo guardia especial deberán descansar aquí esta noche y mañana. Al tercer día, Yo iré con ellos al consulado Británico a donde tendrán lugar las negociaciones". Una oleada de alegría se extendió por toda la sala, cuando se redondeó este trabajó.

"Se trataron otros asuntos que concernían a otras actividades y cuando la reunión terminó, los miembros desaparecieron uno por uno. El jefe se levantó y vino hacia donde estábamos nosotros sentados. "Amada Hermana y Hermanos" dijo "no me di a conocer a ustedes al principio por razones que pronto conocerán. Les doy la bienvenida con Gran Gozo a Este Retiro de la Gran Hermandad Blanca; todo está a su servicio. Hermano del Oeste, puedes retirarte a tus habitaciones y dormir hasta que seas llamado. Me desperté doce horas después, al llamado que me hicieron, sintiéndome como una persona nueva, tan cargado estaba con Nueva Vida y Luz".

"Creo que estarás interesado en Este Retiro", dijo nuestro Anfitrión "de conocer algo de su historia, y de la parte que tiene como Centro de Poder en esta Tierra. Es uno de los más antiguos Focos de Poder Espiritual en este planeta. Solamente has visto un fragmento de él. De aquí a un año, un Gran Concilio de la Gran Hermandad Blanca será tenido aquí y en esa ocasión, a cada miembro le será mostrada esta enorme y desconocida ciudadela". Empleó mucho tiempo en mostramos la tremenda acumulación de Archivos que habían preservado para la iluminación de la humanidad. Fue realmente un privilegio el que se nos enseñaran Estos Tesoros, hora tras hora.

"Dejarán este lugar a las dos de la tarde" explicó "vayan ahora y vistan sus ropas para el mundo externo, pues para entonces ya será hora de ir hacia donde están los camellos aguardando en la entrada".

Obedecimos y cuando regresamos encontramos al jefe vestido con un hermoso traje azul y una capa larga azul índigo. Excepto por la maravillosa textura de Su piel y la penetrante y amorosa Luz de Sus ojos, fácilmente podía uno creer que era un hombre que pertenecía al mundo de los negocios".

"¿Por qué no verme como ustedes?" señaló, cuando vió mi pensamiento. "Yo soy un Individuo como ustedes, solamente que de mayor Experiencia y Sabiduría las cuales he aplicado desde hace mucho tiempo. Eso es todo. La Sabiduría no es de beneficio para nadie a menos que sea usada, y a través de su uso el Individuo manifiesta Perfección, de modo que pueda vivir sin limitaciones".

"Llegamos a la entrada y ya los camellos nos esperaban. Cuando estuvimos todos montados, corrimos velozmente toda la noche con el hermoso camello blanco a la cabeza. Esta vez hicimos menos tiempo, porque llegamos a la cabaña, lugar de partida de este viaje, a las tres treinta. El auto estaba listo y tan pronto como entramos, el que manejaba dijo algo al Maestro que yo no pude oír".

"¡No temas!" contestó el jefe, "nos pondremos la Capa de la Invisibilidad sobre nosotros y sobre el auto y pasaremos inadvertidos. Procedamos".

"Espías" nos explicó "han sido puestos en todo el camino para apoderarse del coche y que nadie nos pueda encontrar. El Uso Debido de la sabiduría, que es la Verdadera Sabiduría, siempre nos libera, como pronto verán".

"Pronto nos aproximamos al lugar donde los espías habían sido colocados y en un instante un Vapor Blanco denso se levantó en todo el rededor como una niebla, envolviendo al vehículo completamente. Un zumbido peculiar, como el sonido de un avión, se oyó por encima de nuestras cabezas y mientras los espías miraban a ver que era, pasamos silenciosamente como una flecha".

"Fue una experiencia formidable para mí porque podíamos verlos a través de la Capa de la Invisibilidad y ellos no podían, ni nos vieron".

"¿Cómo es" pregunté yo "¿que no parecieron oirnos?"

"El Sonido" explicó El, "no penetra en la Capa de Invisibilidad, de otro modo no sería de utilidad para nosotros. Los Cuentos de las Mil y una Noches, Mi Hermano, son la verdad, y cuando son entendidos, son Revelaciones de la Ley Divina y no la tonta interpretación que el mundo externo, en su ignorancia, ha elegido darles. No son para niños, sino Insinuaciones Internas de lo que es perfectamente posible lograr cuando el estudiante es suficientemente sincero, merecedor y humilde como para que se le dé el Poder y la Verdad que revelan. El gran monstruo, la duda, y sus nefastos asociados: la ignorancia, el orgullo, el ridículo, el esceptisismo, el temor y muchos otros, se han prendido tanto en la mentalidad y sentimientos de la humanidad, que se han convertido en hongos, como los que cuelgan del árbol, pudriendo su tronco".

"Si no fuera por esos vampiros, la humanidad podría ver y saber que dentro de la "Luz" misma que anima el cuerpo físico, existe una Inteligencia y un Poder que pueden, y lo hacen, llevar a cabo perfectamente cualquier cosa que la mente quiera, cuando la Armonía es mantenida y la dirección constructiva".

"El Amor, la Sabiduría y el Poder son los atributos principales que la Vida utiliza para hacer una Creación Permanente, y cuando la humanidad cese su discordia, creada por sí misma, toda la Vida alrededor de Ella y de la Naturaleza, expresará Permanente Perfección".

"El viaje lo hicimos por una carretera espléndida a lo largo de la costa del mar y al fin entramos a la ciudad que era nuestro destino. Nos registramos en el mejor hotel y temprano al día siguiente llamamos al Consulado Británico. Mi Amigo dijo que El había sido enviado como Representante del Gobierno Arabe para presentar cierta solución a la crisis que se cernía y que tenía confianza en que dejaría satisfechos a todos, previniendo así que se le hiciera a Arabia una afrenta y una gran injusticia".

"El Cónsul Británico le pidió sus credenciales y en lugar de presentarlas El mismo, el jefe del Concejo Arabe se adelantó y la presentó. Se hizo una cita para reunirse con los Representantes Ingleses a las once de la mañana y regresamos otra vez a esa hora. Después de un rato en que se dialogó utilizando el método usual de disuadir, suave pero persistentemente, escondiendo todo lo que no les parecía que era el mejor arreglo para ellos, se levantó mi Amigo y presentó la propuesta del Gobierno Arabe".

"El estaba calmado, dueño de sí y amable y sin embargo todos se daban cuenta de que de alguna manera El tenía en sus manos el control de la situación y todo el poder de la conferencia se había centrado en El. Sus oponentes no estaban nada cómodos. Era demasiado agudo y honesto para su manera diplomática de tratar los asuntos y por alguna razón no podían presentar sus ideas en una luz favorable, frente a Su franco escrutinio y abierta amabilidad".

"Estuvieron ensayando por algún tiempo varias clases de estrategia cuando de repente estuve consciente de que un Gran Círculo de Deslumbrante Luz llenaba la conferencia, tan brillante era que a mí me parecía que todos debían verla. Entonces me di cuenta del Gigantesco Foco de Poder que la Gran Hermandad Blanca había dirigido a esa sala".

"Después de poco menos de una hora, la solución de mi Amigo fue aceptada, los documentos extendidos y firmados por las dos partes, y la sesión terminada en Paz y Felicidad. Las noticias corrieron como relámpago por Arabia y hubo gran regocijo. Cuando regresamos al hotel, Mi Amada se adelantó para saludarnos:

"Noble Hermano, te felicito" dijo "en tu digno y espléndido éxito".

"Al día siguiente, el jefe del Concejo de Arabia nos dijo adiós a mi Amada y a mí y abordamos el vapor para regresar a Francia. Esa noche navegamos por el Mediterráneo bajo una luna llena. Para mí, fue la Noche más llena de Paz que he experimentado".

"Desembarcarnos en Marsella e inmediatamente nos fuimos por tren a París y pasamos la noche con el maravilloso Maestro que era el jefe del Concejo de la Gran Hermandad Blanca en Francia. A la mañana siguiente nos condujo a Cherbourgo. Aquí dijimos adiós a mi Amada a quien ya no volvería a ver hasta algunos años después. La próxima vez que nos viéramos sería para no separarnos. Abordamos el avión para Nueva York y el viaje sobresale como uno de los más notables de toda mi Vida ya que mi Amigo me enseñó el más Maravilloso Uso de la Antigua Sabiduría. Me instruyó, y los resultados que tuve en el uso del Gran Comando, fueron sencillamente sorprendentes.

"Llegamos a Nueva York y nos apresurarnos para ir a Washington donde mi Amigo presentó los resultados del asunto Arabe al Presidente y su gabinete. Las noticias habían precedido su llegada. Con eso finalizó mi primer contacto y observación de la Estupenda y Maravillosa Actividad de la Gran Hermandad Blanca". Cuando terminó Gaylord de relatar sus experiencias, vimos que amanecía en el horizonte.

"Vayamos a la sala" dijo el Sr. Gaylord, dirigiéndose a mí, "pues uno de los Maestros Ascendidos tiene mucho que hacer en el trabajo que haremos próximamente. La dama y el caballero que son los peones de la fuerza siniestra,tienen en su posesión ciertos documentos y grabaciones que han robado. Estos papeles contienen información que necesitamos y que ellos intentan usar contra gente inocente para chantajearlos. Debemos tener esa información a fin de proteger a otros a quienes ellos intentan perjudicar y tener en sus garras a través del poder del miedo". Regresamos a mi compartimiento y yo pensaba qué intentaría hacer el Sr. Gaylord después. Esperamos unos momentos y pronto oímos que el hombre y la mujer se dirigían al coche comedor.

"Ahora, observe cuidadosamente" dijo Gaylord "y no se mueva ni hable mientras yo esté actuando".

"Nos sentamos y él fijó su atención en la puerta que conducía a su compartimiento. Al momento dirigió un rayo de Luz Electrónica en ella. Fue aumentando el Poder y eso nos capacitó para ver dentro del cuarto. Un saco de viaje se hallaba en uno de los asientos. Gaylord mantuvo la Fuerza hasta que vio lo que contenía. La expresión de su cara indicaba que había hallado la información que buscaba y en un instante soltó la Fuerza y dijo:

"En tres días estarán listos para que las autoridades les den la bienvenida a un largo descanso de futuras actividades de esta clase. Con esos papeles en su posesión es imposible que escapen. En este caso, los periódicos no podrán romper el Muro de Silencio e Invisibilidad de los Maestros Ascendidos, quienes controlan todas las leyes humanas por la Unica Eterna Ley de justicia Divina".

El Maestro Saint Germain había indicado el hotel en Washington en donde debíamos hospedarnos y cuando llegamos El nos dio la bienvenida en persona. Su apariencia había cambiado a fin de no atraer la atención.

"Mi Querido Hermano" dijo dirigiéndose a Gaylord "te felicito sinceramente y doy gracias por tu éxito ya que has destruido la columna vertebral de una muy destructiva actividad, por lo menos en lo que concierne a ese grupo", Y dirigiéndose a los dos, nos saludó a su Graciosa y Amorosa Manera, que ya es una Característica de todos los Maestros Ascendidos y sobre todo del Amado Saint Germain.

"¿Podría tener el privilegio de suministrarles su desayuno?" dijo, "confío en que será satisfactorio y delicioso. "¿Pueden venir a mis habitaciones?" Después del desayuno El sugirió que nos retiráramos y descansáramos, aunque en su Maravillosa Presencia nunca estábamos conscientes de necesitar descanso.

Al tercer día después de nuestra llegada, Rayborn, Gaylord y yo acompañados de Saint Germain y ciertos miembros del Servicio Secreto fuimos a la cita que tenía un importante grupo de aquellos que eran voluntarios contactos de la fuerza siniestra. Estaban presentes los siete principales líderes en América. Llegamos al lugar y nos quedamos algo retirados de sus habitaciones por un momento. Podíamos oír una calurosa discusión en voz baja al aproximarnos a la puerta. De pronto se abrió y fuimos hacia ellos, Saint Germain cargando la atmósfera con una Fuerza Eléctrica que los mantuvo inmóviles. Las pistolas cayeron al suelo donde ellos estaban y sus brazos colgaban inmóviles.

Saint Germain levantó Su Mano derecha, hizo el Signo de Protección y el Poder Cósmico y en una voz que penetraba cada átomo, aún del mismo edificio, pronunció el Eterno Mandato de la Verdad ante la cual todas las fuerzas destructivas se inclinan y son por siempre calladas:

"Digan a todos los que están asociados con ustedes, y todos los que vengan atrás, que "LA LUZ DE DIOS NUNCA FALLA".

Así que su Voz enviaba el Decreto dentro de sus conciencias, empalidecieron de miedo a su propia creación y sus cuerpos temblaban como hojas al viento. Los miembros del Servicio Secreto se acercaron y los tomaron presos, y así permanecerán hasta que sirvan a "LA LUZ".

CAPITULO VII

El Mensaje Misterioso

"Estaré con ustedes dos semanas más", dijo Saint Germain en cuanto regresamos al hotel. "Con su permiso, dedicaré una parte de cada día a la Instrucción Individual, que según me doy cuenta con mi Ilimitada Vista Interior, van a necesitar".

"Nuestra Intervención en los planes de la fuerza siniestra y el encarcelamiento de sus instrumentos, que tuvieron lugar recientemente en Washington, ha atraído la atención de ciertas fuerzas hacia ustedes, especialmente hacia Gaylord y Este Hermano", dijo indicándome a mí. "Ustedes dos tienen ciertas facultades desarrolladas en vidas anteriores que se pueden usar en forma notable. Por esta razón, las fuerzas siniestras tratarán de aniquilarlos".

"Sin embargo, estarán protegidos en todo sentido y mantenidos en perfecta seguridad, mientras se mantengan en equilibrio y libres de ira, odio o temor. Es por esto que quiero darles un Entrenamiento Rotundo en el aspecto de Autoprotección".

"El aspecto más importante e imperativo que deben siempre recordar es la aceptación completa y consciente de que la "Magna Presencia YO SOY" es la "Mágica Presencia" que está irradiando en, a través y alrededor de ustedes todo el tiempo. Ustedes vieron la Luz Radiante de su Glorioso Dios Interno, la Vida de su Propio Ser, mientras estuvieron en el rancho, así es que no tienen excusa para no aceptarla completamente. La actividad externa de su mente es el obstáculo a vencer. Deben controlarla y hacerla perfectamente obediente a la "Magna Presencia YO SOY" en todo sentido. Para aquellos que no han tenido el privilegio de ver su Dios Interno, podría haber alguna excusa, aunque Él está hablando constantemente a través del Corazón de cada ser humano que haya nacido en este mundo, pero después de que un

Individuo ha visto "Su Yo Perfecto", la Resplandeciente Luz de Dios, no hay razón para ignorar esta Presencia".

"Cuando esta Forma y Luz han sido grabados en la actividad externa de la mente, a través de la vista, el Individuo puede en cualquier instante recordar esta Visión conscientemente y a voluntad, y otra vez liberar Esta Fuerza en todos los problemas terrenos".

"El estudiante sincero puede llamar al Todo Poder de la "Magna Presencia YO SOY" en cualquier situación y así cargar todas las cosas de Perfección. De aquí que él pueda morar otra vez en la Casa del Padre, en la Gloriosa Libertad que fue originalmente diseñada para él. Esta es la Unica Predestinación que existe. El haber visto su "Poderosa Presencia YO SOY", su propia visión, es una de las facultades más poderosas que tienen para traer la Actividad Invisible a la forma física visible. Los arquitectos del mundo de los negocios hacen esto constantemente. Reciben una idea, que es una actividad invisible y hacen entonces un diseño de ella, siendo muy corto el tiempo para atraer los elementos que hacen que la idea invisible se transforme en una construcción visible y tangible".

"La capacidad individual de usar esta Ley es Absolutamente Ilimitada, pero es solamente cuando el estudiante conscientemente trabaja en controlar su facultad de ver, de tal manera que la cierre a las manifestaciones de condiciones negativas, que él comienza a tener Libertad y a poner su mundo en orden".

"Los pensamientos y sentimientos de la gente promedio, no son sino una masa de imágenes mentales caóticas y sugestiones negativas que han aceptado del mundo y se mantiene repitiéndolas y alimentándolas con su propia energía a través de su atención. El Orden es la Primera Ley Divina, la Armonía y la Paz son las fuerzas Cohesivas del Universo. Estas vienen de una Fuente Unica que es la "Magna Presencia YO SOY" del Universo, el Dios Interno".

"La Sustancia Ilimitada y el Poder Invencible están siempre con ustedes. Deben entender cómo incrementar o disminuir la acción vibratoria de los átomos con el Poder de la "Presencia YO SOY", para producir cualquier cosa que puedan desear. No hay nadie que pueda decir lo que se manifestará en su experiencia y mundo, sino él mismo".

"La Sustancia Ilimitada y Omnipresente está siempre con ustedes esperando para actuar. Ustedes, el Individuo, son el canal a través del cual la "Magna Presencia YO SOY" desea expander su Perfección. Irradia sin cesar la Luz Ilimitada o Energía de Vida, pero ustedes son los que gobiernan este uso, los que dirigen su destino y los resultados serán recibidos por ustedes mismos".

"Puede producir, y producirá, cualquier cosa que deseen instantáneamente, si mantienen su personalidad armonizada, de tal manera que sus pensamientos, sentimientos y palabras de discordia, no interrumpan Esta Siempre Fluyente Perfección. La vida es Perfección y contiene toda Perfecta Manifestación dentro de Sí Misma. El único deber de la personalidad es ser un receptáculo que contenga y revele la Perfección de la Vida. Hasta que obtenga obediencia de los sentidos externos y mantenga un Sentimiento de Paz en sí mismo, irradiará la Pureza y Perfección de la Vida".

"Es su deber conocer que la Sabiduría de la "Magna Presencia YO SOY" siempre les dirige en el uso de su Poder y Vida. Solamente Ella sabe lo que es Perfecto para ustedes, exceptuando a un Maestro Ascendido. Él, siendo UNO con la Sabiduría de la Mente de Dios, es UNO con su Presencia YO SOY, no importa si actúa a través de ustedes o a través de Él. Por lo tanto, sólo su propia "Presencia YO SOY" o un Maestro Ascendido, saben lo que es correcto para ustedes siempre. Solamente estas Dos Fuentes, que realmente son UNA, pueden ver completamente su trayectoria y conocer todas las fuerzas que actúan en sus problemas y la causa de sus experiencias pasadas, presentes y futuras".

"La carencia de discernimiento y distinción de la Verdad, de lo falso, es la que causa que la raza humana se equivoque en el mundo externo. EL INDIVIDUO QUE SE DECIDE A LOGRAR PERFECCION, DEBE EN-

TRENAR LA ACTIVIDAD EXTERNA DE SU MENTE PARA ESCUCHAR SOLO LA VOZ DE SU "MAGNA PRESENCIA YO SOY". DEBE ACEPTAR SOLO SU SABIDURIA Y OBEDECER SOLO SU DIRECCION. DEBE OIR LA LUZ, VER LA LUZ, SENTIR LA LUZ, Y SER LA LUZ DE LA INFINITA "PRESENCIA YO SOY".

"Aunque hay una diferente Individualización o Llama de Dios, gobernando cada cuerpo humano, estas Individuaciones son, tienen y usan, la única mente, Sustancia, Sabiduría y Poder Universales. Así es como no hay sino Una Sola Mente, Un Solo Dios, Una Sola Sustancia y Un Solo Poder, siempre esperando para actuar conscientemente y ser dirigido por la "Magna Presencia YO SOY" a través de la mente consciente y actividad exterior del Individuo".

"Si el sentimiento y pensamiento de la personalidad se mantienen Armoniosos, entonces la "Magna Presencia YO SOY" expande Su Perfección a través de la actividad exterior del Individuo. Si son discordantes, la personalidad llega a ser como una máquina de vapor sin control que se destruye a sí misma. Esto último es la condición que la mayoría de la humanidad manifiesta actualmente. Cada uno está usando constantemente esta Maravillosa e Ilimitada Energía, la mayor Fuerza del Universo".

"La responsabilidad por este uso recae enteramente sobre el Individuo, porque él es un Creador. Si Esta Formidable Energía fuera usada con el Entendimiento Consciente del Amor, Sabiduría y Poder de la "Magna Presencia YO SOY", el individuo manifestaría únicamente Libertad, Perfección y Maestría".

"Todos sabemos que hay miles que desean esta Instrucción. Esto es verdad, pero ningún Individuo en el cielo o en la tierra puede fallar en lograrlo si el deseo por la Luz es lo bastante ferviente, determinante y fuerte como para mantener la atención del intelecto en esta Luz. Esta debe ser la Idea Cumbre de la Vida, a la cual se canalice toda la energía. A quien tenga esta gran determinación se le abrirán caminos ni siquiera soñados, para lograr todo lo que desea. Si los seres humanos buscan la Luz con un ojo y el placer de los sentidos con el otro, no recibirán mucha Luz".

“Los Grandes Maestros Ascendidos han llegado a ser Perfectos y Todopoderosos, manteniéndose y pensando en la Perfección y obedeciendo a La Unica Ley de la Vida, el Amor. Ellos son –Aquello- que han meditado. Ahora la raza humana es –Aquello- en lo cual ha meditado o centrado su atención en el pasado. Los seres humanos no vivirían más allí de los doce años si no fuera por la Continua Ayuda de Estos Grandes Luminosos Seres de Trascendente Logro y Amor. Ellos dan a los habitantes de la tierra el mismo Maravilloso Cuidado que los padres no egoístas y amorosos dan a sus hijos, y su Ayuda a todos los Individuos que tengan un sincero deseo de vivir constructivamente. Para estas personas se abre siempre la oportunidad de poder armonizarse y contactar con la “Magna Presencia YO SOY” dentro de ellas mismas, anclarse en la Perfección y de esta manera llegar al Estado Ascendido, también si tienen la determinación suficiente”.

“Los Maestros Ascendidos siempre trabajan en perfecta colaboración con la Ley Cósmica del Amor. Los estudiantes a menudo preguntan: ¿Por qué si Estos Maestros son Todo Sabiduría y Todo Poder, no corrigen la discordia sobre la Tierra y hacen que el sufrimiento de la humanidad cese? Ellos ayudan al Individuo que desea servir a la Luz, a armonizar su pensamiento y sentimiento y llegar a que el cuerpo obedezca a la “Magna Presencia YO SOY”; Ellos lo protegen miles de veces, de corrientes destructivas de fuerzas y actividades de las cuales no tiene conocimiento, pero no pueden llevar a cabo su Plan de Vida por él”.

“Cada Individuo conoce algo sólo cuando logra la conciencia de ello por la aplicación de su propia energía, para sentirla. Un Maestro Ascendido, nunca, nunca, interviene en la Eterna, Sagrada Prerrogativa del Libre Albedrío del Individuo. Siempre que una fuerza destructiva de cualquier clase acumula presión, ya sea por causa de un Individuo, un grupo de Individuos, nación, o de la Naturaleza, la Gran Ley Cósmica permite aplicar esta fuerza para disipar el foco, balancear la presión y liberar esta energía mal calificada para que retorne a la Reserva Universal. Ahí se purifica por la Gran Llama de la Vida y puede usarse de nuevo”.

“La personalidad, si es obediente, puede, por el Comando Consciente de la “Presencia YO SOY”, liberar la Llama Consumidora del Amor Divino y voluntariamente purificar sus creaciones erróneas. De esta manera el Individuo evita la necesidad de que se logre la purificación y el balance de energía, por la Acción de la Ley Cósmica”.

“La buena voluntad de enderezar lo equivocado, de corregir un error, de balancear y purificar una creación errónea, abrirá siempre el camino para que un Maestro Ascendido dé asistencia y traiga el logro permanente. Esta buena voluntad puede venir en un grupo, una nación o en la humanidad entera, de la misma manera que en un Individuo; para el Infinito sólo actúa y controla el Universo a través de Su Propia Individualización, a través del Ser que dice: “YO SOY”. La creación nunca hubiera tenido lugar si el Infinito no hubiese reconocido Su Propio Ser a través del YO SOY Individual”.

“Cuando el Individuo se decide a expresar la Perfección de la Vida, debe ser lo suficientemente leal a su propia “Presencia YO SOY” como para permanecer firme en su Decreto frente a toda experiencia externa. Puede entonces dar el “GRAN COMANDO” y la vida le redituará la Abundancia de toda cosa buena, tanto como la “Magna Presencia YO SOY” sea reconocida como la que Posee y Hace todo lo que es bueno”.

“Si alguien rehusa aceptar su “Presencia YO SOY”, rehusa todo lo Bueno y la Fuente de que procede. Como la Vida es la Gran Llama de Dios, de la cual todo procede, por su actitud de pensamiento y sentimiento, rehusa la Vida. Por tanto, la desintegración es una experiencia autoescogida que el Individuo permite cuando la actividad externa de su inconsciencia se impone sobre su Corriente de Vida”.

“Si pensamientos y sentimientos de ira, odio, egoísmo, crítica, condenación y duda de la “Presencia YO SOY” se permite que permanezcan en la conciencia de cualquier ser humano, la Puerta a la Perfección se cerrará y su existencia se convertirá en un proceso de dormir y comer hasta que la energía absorbida por la conciencia externa se consuma a sí misma y el cuerpo muera”.

"Entonces el Individuo hace otro esfuerzo para expresar la Plenitud de Perfección a través de otro cuerpo y continúa ese esfuerzo por eones de tiempo, si es necesario, hasta que la Perfección es plenamente expresada. Para evitar esta continua y limitante reencarnación, es urgente que el Individuo posea Entendimiento Consciente del Propósito de la Vida, porque el Conocimiento de cómo liberar Amor, Sabiduría y Energía le facilitará realizar Este Propósito Perfectamente".

"Yo puedo ayudarlos a lograr esto, porque con el uso de la Llama Consumidora de Amor Divino para la purificación y bendición de la humanidad, pueden siempre liberarse".

"Estoy encantado con el progreso de Bob. Hace mucho tiempo que no encontraba a alguien con tal determinación y cuyo deseo de aprender sea tan intenso. Su avance es realmente maravilloso".

"Tengo boletos para la ópera "Parsifal" esta noche" continuó, cambiando el tema repentinamente. "¿Querrían ser mis invitados?" Esa noche, bajo su Magnífica Presencia, "Parsifal" fue algo más que una ópera. Fue la lucha del ser humano a través de la encarnación. La enseñanza que nos proporcionó, así como el drama del alma y la Victoria de la "Presencia YO SOY" expuesta en música y alegoría, fue una de las experiencias más maravillosas que jamás haya yo tenido. Como la función empezaba, dijo: "Observen lo que se puede hacer por aquellos que son sinceros y leales a los altos ideales a través de su arte". Los dos que actuaban la parte de Parsifal y Kundry fueron los afortunados escogidos para Esta Notable Bendición. Habían estado cantando durante corto tiempo, cuando Saint Germain derramó una Gran Corriente de Energía Espiritual e instantáneamente pudimos notar el cambio en sus voces. Aumentó notablemente su calidad, su timbre se volvió más poderoso y los cantantes mismos estaban visiblemente encantados y maravillados. Pudimos sentir la Carga de Energía Electrónica penetrar todo. La audiencia sintió también el cambio y estremecida de placer y entusiasmo los aclamó una y otra vez para mostrarles su aprecio.

"¿Cuál será el resultado cuando noten que sus voces no son las mismas la próxima vez?" pregunté a la primera oportunidad. "Este aumento de Energía y Perfección será permanente", respondió. "Su progreso de vidas anteriores, permite que les sea dado en el presente. Si ellos no hubieran hecho un esfuerzo previo, no hubiera sido posible que fueran empleados para dar a ustedes Esta Enseñanza. Los Amados Hermanos pensarán que la Divina Providencia ha venido en su auxilio, lo cual es literalmente cierto, sólo que en este caso sucedió que Yo fui el Director de la Providencia".

Esa noche, escena tras escena, Saint Germain nos mostró el verdadero significado de lo que estaba siendo representado, de manera que nunca pudiéramos olvidarlo. Al acercarse el final, yo fui elevado a una Formidable Altura Espiritual y la elevación fue tan grande que duró por horas. Regresamos a nuestro hotel saturados de inefable alegría y gratitud.

Las siguientes dos semanas pasaron rápidamente mientras continuaba nuestra enseñanza. Entonces una mañana, nuestro Amado Maestro anunció que nos dejaría por un tiempo y que retendría su suite para el uso de Nada, Perla, Rex y Bob durante las fiestas. Dándonos un amoroso adiós, desapareció.

A la mañana siguiente Gaylord vino a mí con una carta que encontró sobre la mesa de su cuarto, suplicándole que fuera a cierta dirección en Nueva York, sin demora. Parecía preocupado por esto, sentía que algo no era del todo como debía de ser.

"No entiendo cómo la carta llegó a mi mesa sin pasar por el correo", explicó. "He preguntado y nadie parece saber quién la puso ahí". Mientras él continuaba reflexionando sobre esto, aumentaba dentro de mí una sensación de intranquilidad. Se lo dije francamente pero él sólo comentó: "Debo ir y enterarme qué significa, debo salir en el próximo tren". Yo quería acompañarlo, pero me explicó que no era necesario, así que decidí seguir mi propia Dirección Interior. Tan pronto como él se fue, Rayborn y yo lo discutimos y decidí seguirlo.

"Me iré sin demora en avión" dije. "Él va a estar en gran peligro, de eso estoy seguro, y el por qué no lo sintió él mismo, no lo sé. De todos modos yo vigilaré los acontecimientos y podré llamarte por teléfono". Afortunadamente había observado la dirección de la carta de Gaylord y apresuradamente me dirigí al aeropuerto en donde inmediatamente abordé un avión, llegando a Nueva York antes que él. Fui a la dirección que recordaba, observé el lugar detenidamente, pero no vi ninguna cosa extraordinaria. Al poco rato vi a Gaylord salir de un taxi y entrar al edificio. El lugar era un hotel de categoría y cuando él preguntó por el número, oí al hombre en el escritorio decir: "Están en el décimo piso".

Lo seguí y me cuidé bien de quedar fuera de su vista. La puerta del apartamento se abrió y una hermosa mujer le permitió entrar. Esperé por largo tiempo, pero él no salía. Finalmente, cuando ya me dirigía hacía la puerta, ésta se abrió y dos hombres altos y bien parecidos salieron junto con la hermosa mujer y Gaylord. Bajaron al lobby, lo atravesaron rápidamente y entraron en un auto que los esperaba. Vi a Gaylord muy pálido, pero reposado y tranquilo.

Se alejaron rápidamente. Salté dentro de un taxi y los seguí dándole al Conductor indicaciones de no perderlos de vista. Su coche llegó a un muelle del cual un transatlántico iba a zarpar. Ellos lo abordaron de inmediato. Yo hice averiguaciones y supe que el barco saldría a las diez en punto para Cherburgo.

Yo sabía para entonces que Gaylord había sido forzado a acompañarlos, así que fui directamente a la oficina de transportes, y después de considerables argumentos y propinas finalmente conseguí pasaje. Telegrafié a Rayborn de mi viaje y le envié una carta explicándole. Me surtí de un maletín con ropa y abordé el buque a las nueve y treinta.

Pedí a la "Mágica Presencia YO SOY" para que mi camarote quedara cerca del de Gaylord. Desconociendo el nombre bajo el cual viajaban estas personas, conseguí una lista de pasajeros y llamé a la "Presencia YO SOY" para que me mostrara en cuáles camarotes se encontraban. Mi atención se vio enfocada sobre cuatro nombres y la Luz Interna confirmó mi sensación. Examiné sus ubicaciones y descubrí que uno de ellos estaba al lado mío. Me ocupé de vigilar y escuchar y fui compensado la segunda mañana alrededor de las cuatro al oír voces y entre ella la de Gaylord en tono bajo, apenas perceptibles. Puse mi oído cerca de la pared y usando toda la Fuerza del YO SOY de modo que no me perdiera nada y darle ayuda si la necesitara.

Había, por lo visto, alguna discusión, ejerciendo una decidida presión para persuadirlo de diferentes maneras, por último, oí su voz hablando en tono alto que indicaba estaba dándoles un ultimátum que no les favorecía. Finalmente habló de modo que cualquiera que pasara por allí pudiera oírlo. "No" estaba diciendo, "yo no intercederé por sus cómplices, aunque me maten".

"Lo veremos" replicó una voz masculina, "cuando te dejemos en las manos de nuestros cómplices en París".

Con esas pocas palabras se puso de manifiesto bastante, demostrando con ello que estaban tratando de forzar la liberación de los otros quienes habían sido justamente detenidos en Washington. Le envié un mensaje a Rayborn para que callara y esperara, pues ya me había enterado de los pormenores necesarios.

Entonces, en la quietud de mi cuarto envié un mensaje a Saint Germain y a la Hermandad para que alguno de ellos me ayudara cuando desembarcáramos en Cherburgo. No tuve conciencia de alguna respuesta pero sentí descanso y paz después del esfuerzo y me quedé en calma en aquella sensación de éxito. Eran entonces las cinco en punto de la mañana y me acosté a descansar por unas horas ya que iba a necesitar estar alerta y con todas las energías posibles.

Mientras dormí, soñé, o lo pensé en ese momento, que contacté al Maestro del cual Gaylord nos había contado muchas cosas maravillosas, Él quien había sido enviado por la Hermandad para llevarlo en su primer viaje a los Himalayas, me dijo claramente: "La Paz sea contigo hermano; me reuní contigo cuando el barco salió a Cherburgo. Todo está listo y el control de esta situación está en las manos de "Aquellos que nunca fallan". Lo vi tan claramente en la experiencia que me sentí seguro de que lo reconocería en cualquier lugar. Toda la experiencia fue demasiado real y tangible para ser un sueño; y supe que debí haber ido a Él en mi Cuerpo Mental Superior, mientras el otro cuerpo dormía. Me desperté más tarde maravillosamente refrescado.

Todo ese día permanecí cerca vigilando sus camarotes, pero no pude apercibirme de nada. Me levanté a las cuatro la mañana siguiente y a las cinco fui recompensado cuando vi a los dos hombres salir. Los vi muy claramente, así que estuve seguro de reconocerlos otra vez en cualquier parte. Caminaron por la cubierta durante un rato y regresaron. La mujer dejó el camarote y le tocó el turno de hacer ejercicio al aire libre.

Tenía la esperanza de que salieran todos juntos al mismo tiempo, pero fueron muy astutos y mantuvieron a Gaylord vigilado muy de cerca. El cuarto día fue tormentoso y no vi a ninguno. Esa noche, permanecí completamente alerta cada momento, esperando alguna clase de revelación. Finalmente a la medianoche trataron de convencer nuevamente a Gaylord, pero él se mantuvo firme. Le dijeron a dónde lo iban a llevar y yo anoté la dirección cuidadosamente. Era extraño que ellos no sospecharan que alguien pudiera seguirlos, exceptuando que se mantuvieron encerrados en sus cabinas durante todo el viaje.

La quinta mañana, la mujer salió a caminar sobre cubierta durante corto tiempo y durante ese intervalo oí a los hombres discutir sobre ella. Evidentemente era americana y socialmente prominente en París. Por lo que pude entender por su conversación, ella estaba bajo la sugestión de ellos y a través de ella era que estaban evitando cualquier sospecha que pudieran despertar. Me di cuenta de que no había manera de acercarme a Gaylord sin que peligrara todo el asunto, así que lo confié a mi Sentido Interno poniendo mi confianza en que la Hermandad y Saint Germain me guiarían en adelante.

Yo pensé que el baile de máscaras, durante nuestra última noche a bordo podría atraerlos a departir con el resto de los pasajeros, pero nada los indujo a salir de su encierro. La última noche fue un brillante evento social.

La siguiente mañana, me levanté a las cuatro pero nadie dejó el camarote hasta que llegamos a lo largo del muelle. Tan luego como el buque atracó, salieron todos juntos. No me atreví a permitir que Gaylord me viera, no fuéramos a traicionarnos a nosotros mismos, pero yo sentí que la ayuda estaba a la mano y los seguí tan cerca como pude. Ellos se alejaron rápidamente del muelle y mi Corazón empezó a abatirse, cuando una mano tocó mi hombro. Al mirar hacia arriba, el Maestro de mi sueño estaba parado delante de mí.

"Ven rápido", dijo "te explicaré qué haremos". Seguimos a los otros rápidamente, manteniéndolos siempre a la vista, hasta que entraron en un auto. En ese momento un coche salió al lado nuestro y el Maestro me indicó que entrara. Guiamos adelante rápidamente, manteniendo al otro coche claramente a la vista.

"Soy el amigo de Gaylord, de quien él te ha hablado", continuó. "Recibí tu mensaje y también uno de él poco después". Se presentó a sí mismo, y me suplicó que nunca revelara Su Nombre.

"Hijo, tú eres un Verdadero Hermano de la Gran Hermandad Blanca y por esta experiencia llegarán bienes con los cuales ni sueñas ahora". No había muchos coches en el camino, así que era fácil mantener el de ellos a la vista, sin atraer su atención. Conducían a una velocidad normal y pronto llegamos a las orillas de París.

Unos momentos más tarde, un coche grande llegó al lado nuestro. El Maestro abrió la puerta del nuestro tan pronto como los dos paramos y un hombre salió de aquél para subirse al nuestro, mientras el suyo daba vuelta en la siguiente esquina y desaparecía. Tan luego como se sentó, el Maestro explicó: "Este es otro Hermano de la Luz quien estará en guardia cuando Gaylord llegue a su destino".

Al fin el coche que seguíamos llegó a una gran villa con hermosos campos alrededor, pero el edificio estaba cayéndose en ruinas. Como vimos que se detenía enfrente de ese lugar, nosotros paramos en un sitio apartado. Ellos entraron en el edificio y su auto se alejó rápidamente. El "Hermano de la Luz" salió de nuestro auto para vigilar.

"Vigila cada movimiento" le dijo el Maestro. "Tú sabes cómo y dónde buscarme. Llevaré a Este Hermano a donde pueda tener Paz y descanso. Lo necesita mucho. Te doy mi Bendición y que el Poder de la "Mágica Presencia te envuelva en su Rayo". Entonces, hablando a nuestro Conductor en un idioma que no entendí, nos alejamos a una velocidad que no creí que fuera permitida en alguna ciudad.

"Esos dos hombres que están custodiando a Gaylord", explicó el Maestro, "están esperando ahí por cinco de sus cómplices, dos de los cuales vienen desde Rusia. Este grupo telegrafió desde Nueva York que llegarían hoy y los de Rusia estarán aquí pasado mañana".

Nuestro coche pronto llegó a una hermosa villa y tan pronto salimos de él, la más deliciosa fragancia de rosas llenó el aire. Entramos a la casa y fuimos recibidos por una hermosa jovencita, la hermana del Maestro que me había llevado. Como yo pensaba sobre lo joven que se veía, Él sonrió.

"Mi hermana es mucho mayor de lo que se ve", dijo. "Mi buen Hermano, mi Hermana y Yo hemos vivido más allá de los trescientos años. Nuestros Conocimientos nos han permitido utilizar Ciertas Leyes, dirigiendo y manteniendo ciertas corrientes de energía en el cuerpo, borrándole todos los signos de la edad y permaneciendo eternamente jóvenes y bellos. Yo he tenido este cuerpo por trescientos diez años y Mi Hermana por trescientos. Tú ves que desde el punto de vista humano, deberíamos haber pasado por el cambio llamado muerte, hace mucho, pero ese segador no nos atemoriza. Nunca nos volverá a tocar".

"Nosotros hemos tenido el Beneficio del Acelerador Atómico en la Caverna de los Símbolos en tu amada América. ¿Te asombra que hayamos estado ahí? ¿Por qué? Te vimos con tus amigos en ese Retiro Maravilloso bastante recientemente. La Alegría y Maravilloso Amor que sus Corazones emitían fue una de las más hermosas y esperanzadoras experiencias que hemos tenido en muchos años. En el futuro cercano estaremos ahí otra vez, para terminar la elevación de estos cuerpos al Perfecto Estado de los Maestros Ascendidos. Entonces podremos ir y venir libremente como ellos hacen y trabajar sobre toda limitación".

"Por supuesto comprenderás que después de haber recibido los Beneficios del Maravilloso Acelerador, es indispensable que el estudiante mantenga siempre un estado constante de Armonía Consciente, no importa cuáles puedan ser las circunstancias dentro o sobre él. Una vez que esta Ayuda ha sido dada a la conciencia externa, debe mantener Esta Energía fluyendo a través del cuerpo desde la "Magna Presencia YO SOY". Para algunos estudiantes esto es toda una lucha, pero será corta, si uno tiene real determinación de tener a la Gran Luz. ¡Ven! estamos olvidando la alegría de la hospitalidad. Te conduciré a tu habitación y tan pronto como hayas descansado, cenaremos".

Me llevó a un elegante cuarto con baño y no pude menos que advertir cómo estos Grandes Seres, quienes son los Portadores de la Luz, siempre están rodeados de Belleza, Armonía y Perfección en cualquier parte de su especial actividad. Hice esta observación una vez a Saint Germain y Él respondió: "Cuando la Vida es vivida como fue pensada, todo es Paz, Armonía, Belleza, Opulencia y Felicidad. Al dominar el deseo de sentir o expresar desarmonía, cerramos la puerta a la desarmonía. En consecuencia, no puede actuar sobre el individuo mismo ni en el medio que lo rodea. Es una alegría saber que la humanidad tiene la Fuerza para hacer Esto y de este modo recibir las incontables Bendiciones de la Vida".

Cenamos, y el Maestro me apresuró para que fuera a mi habitación a dormir, hasta que fuera llamado. Lo obedecí y fui despertado a las siete en punto de la siguiente mañana por dulces repiqueteos sonando a través de mi cuarto. Estremecieron mi cuerpo como si una carga de Energía Electrónica viniera a través del sonido. Me vestí rápidamente y me reuní con el Maestro y Su Hermana en el recibidor. Me sentía tan bien que me parecía que no existía la fatiga. Mucho había ocurrido durante mi descanso. Había sido recibido el mensaje de que los instrumentos de las fuerzas siniestras habían llegado para reunirse con sus cómplices el siguiente día.

"Todo debe estar listo para actuar rápidamente", explicó el Maestro, "Los Hermanos de la Luz", quienes son miembros del Servicio Secreto Francés, han sido instruidos, están perfectamente preparados, y no habrá publicidad sobre la captura de este grupo".

Pueden imaginar mi alegría, cuando dos días después al entrar al recibidor, Saint Germain me saludó tan serena y afablemente como Él acostumbra. Un momento más tarde, cuando el Maestro y su Hermana entraron, una Luz Deslumbrante brilló a través del cuarto.

"Ven" dijo Saint Germain, "todo está listo. Vámonos". Nos aproximábamos a la cita y no había ni movimiento ni ruido. Saint Germain se acercó a la puerta, extendió Su Mano, la cerradura se descorrió y la puerta se abrió sin ruido. Nos guió como si todos los detalles le fueran familiares. Se aproximó a unas enormes puertas dobles, y otra vez extendió Su Mano; se abrieron de par en par, tan grande fue la fuerza que había enviado. Frente a nosotros estaban los siete instrumentos, Gaylord y la mujer.

Cuando entramos, los siete desenfundaron armas y por una fracción de segundo, la batalla fue de fuerzas mentales. De pronto, un Círculo de Llama Azul los rodeó, las manos cayeron a sus costados y los Hermanos del Servicio Secreto entraron. En menos de un minuto los instrumentos estaban esposados, en autos cerrados y en camino a un lugar controlado, donde ningún otro prisionero pudiera tener contacto con ellos. Gaylord estaba sorprendido y gozoso de la velocidad y quietud con que había sido liberado y ellos capturados. Habían tratado de forzarlo a usar cierta autoridad legal para liberar a sus cómplices en América.

"Amados Hermanos", dijo "nunca podré agradecerles lo suficiente por salvar este cuerpo para servicios posteriores. Estaban actuando en serio, se los aseguro, y me habrían destruido por rehusarme a ayudarles. Sin embargo, de su conversación sin cautela aprendí mucho que será de valor para nosotros en el futuro". Nos abrazó a cada uno con gran ternura, Amor y Gratitud. "La mujer fue vigilada por nosotros" explicó Saint Germain. "No es necesario castigar a esta hija, ella ha sido una víctima inocente de su ruin traición".

"Mi querida hermana" dijo "no queremos hacerte daño. No has sido sino un juguete de esta fuerza siniestra. Tendrás Completa Liberación de su influencia y control para siempre".

Instantáneamente una Llama Azul en espiral la circundó de la cabeza a los pies. Su cuerpo se inclinó como si se fuera a caer al piso, pero no sucedió porque fue sostenida en el Abrazo de su Maravilloso Poder. Permaneció así diez minutos completos y entonces la Llama lentamente se extinguió. Su cuerpo tembló violentamente un momento, sus ojos se abrieron con expresión interrogante, suplicante. "¡Oh! ¿Dónde estoy?" preguntó. "Estás con amigos", dijo Saint Germain, mientras tomaba su mano entre Las Suyas.

"Estás para siempre liberada de una condición peor que la muerte. Ven, te llevaremos a tu casa".

"No, no", respondió frenéticamente, "no podré volver jamás a casa, después de todo lo que he hecho, y de todo lo que ha pasado. No puedo, no puedo". "Sí, sí puedes" contestó Saint Germain con la Convicción y Poder de la Verdad, que cambió toda la resistencia a instantánea obediencia.

"Encontrarás todo cambiado, tu buen esposo comprenderá y te dará la bienvenida al hogar. Tu hija, una inválida que ha sufrido tanto se recuperará y tu hogar será un sitio feliz, maravilloso otra vez".

Salimos, entramos al coche del amigo de Gaylord y fuimos a una hermosa residencia, en la mejor sección residencial de París. Entramos y fuimos recibidos por un hombre alto y delgado y supe instantáneamente que era Americano. Había sido atractivo en sus primeros años, pero ahora su cara mostraba profundas líneas de preocupación y pesar. Con lágrimas rodando por su rostro, extendió sus brazos hacia su esposa. Ella se arrojó en ellos sollozando como si su corazón fuera a romperse. Saint Germain esperó un momento y cuando se calmó, nos presentó a él.

"Amados amigos", dijo Él, "vayamos a ver a su encantadora hija porque tenemos trabajo adicional que hacer".

Entramos a un bello cuarto donde una jovencita, alguna vez hermosa, yacía sobre la cama, tan deformada, que difícilmente parecía humana.

Saint Germain se puso de pie al lado de la cama y tomó su mano izquierda con la Suya y colocó el pulgar de su Mano Derecha en su frente en medio de los ojos. Permaneció en esta posición cerca de cinco minutos. Mientras, el resto de nosotros miraba con expectación. De pronto la joven dio un grito desgarrador, su cuerpo completo se estiró en la cama y quedó como muerta.

"No tengan temor", dijo, "estará consciente en unos momentos. Entonces le daré fuerza para ponerse de pie y caminar". En ese momento abrió los ojos con una dulce sonrisa de Amor y Gratitud y la Luz de su "Presencia YO SOY" fluyendo en Bendiciones para Saint Germain. Extendió su Mano, ayudándola a levantarse y mantenerse en sus propios pies, mientras recibía el amoroso abrazo de su padre y de su madre. Saint Germain levantó a la jovencita y la llevó a un suave sofá de la sala. Dio instrucciones para su cuidado y dijo que estaría con ellos al día siguiente.

Regresamos al hogar de nuestro maravilloso amigo y se le dio una explicación completa a Gaylord de todo lo que había pasado desde que dejó Washington. Su gratitud hacia mi fue muy grande y comentó su propia sensación y reacción durante el viaje en el barco. "La única sensación que tuve durante toda la experiencia" explicó, "fue la de una confianza absoluta en mi "Magna Presencia YO SOY" y en la Gran Hermandad Blanca".

"Mis Amados Estudiantes y Hermanos" dijo Saint Germain, "¿ven ustedes cómo infaliblemente la Gran Ley de Dios actúa? En este caso, la fuerza siniestra trató de obligar a un Miembro de la Fraternidad Blanca para que le sirviera, y por lo tanto, a la obscuridad. Como ven, Nuestro Buen Hermano se convirtió en el señuelo y su "Luz" el canal por el cual siete de sus destructivas garras fueron cortadas para cualquier actuación posterior y un gran gozo y felicidad fue devuelto a una maravillosa y bendita familia".

"Tengo noticias que los sorprenderán todavía más, El hombre al cual sus adorables esposa e hija fueron devueltas hoy, es Arturo Livingston, el tío de nuestro amado Hermano Bob Singleton. Este hombre es el ingeniero de minas más inspirado que conozco. Quiero decir con esto que es bien dirigido por la "Magna Presencia YO SOY" en su trabajo de minería".

"Quiero que los tres regresen a América con ustedes y verán que serán estudiantes diligentes. Mañana arreglaré un pasaje de regreso para ustedes, pero durante la próxima semana permanecerán en París hasta que el barco parta".

Durante ese tiempo fuimos los invitados del maravilloso Amigo de Gaylord y su Hermana. Al día siguiente acompañamos a Saint Germain a casa de los Livingston. Cuando entramos, la transformación había sido mayor de lo que la mente humana cree posible.

El Sr. Livingston parecía diez años más joven; la hija lucía de una belleza radiante y feliz, ganando fuerza y el uso normal de su cuerpo, con asombrosa facilidad y rapidez. El Amor de la maravillosa madre había despertado por completo y su devoción a su familia era muy grande. Quería enmendar todos los sufrimientos que habían llegado a ellos a través de ella.

"Este sufrimiento", nos dijo, "que casi arruinó todo para mí y mi familia, fue el resultado de mi deseo de supremacía social en dondequiera que he vivido. Como veo ahora esta experiencia me doy cuenta que mi deseo de influencia social fue insaciable; absorbió completamente todo mi tiempo y atención. Casi nos hizo un daño irreparable. Les prometo que nunca olvidaré esta lección. Trataré de remediar todo con una mayor devoción para mi familia y al Eterno Servicio a la Luz".

"Quiero que ustedes tres", dijo Saint Germain, dirigiéndose a los Livingston, "se embarquen hacia América con estos amigos, donde quiero que establezcan su hogar permanente. Esto les ayudará a olvidar las experiencias que les han causado tanto sufrimiento aquí". Su gozo fue indescriptible y su gratitud para El perenne.

Una semana más tarde, cuando dijimos adiós a Saint Germain, al amigo de Gaylord y su Hermana, no encontramos palabras para expresar lo que había en nuestros Corazones, el Amor es lo único que expresa la gratitud que se siente en tales circunstancias.

Abordamos el vapor a las cuatro en punto y gozamos de cada momento mientras cruzamos el Atlántico. Gaylord me pidió varias veces que le contara con todo lujo de detalles todas las experiencias por las cuales había pasado y después de cada relato, su comentario era: "¡Qué maravilloso! ¡Qué fantástico!"

A nuestra llegada a Nueva York, Rayborn nos encontró en el muelle y nunca vi hombre más feliz. Cuando se lo presenté a Arturo Livingston, como el tío de Bob, estaba verdaderamente encantado. Fuimos directamente a Washington D.C. donde los Livingston establecerían su nuevo hogar.

Es así que la Gran Hermandad Blanca continúa bendiciendo a la humanidad de esta Maravillosa, Silenciosa Manera, y a través de su Invencible Poder e Inteligencia siempre está cumpliendo la Ley del Eterno, "La Luz de Dios que nunca falla".

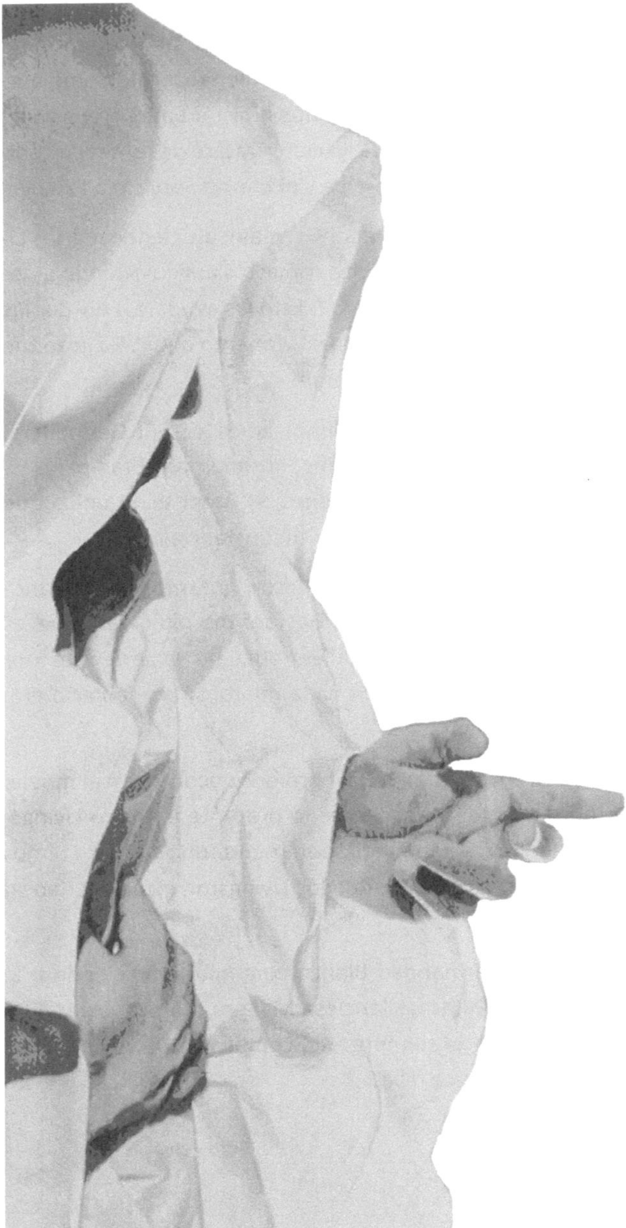

CAPITULO VIII

El Poder Conquistador

Nuestro regreso con los Livingston a Washington D.C., fue seguido de muchas semanas de estudio ameno, mientras recibíamos la Gran Sabiduría de nuestro Amado Saint Germain. Estuvimos muy ocupados durante este tiempo y los días volaron velozmente, porque en nuestra contemplación de la "Luz" y de los "Maestros Ascendidos", trascendimos todo sentido del tiempo. Después de todo, sólo cuando los eventos humanos absorben nuestra atención sobre ellos, estamos conscientes del tiempo. Habíamos llegado a Washington el dos de octubre y la estación Navideña estaba ahora aproximándose.

"Por alguna razón" Rayborn me dijo una mañana, "Saint Germain quiere que los muchachos vengan aquí más pronto de lo originalmente planeado. Telegrafiemos para que estén aquí para el veintiuno de diciembre. Él dijo que hizo arreglos para que fueran disculpados por salir unos días antes. No dijo por qué los quería, así que no pensé en preguntar".

Enviamos el telegrama y la tarde del veintiuno llegaron. El tren de Bob llegó media hora antes. Todos fuimos al hotel donde Nada y Perla ocupaban la suite que Saint Germain había reservado. Durante la tarde, Saint Germain, con un destello en Sus Ojos, nos pidió a los cuatro cantáramos cierto grupo de canciones.

"Pedí estas canciones y las he estado practicando por tres semanas" anunció Bob. "Igual nosotros" dijeron a coro los otros tres. "¿Por qué tendríamos que haber escogido las mismas canciones?

"Esto está muy bien" dijo Saint Germain, sonriendo con inteligencia, y entonces Reveló Su Sorpresa.

"Hemos estado planeando asistir a un concierto en la Navidad" comenzó. "Dos de los solistas estarán indispuestos. "Conozco al hombre encargado del evento y en el momento oportuno, ofreceré proporcionar los artistas para substituirlos". Bob lo miró con positivo temor.

"Nunca en mi vida he aparecido en público" dijo "estaré muerto de miedo".

"¿Bob, no tienes confianza en Mi?" dijo Saint Germain, al acercarse a Bob y poner Sus Manos en sus hombros.

"Por supuesto, tengo toda la confianza del mundo", contestó y sus ojos se llenaron de lágrimas.

"Entonces déjenmelo a MÍ" dijo Saint Germain. "Todo el Temor se habrá ido cuando despierten en la mañana. Queden en Paz".

A la mañana siguiente, a las diez en punto, se recibió una llamada telefónica de Su amigo a cargo del concierto, quien estaba en gran zozobra porque los dos solistas se habían enfermado y no podrían presentarse.

"Esté en paz, creo que puedo ayudarlo", dijo Saint Germain. "Puedo enviarle un cuarteto, dos de los cuales son espléndidos solistas".

El administrador supo que Él había entendido lo que se necesitaba, pero no sabía que Él era un Maestro Ascendido. Sin embargo, aceptó la Ayuda ofrecida sin preguntar. Hizo el anuncio de que un cuarteto aparecería en el lugar de los solistas.

El día de Navidad llegó y el gran auditorio se llenó a toda su capacidad. Cuando el telón se levantó hubo exclamaciones de aprobación aquí y allá entre el auditorio, al mostrárseles un escenario espléndido, como de cuento de hadas. Saint Germain se mantuvo en contacto con el administrador a intervalos, y todos sintieron un curioso estado de expectación, con la impresión de que algo poco usual iba a tener lugar. La sensación aumentaba al transcurrir el tiempo. Los otros artistas cantaron y entonces vino una especie de rumor. Un segundo telón se levantó revelando un maravilloso escenario con Belén al fondo, y una Brillante Estrella esparciendo su magnífica Radiación sobre toda la escena. Justo en este punto, un aeroplano, en la forma de un gran pájaro blanco, bajó flotando y se posó en tierra en medio del escenario. En ese momento salió el cuarteto a escena vistiendo hermosos vestidos árabes.

Primero cantaron "Noche de Paz" y la audiencia los obligó a repetirla. Después Nada cantó un solo: "Luz de Vida vemos en Él". El entusiasmo de la audiencia continuó en aumento y así lo demostraron los aplausos que le prodigaron. El cuarteto cantó el siguiente número: "Maestro Jesús Te Seguimos". El cuarto número fue un solo de Rex "En la Luz Permanezco Seguro". Ondearon los pañuelos y algunas personas pidieron que la repitiera. El Cuarteto cantó otra vez y entonces el administrador se adelantó y anunció una sorpresa para el número de cierre.

"Permítanme presentar a nuestra Artista Invitada de esta noche", dijo, quien cantara "Vengo en las Alas de La Luz". La Prima Donna Nada".

Todos, anhelantes, quedamos sorprendidos cuando la Madre de Nada y Rex apareció vistiendo un traje resplandeciente de joyas. Su propia belleza sobrepasaba la del traje que usaba. Los aplausos y saludos de la audiencia fueron tremendos. Ella levantó su mano pidiendo silencio. La audiencia respondió al instante y Ella comenzó.

Cantó con formidable Poder y Gloria, y según iba siendo liberada su Radiación, inundó la audiencia y la ciudad de Washington de bendiciones. De ahí se extendió como un Manto de Paz y bienestar sobre América y toda la Tierra. Al cierre de Su Canción, la audiencia permaneció en silencio unos segundos y después estalló, mostrando su profundo aprecio y gozo en gratitud y amor hacia Ella. La aclamaron una y otra vez y después de que la hubo cantado por tercera vez, levantó su mano para que se hiciera silencio y les habló:

"Su gozo y gratitud es tan dulce, tan sincero, que cantaré para ustedes algo que me encanta y que expresa Mi Sentimiento por ustedes. Se llama "Te Amo". En Ella, Su Voz adoptó una Belleza y Fuerza que actuaron como Magia. Cantó como sólo un Maestro Ascendido puede cantar y no era milagro el entusiasmo y aprecio de la audiencia que le pedía repetidamente que saliera una y otra vez.

Sin embargo, a una señal de Saint Germain, el telón final se bajó. Nos apresurarnos a salir y la reunión y felicitaciones que siguieron no pueden ser descritos con palabras. Rayborn estaba casi rendido por tan extraordinario gozo, "Vengan rápido" dijo Saint Germain, mientras colocaba un Manto Indigo a la madre de Nada, subimos al auto y nos alejamos rápidamente. Apenas lo logramos, pues ya la gente se dirigía deprisa hacia la entrada del escenario. Llegamos al hotel y fuimos directamente a la suite principal. En pocos momentos llegaron los reporteros al lugar, queriendo saber quién era la cantante. Saint Germain se paró en la puerta y los saludó.

"La Prima Donna Nada" dijo, "es la esposa de un hombre minero del Oeste, Daniel Rayborn, y los dos solistas del cuarteto son su hijo e hija. Es todo" dijo, y los despidió.

"Después de tan leal y espléndido servicio de cada uno de ustedes", explicó, cerrando la puerta detrás de Él, "creo que tienen derecho a esta sorpresa feliz". Felicitó al cuarteto, y sonriendo a Bob, observó: "Ves, tu confianza no fue defraudada". "Saben", añadió Bob, "nunca pensé en el miedo al escenario".

Todos nos reunimos alrededor de la Madre de Nada y Rex y le pedimos que nos contara algo acerca de Su Trabajo y dónde había estado.

"Les contaré brevemente lo que pueda, ya que debo partir a las dos de la tarde, pero vendré mañana en la noche, para visitarles de ocho a doce".

"La Esfera en la que habito, puede llamarse un Estrato; hay varios Estratos envolviendo a la Tierra, sosteniéndola en su Abrazo. El lugar donde estoy recibiendo cierto entrenamiento, es tan real y tangible como la tierra física, pero yo sirvo en el Estrato que está debajo del que hago mis estudios".

"Cuando pensé que estaba pasando a través del cambio llamado muerte, perdí toda sensación de Vida por unos momentos y entonces desperté para encontrarme rodeada de doce Maestros Ascendidos cuya Luz era casi cegadora, en su deslumbrante Radiación. Entre ellos estaba nuestro Amado Saint Germain que me había instruido previamente por varios años. Tan pronto como obtuve la clara conciencia de los Maestros Ascendidos, me mostraron cómo podía ser asistida y cómo podía asistirme a mí misma elevando la estructura atómica de mi cuerpo físico en ese momento, al Cuerpo Electrónico Puro, la Vestidura sin Costuras, que permanece siempre Pura y Perfecta".

"Como el proceso de Elevación fue gradual, tomé cada vez más y más conciencia de la Luz Resplandeciente en todo mi cuerpo Y sentí la más Maravillosa y Radiante Energía surgir en y a través de mí, barriendo todo vestigio de resistencia e imperfección y acelerando mi Conciencia".

"Me hice más y más consciente de mi "Magna Presencia YO SOY", hasta que finalmente estuvo ante mí Visible, Tangible y muy Real. Firme y Poderosamente sentí mi cuerpo físico absorbido y envuelto por mi Glorioso Dios Interno y cuando salí del cementerio, difícilmente podía darme cuenta lo Trascendente que había llegado a ser. Las viejas y limitadas actividades humanas de mi conciencia fueron elevadas a un alerta sentido de Libertad y Uso Ilimitado de Sabiduría y Poder. Se me mostró muy claramente que ahora estaba consciente de Esta Gran Actividad y que debía ponerla en Uso. Entonces vino una sensación todavía mayor de Libertad, Belleza, Gozo y Servicio que debía proporcionar a aquellos que todavía permanecen en estado no ascendido".

"Mi primer deseo fue que debía saber más de Estos Maestros Ascendidos que me habían ayudado tan amorosamente. Instantáneamente, uno después de otro aparecieron ante Mí y sin hablar una sola palabra, enviaron Sus pensamientos y Nombres hacia Mí. Con este maravilloso lenguajepensamiento, vinieron ciertas imágenes en color y la verdadera interpretación de ellas".

"Esta Comunión por el Pensamiento fue tan clara como la que ahora usan los humanos por la palabra hablada, de hecho es mucho más clara, porque no puede haber error cuando el pensamiento contesta al pensamiento".

"Los malos entendidos vienen a través del uso de las palabras, porque después de todo no son sino receptáculos para transmitir el pensamiento y el sentimiento. Cuando los pensamientos y sentimientos no están limitados por palabras, muchas imperfecciones y resistencia desaparecen por completo".

"En un tiempo, durante una anterior Edad Dorada, el género humano todavía tenía el Uso Completo de esta Comunicación Interior por el pensamiento; pero cuando las personalidades se alejaron de la Luz, la sustancia de sus cuerpos se densificó hasta que alcanzó la condición del átomo físico, del cual está compuesto ahora el cuerpo humano".

"Esta sustancia vibra a una frecuencia demasiado lenta para que el pensamiento pase a través de ella, de aquí que las palabras y sonidos que se podían registrar en esta baja frecuencia debieron usarse como medio de comunicación. Aún ahora, el Individuo podría otra vez lograr Este Mismo Perfecto Modo de Comunicación, liberando un Rayo de Dorada Luz Blanca de su propia "Mágica Presencia YO SOY", por dirección consciente, visualizándola pasando a través de la estructura cerebral del Cuerpo Electrónico. Esta Onda de Inmensa Luz incrementaría el nivel vibratorio de los átomos del cuerpo físico al punto en que el pensamiento se registraría y fuera comprendido sin la palabra hablada".

"Las ondas de pensamiento se lanzan sobre la carne del cuerpo por ambos, la conciencia del propio Individuo y por los pensamientos de otros, pero, ¿cuánta gente comprende el hecho lo suficiente como para leer el pensamiento cuyo impacto siente? La telepatía mental es una ligera parte de esta actividad, pero cuántas personas pueden interpretar los pensamientos recibidos y saber de dónde provienen?"

"Pasaron semanas antes de que cesara de maravillarme de Este Maravilloso Triple medio de Comunicación Interna, a través de la vista, del pensamiento y del sentimiento. La Gloriosa Libertad de los Maestros Ascendidos es tan Maravillosa que anhelamos que cada ser humano entienda y goce la misma Gran Felicidad. Esta es la Corona de Gloria

Final de toda actividad humana, el Ideal y Recompensa por la cual toda experiencia humana es buscada y soportada. Si el género humano pudiera tan sólo entender y mirar hacia Este Verdadero Ideal de Vida, las cadenas y limitaciones autocreadas que han atado a la raza por cientos y miles de años, se dejarían atrás, en menos de una centuria".

"Es la Determinación de los Maestros Ascendidos que "La Luz" que es la Antigua Sabiduría, inunde la Tierra y sus habitantes ahora y todo lo que no retenga la Radiación de Esa Luz, debe desaparecer como la neblina ante el Sol Naciente. La "Ley de la Vida" de todo el Universo es la "Ley de la Luz" y ante Esta radiante Gloria e Invencible Poder, toda discordia y caos son consumidos".

"Mis primeras Experiencias, que me parecieron tan Maravillosas, resultaron ser fragmentos, comparadas con lo que ha sido revelado desde Mi Ascensión dentro de esta mucho mayor y más maravillosa Actividad de Vida".

"Por favor conserven claro en su mente este hecho, que en el Estado Ascendido, cada Revelación de mayor expansión de actividad, siempre contiene la atención de la Sabiduría y del Poder para su correcto uso. Esto es un Gozo y una Maravilla que jamás termina para los Hijos e Hijas de "La Luz".

"Después de que más o menos ya me había adaptado a mi Nueva Condición, el Maestro Saint Germain Me llevó al Lugar más apropiado para Mi, en el cual yo asimilé las Nuevas Experiencias por un corto tiempo. Después de esto, me fue dado el beneficio de la Instrucción Ilustrada. Entonces, empecé a entrar dentro de Mi Real Actividad, Mi Verdadero Servicio".

"Uno de los Siempre Crecientes Gozos del Estado Ascendido es el de que, según Estudiamos alguna condición particular, siempre va acompañada por ilustraciones de la Actividad exacta que vamos a usar y jamás puede haber equivocación, ya que el final es visto al principio. Sin embargo, este Notable Medio de Instrucción Ilustrada no ocurre sino bajo un cierto grado de Conciencia, el cual puede conocerse, según se vaya adquiriendo. ES UN SENTIMIENTO Y CONOCIMIENTO DEFINIDO Y POSITIVO".

"Ustedes Amados, no se dan cuenta de cuán afortunados son al tener la Bendición del maravilloso Acelerador Atómico, un maravilloso resultado del Amor y Trabajo de nuestro Bendito Saint Germain. Grande ha sido Su Amor, Su Servicio y la Dádiva de Sí Mismo a la humanidad".

"El Bello y rápido progreso de cada uno de ustedes se debe a su sincera e intensa gratitud. Es el sendero cierto hacia las grandes alturas y el método más fácil para lograr toda cosa buena".

"La Gratitud a la Vida por toda la Vida derramada hacia ustedes es la amplia Puerta Abierta a toda Bendición en el Universo".

"Es porque la humanidad ha olvidado estar agradecida a la "Vida" por todas las Bendiciones sobre esta Tierra que se ha cerrado la puerta a la Paz y se ha atado por las cadenas de su propio egoísmo. La masa del género humano busca poseer y retener las cosas que son una inversión de la Ley de la Vida. La Vida siempre dice al Individuo: "Expande y permíteme verter Mayor y Mayor Perfección a través de ti para siempre".

"La Ley de la Vida" es "Dar", porque solamente por el dar puede expanderse el "Divino Yo". El dar el Amor Intenso de su propia "Magna Presencia YO SOY" hacia la humanidad, a toda Vida, es la Suprema Actividad que podemos usar para atraer lo humano hacia lo Divino. En este Divino Amor está contenido todo lo bueno".

"Se han escrito miles de verdades a medias acerca del Amor Divino, pero solamente cuando el Individuo conoce el Amor Divino, como algo más que un principio abstracto, se da cuenta de que Él puede generarlo a su voluntad y dirigirlo conscientemente para lograr lo que Él decrete. Los Maestros Ascendidos conocen el Amor Divino como una "Presencia", una Inteligencia, un Principio, una Luz, una Fuerza, una

Actividad y una Sustancia. Ahí está el secreto de su Suprema Autoridad y Poder, porque no hay nada que impida el paso del Amor Divino en ningún lugar del Universo. Cuando el Individuo comprende cómo debe atraer la Flama del Amor Divino de dentro de su propia "Magna Presencia YO SOY" por su propio Decreto, él sabe que existe ya sólo un corto tiempo para que su uso constante lo eleve a la Ascensión. Sólo suficiente Amor puede lograr esto para cualquiera, pero debe ser primero proyectado, antes de que pueda liberar las Bendiciones dentro de Su Corazón, hacia el que lo envía".

"El Amor Divino" siendo el Eterno, es la Inextinguible, Invencible, Conquistadora "Presencia del YO SOY y por lo tanto la Maestría en todo ahora y para siempre".

"Todos los gozos y placeres del mundo exterior no son sino polvo comparados con las Ilimitadas y Siempre Crecientes Maravillas de la Creación en el Espacio Cósmico, que los Maestros Ascendidos pueden observar y gozar conscientemente y a voluntad. Una de las Formidables Bendiciones del Estado Ascendido es la completa ausencia de crítica y condenación para las debilidades y flaquezas humanas. Si el estudiante de la Luz se entrenara para olvidar todo lo que no es útil o deseable, no sólo progresaría rápidamente sino que es imperativo que lo haga para libertarse de la humana limitación, ya que para el estudiante que arrastra tras de él recuerdos desagradables, ésta es una de las muchas maneras por la cual él crea, una y otra vez, las mismas miserables experiencias de las que está tratando realmente de liberarse".

"La Luz" no recibe inarmonía en Sí misma. Según entre el Estudiante a la Luz, él se convierte en todo Luz, de ahí toda Perfección. Para que la desarmonía sea eliminada del cuerpo o los asuntos, la personalidad debe alejar todo pensamiento, sentimiento y palabras de imperfección. Una Actividad que siempre traerá Completa Liberación para los estudiantes, es otorgar Incondicional y Eterno Perdón a todos y a todo. Esto hace lo que ninguna otra cosa puede realizar para liberar a todos, así como a la persona que lo emite. El Perdón lo llena todo con "Luz de Perfección".

"Cuando el Perdón es sincero, el Individuo encontrará todo su mundo en orden como por magia y lleno de cosas buenas, pero recuerden que a menos que la discordia sea olvidada, no es perdonada, porque no pueden alejarla o liberarse de ella, hasta que esté fuera de su conciencia. Tanto como recuerden una injusticia o un sentimiento discordante, no han perdonado ni a la persona ni a la condición".

"Cuando el perdón es completo, la naturaleza sentimental o emotiva del cuerpo es serena, amable, feliz, confortable y como una montaña de "Luz". Es tan poderosa, que quien habita en ella está como en una fortaleza. Aunque permanezca en medio de la ruindad del mundo, permanecerá intocable por cualquier cosa que no sea Perfección en la "Luz"

"Recuerden que lo que mantienen en su conciencia, eso traen a la manifestación para ustedes mismos. Es imposible para su Vida que contenga algo que no sea una presente o pasada acumulación de conciencia. Cualquier cosa de la que estén conscientes en pensamiento y sentimiento se imprime en la Sustancia Universal, dentro y alrededor de ustedes y trae siempre la calificación dada. Es una Poderosa Ley Cósmica de la cual no hay variación ni escapatoria".

"Verdaderamente es un gran gozo estar con los que se ama, como esta noche, en que Mi Gozo es en verdad grande. El momento está cercano en que ustedes comprendan que toda humana relación no es sino una creación del mundo físico. En el Estado Ascendido todos son verdaderamente Hermanos y Hermanas, Hijos e Hijas de Dios. En esa fase de la Vida, el Verdadero Significado de la amistad se entiende y se vive; y correctamente entendido es la Más Hermosa Relación en el Universo".

"Ahora debo dejarlos hasta mañana a las ocho, ya que tengo trabajo que hacer. Manténgase firmes dentro del Poderoso Resplandor de la "Luz Cósmica", "La Mágica Presencia YO SOY" del Universo, y que su sendero sea iluminado por su Maravillosa Radiación". Al hablar las últimas palabras, Su Cuerpo se esfumó gradualmente, hasta que desapareció completamente. "Amados estudiantes" dijo Saint Germain, sonriendo amorosamente, "esta noche les he mostrado el más alto ideal de gozo.

No es solamente agradable sino que eleva tremendamente el espíritu por el Poder sin Límites que libera la "Mágica Presencia" Porque cuando el canal apropiado se abre, no hay límite a las bendiciones que una audiencia pueda recibir, siempre que las condiciones lo hagan posible".

"Ya se dieron cuenta de que con suficiente comprensión es posible hacer que el cuerpo responda de inmediato al uso de la ilimitada "Presencia YO SOY" en ustedes. Su cuerpo es el instrumento sobre y a través del cual pueden permitir que la "Mágica Presencia YO SOY" cante su Gran Canción de Vida, sabiendo que no hay limitación ni derrota en cosa alguna, o pueden permitir que los pensamientos y sentimientos de limitación y discordia enviados por otras personalidades, influyan en él y cosechar de acuerdo con ello. Su cuerpo es su radio, su pensamiento, sentimiento y palabra hablada son los medios para sintonizarse dentro o fuera de cualquier condición o actividad, quieran o no. La única diferencia real es que el cuerpo es capaz de ser sintonizado a una Altura Mucho Mayor, inconcebiblemente mayor que cualquier radio ahora en existencia".

"Ustedes son los que dirigen su propio radio a través de su conciencia. Ustedes tienen los programas del Universo de los cuales pueden escoger. Su mundo ahora revela lo que escogieron en el pasado. Si no les gusta ese programa, elijan uno nuevo y mejor de su "Presencia YO SOY".

Nuestra Gratitud y Amor fueron mayores que nunca para Saint Germain y nos dimos cuenta, como nunca antes, que en la Presencia y Sabiduría de los Maestros Ascendidos verdaderamente está el Cielo en la Tierra. Nos dimos las buenas noches y fuimos a nuestras habitaciones. Desayunamos a las once de la mañana siguiente y pasamos la tarde mostrando a Nada, Perla, Rex y Bob muchos lugares de interés en Washington. En la Conciencia Ascendida en que estuvimos durante este tiempo, la apreciación e intensidad de nuestro gozo fueron más agudas de lo usual y parecía que veíamos belleza en todas partes.

Regresamos al hotel a las cuatro de la tarde porque el Amado Saint Germain nos había invitado a cenar con El más tarde en la suite ocupada por Nada y Perla y dijo que había llegado el momento de que comenzara la Instrucción de los Livingston. A las seis de la tarde estuvimos listos; los Livingston habían llegado y todos estábamos esperando el arribo de Saint Germain, cuando una delicada campana sonó a través de los cuartos.

"Saint Germain se acerca", dijo Perla inmediatamente.

"¿Quién es?" Preguntó Zara Livingston.

"El Maravilloso Hombre que te sanó" dijo Perla "y que salvó a tu madre de tan horrible destino. Si mi sensación es correcta, pronto verán Manifestaciones de su Trascendental Sabiduría y Poder, además de las que ya han experimentado". En ese momento Él fue anunciado de la misma manera que cualquier otro invitado llegando al hotel. Nos saludó a todos graciosamente y entonces explicó:

"Es Mi Deseo que estos buenos amigos, los Livingston, lleguen a acostumbrarse al Gran Uso de la "Ley de la Luz". Comenzaremos por darnos cuenta primero, que todo es una Sustancia Universal que llamamos "Luz Cósmica" y que la Biblia llama Espíritu. Esta es la Unica, Esencia Pura Primaria de la cual proviene Toda la Creación. Es la Sustancia Pura de Vida de la Primera Causa Dios. Es Infinita y podemos trabajar con Ella en cualquier momento para cualquier cosa que podamos necesitar. Esta Luz Electrónica Pura es el Gran Depósito Sin Límites del Universo. En Él está toda Perfección y de Él viene todo lo que es".

"Ahora, si nos reunimos alrededor de la mesa, cenaremos y podrán ver, sentir, probar y conocer esta Maravillosa, Omnipresente Sustancia de la que tanto se ha hablado, pero tan poco se ha comprendido".

Saint Germain fue a la cabecera de la mesa, sentando a Zara, Bob, Nada y a mí a Su Izquierda, la Sra. Livingston, Arturo, Perla y Rex a Su Derecha y nos pidió inclinar nuestras cabezas en silencio, ante la "Magna Presencia de Dios en Acción".

Cada uno de nosotros sintió la poderosa corriente de Divina Energía, LuzLíquida, surgir a través de su mente y cuerpo y llenarlo con un sentimiento de Infinito Amor y Paz. Cuando levantamos nuestras cabezas, un mantel con blancura de nieve y con diseños de color rosa cubría la mesa, hecho de un material que nunca antes ninguno de nosotros había visto. Parecía seda escarchada, tanto en calidad como en apariencia.

Arturo Livingston palideció de la sorpresa, ya que momentos antes sólo había visto la cubierta pulida de la mesa de nogal. Ahora este exquisito mantel la cubría, con servilletas que hacían juego, en cada lugar. Entonces surgió un servicio completo para la cena. La vajilla era del color de la leche y hecha de una sustancia como satín, pero muy dura e irrompible. Sobre cada pieza individual había grabados en oro extraños y místicos diseños. Ninguno de nosotros los entendió, pero eran extremadamente hermosos. Los cuchillos, tenedores y cucharas estaban hechos de un metal que parecía plata escarchada, con mangos de jade tallado. Copas de jade con cuellos maravillosamente tallados aparecieron en la mano derecha de cada invitado, llenas de un Líquido Cristalino que era la misma Esencia de la Vida "Luz Condensada".

"No se alarmen", dijo Saint Germain, "cuando beban Este Líquido. Acelera la acción vibratoria de su estructura atómica en forma tremenda y si se sienten desvanecer será sólo por unos momentos". Entonces, levantando su Propia Copa, propuso un brindis: "Por la Paz e Iluminación de todos los presentes y de todo el género humano".

Levantamos nuestras copas y las bebimos. Fue con dificultad que reprimimos la sorpresa ante el efecto de Este Líquido al cargar nuestros cuerpos de Energía Electrónica. Sentimos como si nuestros cuerpos fueran elevados de nuestras sillas.

Una comida de siete platillos siguió y las fuentes vacías desaparecían tan pronto se habían terminado. La comida fue deliciosa y extremadamente vitalizadora para el cuerpo. El postre fue similar al que habíamos tenido en la Caverna de los Símbolos.

"Ven", dijo Saint Germain, al terminar la comida, "no es difícil producir lo que deseen directamente de la Sustancia Pura Universal, en tanto que no entre un elemento de egoísmo en ella. Hemos cenado esta noche deliciosos alimentos. Todo ha sido proporcionado por la fuente que siempre está a mano. Y sin embargo, esto es sólo un fragmento de lo que puede ser producido".

Extendió Su Mano y apareció un disco de oro en Su Mano y lo pasó para que todos pudiéramos examinarlo. Extendió Su Otra Mano y un hermoso diamante azuloso apareció en ella, una verdadera joya Perfecta, tan deslumbrante era su poder de refracción. Sostuvo ambos en Su Mano Derecha cerrada y cuando La abrió, tenía una hermosa gargantilla, exquisita en diseño, con una suntuosa piedra pendiente. Se la dio a Zara y le dijo: " ¿Aceptarás Esto como tu Talismán de Luz? La piedra no es ordinaria. Es realmente Luz Condensada. De aquí que sea un Real Talismán de "La Luz". Te bendecirá grandemente. Ahora sigamos adelante. El servicio que se ha usado esta noche, es el regalo del Ascendido Anfitrión para Nada y Bob". Al decir estas palabras, el Servicio comenzó a reaparecer en la mesa, hasta que estuvo completo. De pronto una copa cayó al piso y cuando fue colocada de nuevo en la mesa, no estaba dañada en lo más mínimo.

"Este Servicio, explicó, es irrompible, como pudieron ver. Cuídenlo ustedes mismos siempre y que siempre les traiga gran felicidad".

"Ahora, acerca de este buen hermano", continuó, señalando al señor Livingston, "Él es un ingeniero en minas muy eficiente. Aproximadamente en seis meses será necesitado en el lugar de Bob, en la mina. Sugiero analizar esta cuestión mañana y hacer los arreglos necesarios en detalle. Hará muchísimo bien a sus seres queridos el estar dos años en el Oeste".

"Sugiero que vayan al rancho a mediados de abril. Zara encontrará su Rayo Gemelo esperándola allá. Cuando ella lo vea lo reconocerá enseguida. La unión de estos dos Rayos es una de las cosas más notables y siempre ha sido Mi Privilegio el llevarlo a cabo".

"Mi querido Livingston, al avanzar en el estudio de estas Poderosas Leyes, usted entenderá todo claramente. Lo que ahora parece extraño y tal vez irreal, será más Real que cualquier otra cosa en su Vida, porque no hay duda en usted. Esta condición hace posible proporcionarle una Instrucción definitiva, con su consentimiento".

"Gran, Maestro" dijo Zara, "no puedo expresar mi gratitud a Ti por mi curación y por la oportunidad de tener la Instrucción. Las Maravillosas Manifestaciones que Has mostrado esta noche han despertado un obscuro recuerdo en mí, como si en algún lugar, en algún momento, hubiera conocido estas leyes".

"Mi querida niña" dijo, "has conocido muchas de ellas y el recuerdo completo de lo que has conocido regresará a ti." Entonces, de repente, nos dimos cuenta que había otras personas en el cuarto, y una suave y dulce risa nos llegó a los oídos. La Madre de Nada y Rex salió de la habitación contigua vistiendo con Maravillosas y Hermosa Ropas. Su "Presencia" irradiaba Paz y Bendiciones a todos. Le extendió Su Mano a Rayborn y él se inclinó y la besó.

Saludó a todos graciosamente; los Livingston fueron presentados y su admiración era franca y sincera. Saint Germain les explicó Su Ascensión en detalle, el entrenamiento que Ella había estado recibiendo desde su Ascensión y el Servicio que estaba dando constantemente a la humanidad. Fue la Navidad más divinamente feliz que jamás había experimentado porque estuvo plena de Radiación Maravillosa e Instrucción profunda.

A las doce de la noche, la Madre de Nada nos dijo adiós, hasta que volviéramos a reunirnos en la Caverna de los Símbolos en julio. Ella y Saint Germain tenían Trabajo que hacer juntos y cuando Ellos iban desapareciendo, Sus Ultimas palabras fueron una petición a los Livingston de que se reunieran con nosotros a las dos del día siguiente.

Tan pronto como Ellos se fueron, los Livingston nos hicieron preguntas acerca del Amado Saint Germain y su Maravilloso Trabajo. Fueron las personas más felices que he visto cuando supieron que Él estaba dispuesto a darles Instrucción. Estaban tan intensamente interesados que nos dieron las cuatro de la madrugada sin que nos diéramos cuenta. Fue verdaderamente la Navidad más feliz de nuestras vidas.

Al día siguiente a la una cuarenta y cinco, Saint Germain se apareció y saludó como de costumbre.

"Ya veo que todos han ingresado al plan maravillosamente", recalcó, "¿se dan cuenta como todas las experiencias están verdaderamente en orden divino? Cada persona es un eslabón en la Gran Cadena Cósmica de Perfección. Frecuentemente me maravillo de la Perfección con la que la "Mágica Presencia YO SOY" trabaja".

"En la reciente actividad, la experiencia de nuestro Hermano Gaylord nos condujo a los Livingston, para darles protección, y a través de ella hemos encontrado otro par de Rayos Gemelos, Zara y quien ella va a conocer. Esto traerá a los Livingston y a otro amigo a la "Eterna Luz". ¿Es mi Plan para este buen Hermano Livingston, agradable para todos ustedes?"

"Estoy más que encantado con los arreglos, porque son una bendición para todos los que intervienen", dijo Rayborn.

"Bueno, entonces con su cooperación, podemos entrar a Entrenamiento intensivo durante los próximos tres meses. Me han pedido hacer Esto quienes son Mayores que Yo. Partiremos de Washington el siete de abril al rancho. Bob, Nada, Perla y Rex permanecerán aquí hasta el diez de enero. Regresarán a la escuela el doce".

Esos gloriosos días pasaron demasiado rápidos. Bob acompañó a los otros a la Universidad y de ahí siguió solo a la mina. El resto de nosotros permanecimos en Entrenamiento Intensivo y uno de nuestros mayores gozos era ver el entusiasmo de los Livingston por la Instrucción de nuestro Amado Saint Germain. Para todos nosotros El verdaderamente es "La Luz de Dios que nunca falla".

CAPITULO IX

La Ascensión de Daniel Rayborn

Nuestra instrucción intensiva con Saint Germain continuó durante tres meses. En ese tiempo nuestra felicidad era muy grande por el Gozo y las Bendiciones de estar realmente viendo, conociendo y conversando con la "Magna Presencia YO SOY". Esta experiencia no es transmisible con palabras, solamente se puede conocer viviéndola.

Recibimos con frecuencia reportes de los muchachos, cuyo progreso en la Universidad era espléndido. Las cartas de Bob nos informaban que todo iba bien en la mina y que los hombres ahora cantaban en el trabajo. Saint Germain dijo en esta ocasión que el Servicio de justicia y amor pueden, y traen, la misma actividad en cualquier parte del mundo de los negocios, cuando estos mismos principios son aplicados.

Saint Germain prometió encontrarnos en el rancho después y partió entonces para el Lejano Oriente.

Dejamos Washington el siete de abril. Llegamos a Denver el once y fuimos al rancho temprano la mañana siguiente, cuando todo parecía respirar el gozo, paz y libertad de las maravillosas montañas.

Cuando se acercaba el tiempo de la graduación, recibimos una fabulosa carta de Nada y Rex, describiendo una experiencia que sospechaban les fue dada por Saint Germain y que les trajo gran felicidad. Una noche permanecieron hasta tarde discutiendo el traje de graduación para Rex y los vestidos para Nada y Perla. La mañana siguiente, Rex encontró un traje nuevo sobre la mesa en su cuarto, con un pedazo de papel con este mensaje: "Por favor acepta esto de alguien que te ama". El traje estaba hecho de un material azul maravilloso y le quedaba perfectamente.

En los cuartos de Nada y Perla, había conjuntos completos para cada una con una nota similar. Sus vestidos eran de suave material blanco bordados en exquisito diseño. Rex insistía en que su padre, Bob, Gaylord y yo asistiéramos a su graduación y tenía tan firme determinación, que era imposible rehusar, por lo que regresamos para el evento. Esta Universidad tenía un benefactor que el público no conocía, pero comenzamos a sospechar que era Saint Germain. Después, Él nos dijo que su presidente era un miembro de la Gran Hermandad Blanca.

Rayborn había invitado al presidente y su hermana a cenar con él antes de su retorno al Oeste. El hecho fue inolvidable porque cuando llegaron, Saint Germain estaba con ellos, para placer y sorpresa de todos. Nos habló de la Nueva Era en el entrenamiento universitario.

"En todos los campos de la educación", dijo, "existe una cierta demanda, anclada en la raza humana, para que se reconozca la "Magna Presencia YO SOY". Este es el único fundamento sobre el cual pueden ser edificadas una Felicidad Permanente, la Libertad y la Perfección".

"Es solamente a través del YO SOY que la humanidad puede encontrar Liberación de su egoísmo y voracidad. Entonces, todo vendrá al uso completo de la eterna abundancia, que está esperando servir al género humano. Cada individuo es la puerta abierta a toda Perfección, pero esa Perfección puede expresarse sobre la Tierra solamente si el ser externo mantiene su canal claro y armonioso por la adoración y aceptación de su "Magna Presencia YO SOY". Aceptando y manteniendo la atención en la "Presencia YO SOY" el Individuo podrá en cualquier momento atraer todo bien para el uso externo de la personalidad. De aquí que puede hacer que venga a su Ser y mundo todo el bien que desea, pero el Gran Poder que Esta Verdad pone al mando del Ser personal, es el uso del Amor Divino, como una "Presencia" que lo antecede y ajusta todas las actividades externas, resuelve todos los problemas humanos y revela la Perfección que debe venir de aquí en adelante sobre la Tierra".

"El Amor Divino, siendo el Corazón del Infinito y del Individuo, es una llama Inteligente Siemprefluyente que libera Energía, Sabiduría,

Poder y Sustancia sin límite. Libera Bendiciones Ilimitadas a todos aquellos que armonizan sus propias personalidades lo suficiente para dejarla pasar".

"El Amor Divino es la Reserva de la Vida y el Cofre del Tesoro del Universo. Automáticamente atrae sobre el ser personal toda cosa buena, cuando la actividad externa de la mente reconoce la "Magna Presencia YO SOY" y se mantiene sintonizada al Amor Divino. Entonces, todo logro se completa sin tensión y esfuerzo, y toda actividad creativa viene a ser la expansión continua y gozo de la Perfección".

"Mientras más se estudie la Vida y contemple la Perfección, menos se esfuerza con personas y cosas y se adora más la "Presencia de Dios", porque el que trabaja en la Perfección debe necesariamente convertirse en lo que fija su atención. Cuando el género humano llene la actividad exterior de la mente con pensamientos y sentimientos de Perfección, los cuerpos y asuntos de la humanidad traerán al exterior ese orden y Perfección. Mientras más entendemos la Vida y la Perfección, más simple se convierte todo lo demás, por lo que tenemos que hacer sólo una cosa, y hacerla todo el tiempo, llenar nuestro pensamiento y sentimiento siempre con Amor Divino".

"La Vida nunca se esfuerza. Porque el esfuerzo es la conciencia que atenta limitar la Vida y es sólo la interferencia con la Perfección que siempre trata de abrirse paso. Si el ser personal o externo permitiera a la Vida fluir y mantenerse en paz, el resultado que se manifestaría sería perfección el Divino Modo de Vida totalmente cumplido. Muchos que empiezan con diligencia para lograr Esta Comprensión, se decepcionan y suspenden su búsqueda, porque están buscando cosas, en lugar de gozar a Dios por la adoración de la Belleza y Poder de la Gran Luz de Sí mismo solamente. Si buscamos la Luz, porque adoramos amar la Luz, los resultados son absolutamente seguros de obtener y estamos entonces poniendo a Dios primero, tal cual debe ser, si el ser personal se va a mantener en su correcta relación con la Vida".

Ya tarde, al día siguiente, nos despedimos de nuestros amigos intercambiando buenos deseos y tomamos el tren para el Oeste.

Las personas que el Maestro Saint Germain había proporcionado a Nada, Perla y Rex, para que los atendieran en su departamento durante su estancia en la Universidad, desaparecieron tan silenciosamente como habían llegado. Este hecho fue un ejemplo de lo que significa Saber. ¡Osar! Hacer! ¡Servir! y Guardar Silencio.

Nuestro tren llegó a Denver a las cuatro del tercer día, después de la graduación y temprano al día siguiente, Nada, Perla, Zara, Bob, Rex y yo partimos a caballo hacia la Caverna de los Símbolos. Llegamos a la cumbre de la montaña a las once y Zara estaba extremadamente feliz. Se excusó y nos dijo que deseaba estar a solas por un rato. Al mismo tiempo el resto de nosotros preparamos la comida. Más tarde regresó y la Luz de sus ojos era brillante.

"He tenido una experiencia extraña", dijo, "he visto al Dios de esta montaña. Es un Maravilloso Ser. Tal Majestad, Sabiduría y Poder no me lo había imaginado jamás en nadie. Es por lo menos de ocho pies de alto y es Guardián de esta Sagrada Montaña, como El la llama. Él es conocido como el Dios Tabor. Me dijo que iba a tener mucho que hacer ayudándonos en un futuro cercano. Todo alrededor de aquí parece tan familiar, como si ya hubiera estado aquí antes".

"Él dijo que yo he estado aquí antes, en tiempos remotos. No entendí completamente qué Quiso decir, pero sentí como si fuera justo a recordar algo importante del pasado. Explicó que un día me introduciría al Corazón de esta montaña y recibiría de su Eterna Vida y Sabiduría, pero no antes de que pasaran dos años. Me pidió permanecer en paz, puesto que todo vendría en orden divino y dijo que yo he entrado a la Gran Corriente de Vida que me llevará a la Eterna Perfección".

"Mi Querida Hermana, eres verdaderamente bendecida", dijo Nada, yendo hacia ella y abrazándola cariñosamente, "únicamente confía en la "Magna Presencia YO SOY" dentro de ti, y todo será revelado a su debido tiempo. Ahora ven a comer con nosotros".

"Me encantará comer con ustedes, pero siento una fuerza interior que nunca había experimentado antes", dijo, "estoy tan agradecida que me hayan traído aquí hoy, son tan maravillosos conmigo. Amo profundamente la belleza de la Naturaleza, pero esta Gloria Interior sobrepasa todo en mi Vida. Dios los Bendiga mis amados amigos".

Entonces todos entendimos por qué habíamos sido movidos a venir a Table Mountain. La comida terminó; Rex sugirió que bajáramos al lado opuesto de la montaña para que Zara pudiera ver los sorprendentes efectos del color en el escabroso paisaje y traspasara la entrada a la Caverna de los Símbolos. Cuando llegamos a la entrada de la Caverna, Rex detuvo su caballo.

"Vengan", dijo "vamos dentro".

"No, no", previno Zara, con palidez en el rostro, "no podemos entrar ahora. Por favor, regresemos a casa". Nos dimos cuenta de que era dirigida interiormente y para no apresurar las cosas, tomamos nuestros caballos rumbo a casa. Cuando llegamos al rancho Rayborn nos dijo que había recibido un mensaje de nuestro Amado Saint Germain para que lo encontráramos en el Torreón a las ocho de la noche de ese mismo día. La hora llegó y al aproximarnos a la puerta, se abrió completamente haciendo patente a Saint Germain. Nos dio la bienvenida con su Usual Gracia y tomamos nuestros lugares en las sillas formando círculo. Los Livingston estaban sorprendidos y admiraron la belleza del cuarto con gran entusiasmo. Cuando todos nos aquietamos Saint Germain dijo: Los he llamado a esta reunión especialmente por Zara y en segundo lugar por Daniel Rayborn. Hizo un corto, pero hermoso tributo de alabanza y gratitud a la "Presencia YO SOY", y mientras Hablaba, la "Luz" se intensificó más e iluminó el cuarto con brillantez.

El se detuvo enfrente de Zara y tocó su frente. Inmediatamente un círculo de Luz, oro, rosa y azul nos rodeó permitiéndonos ver dentro de la octava de Luz, después de la cual la humanidad generalmente funciona. La Luz comenzó a concentrarse alrededor de Zara y su Vista Interior se abrió y pasaron ante ella las experiencias de vidas anteriores. En una de éstas ella había estado bajo la Instrucción de Saint Germain y en ese tiempo logró una gran iluminación. En otra vida había sido sacerdotisa en la cueva de una gran montaña y fue entonces cuando conoció al Dios Tabor.

Mientras esta Revelación de vidas pasadas era mostrada, el recuerdo de estas actividades era establecido y Saint Germain explicó que esto sería de gran beneficio unos años después. Al terminar su trabajo con ella, el Bello Círculo de "Luz" desapareció lentamente.

"Mi hermano", dijo Él, dirigiéndose a Rayborn, "es Mi Deseo que estés en la Caverna de los Símbolos el veinte de julio para que te prepares para el Trabajo Final que Deseamos que hagas. Este hermano, continuó, señalándome, te acompañará. Nada, Perla, Rex y Bob estarán ahí a las ocho de la mañana del veintiseis. Gaylord va a partir mañana para un trabajo de la Gran Hermandad Blanca en Sudamérica".

"Este Trabajo Preparatorio es invaluable para todos, porque aún no tienen ni una ligera idea de lo que se está haciendo. La Radiación que se dará en la Caverna de los Símbolos traerá a término el peregrinaje terrestre del Hermano Rayborn, pero el día y la hora exacta no puede ser revelada a nadie que no esté ascendido, porque solamente su propia "Magna Presencia YO SOY" conoce el instante escogido en el cual el Gran Trabajo de las centurias será consumado".

"Creo que todos los asuntos de negocios y mundo exterior están listos para este Supremo Evento. Si no lo están completamente ahora, puede hacerse en los próximos diez días".

"Zara, tu encuentro con el Dios Tabor ahora, es muy significativo e importante para ti. Ten paciencia, que el natural desarrollo de la "Luz" en ti será lo más rápido posible. Lo que viste esta noche de tus experiencias pasadas, no es sino una pequeña parte de ellas, pero es todo lo que necesitas esencialmente en este momento".

"Rex, a ti Bob y este Hermano", dijo dirigiéndose a mí, "quiero decirles que hay otro gran yacimiento de mineral a menos de media milla del "Descubrimiento del Maestro" como lo llaman, el cual les revelaré durante su próximo viaje a la mina de aquí a tres días. Como los títulos están manifestados y las acciones en sus manos, estarán seguros hasta que regresen al Este en dos años".

"Para el tiempo en que el resto regrese de los Himalayas, nuestros amados Livingston estarán listos para encontrarlos otra vez y tomar ciertos pasos que los guiarán hacia su Completa Libertad. Quiero que cada uno siga las directrices que les han sido dadas y recuerden siempre que nada en la Vida es tan importante como Amar, Adorar y Alcanzar la "Magna Presencia YO SOY" en ustedes y en el Universo. Nunca pierdan el gozo y entusiasmo de la búsqueda en ningún momento".

"A intervalos Estaré presente, mientras estén en la mina, aunque no visible. Cuando regresen, Bob vendrá con ustedes, preparado para ir al Lejano Oriente. No puedo aparecer otra vez a los Livingston en forma visible y Tangible antes de nuestro viaje, pero Zara, quiero recordarte que David Southerland, a quien conocerás en la mina, es tu Rayo Gemelo. Recordarás y reconocerás su cara y radiación, porque sus rasgos son similares a los que tuvo cuando estuvieron juntos en el pasado. Amados estudiantes, Mis Bendiciones envuelven a cada uno de ustedes en el Divino Abrazo de la "Magna Presencia YO SOY".

Al hablar estas últimas palabras, Su Cuerpo desapareció casi instantáneamente. Hicimos el viaje a la mina con los Livingston en la mañana del siete de julio y cuando llegamos Bob nos dijo que Saint Germain había dejado una nota diciendo que nosotros íbamos a llegar a las ocho de ese día. Cuando se mostró a los Livingston el bungalow, su gozo fue grande y con justificación, porque Rayborn no había reparado en ningún gasto para proporcionarles todo confort. Era grande y alegre, provisto con todos los adelantos modernos, primorosamente amueblado con distinción y aún con un hermoso piano. Nunca antes había visto mayor aprecio y sinceridad y cuando nos reunimos para comer, Zara abrazó a Rayborn y lo besó, expresando su gratitud una y otra vez, por las maravillosas bendiciones que en su gran Amor había derramado sobre ellos.

Después de comer, esa tarde, Bob se excusó y media hora más tarde regresó con David Southerland. Fue presentado a todos, excepto a Zara que había salido de la habitación por un momento. Regresó, y repentinamente quedó frente a David, cuando Bob iba a presentarlos. Todos estábamos mirando atentamente, sin que lo pareciera. Cuando sus ojos se encontraron, ninguno de los dos se movió un momento. "¡Te he visto a menudo en mis sueños!" Exclamó David, "¡y siempre me parecía mucho más Real que un sueño!

"Sí", dijo Zara, "es verdad, tal como nuestro Amado Saint Germain me dijo. Te recuerdo. Yo también te veía a menudo mientras mi cuerpo dormía. Cuando estaba muy enferma y no había esperanza de que me recuperara, venías a mí, y cada vez me sentía más fuerte y con más valor. Entonces Saint Germain vino y me restablecí completamente en pocas horas. Te contaré todo al respecto después".

Todos los ojos en el cuarto tenían lágrimas, al ocurrir la reunión de estos Rayos Gemelos Estábamos agradecidos a Saint Germain por la Perfección que Él estaba constantemente trayendo para cada uno de nosotros y para el mundo. Verdaderamente no hay un lazo más profundo de Amor en el Universo que el de un Maestro Ascendido y Sus Estudiantes.

"Mis felicitaciones y bendiciones están siempre con ustedes dos grandes almas de "la Luz", dijo Livingston, mientras ponía un brazo alrededor de David y otro alrededor de Zara.

"Mi copa de felicidad está completa" dijo la Sra. Livingston, al besar a ambos. Nada, Perla, Bob y Rex les felicitaron, ya que ellos, más que nadie, entendían y se daban cuenta de lo que Esta Unión de Rayos Gemelos significa.

En ese momento, una Voz de los éteres comenzó a cantar en claros y maravillosos tonos "El Amor es el Cumplimiento de la Ley" con un hermoso acompañamiento de instrumentos de cuerda. David estaba casi paralizado de la sorpresa, porque era la primera vez que había presenciado una Manifestación de la Hueste Ascendida. La música era Su Reconocimiento y Bendición sobre las Uniones Eternas de los tres pares de Rayos Gemelos y David era como una flor lista para abrir sus pétalos a la Radiación Completa del Sol. Nosotros le explicamos tanto como nos era permitido, lo relacionado con Saint Germain y Su Maravilloso Trabajo.

"Es tan sorprendente", dijo David, "pero hay algo dentro de mí que me hace saber que es Real y Verdadero. Quiero saber más acerca de Él, conocerlo cara a cara".

Al día siguiente Livingston fue nombrado Superintendente de la mina y le mostraron el "Descubrimiento del Maestro". No se cansaba de hablar de él y estaba muy feliz con todos los arreglos. Cuando terminamos de inspeccionar los trabajos, Bob puso todo bajo su cuidado. En cada cambio de turno, Rayborn llamaba a los hombres y los presentaba a Livingston, explicando que él y David Southerland estarían encargados de todo en los próximos dos años. Les demostró cuán profundamente apreciaba su lealtad y servicio, el servicio proporcionado a él por sus asistentes y que los que dejaban a cargo verían por su bienestar. El cuarteto agasajó a los hombres regiamente, para gozo profundo de todos.

Esa noche, justo cuando iba a retirarme, una hoja de papel flotó hacia el piso a mis pies. La recogí y era un mensaje de Saint Germain para Bob, Rex y yo. Solicitaba que fuéramos a cierto lugar de la mina propiedad de Rayborn a las siete de la mañana del día siguiente. Obedecimos y a nuestra llegada, la Corriente Electrónica me cargó de pies a cabeza. Todos oímos claramente las palabras: "Siéntense todos tranquilos en forma triangular. Enfoquen la atención de sus mentes sobre la "Magna Presencia YO SOY" interna y manténganla ahí firmemente".

En unos pocos momentos salí de mi cuerpo y según lo hice, pasé a través del Velo Cósmico. Ahí estaba Saint Germain en gloriosa, Deslumbrante Radiación. Me saludó a su Amorosa y Graciosa Manera.

"Ven", dijo "entraremos ahora a la Tierra, donde no sólo te mostraré el depósito de oro que les dije sino también la Manera en que el Dios de la Naturaleza y el Dios del Oro trabajan juntos, en perfecta armonía, para producir este precioso metal que el género humano intuitivamente ama usar para su servicio y adorno".

"Cuando Hablo del Dios del Oro y del Dios de la Naturaleza, Quiero decir los Seres de Pura y Perfecta Inteligencia que manejan las fuerzas en estos reinos y las dirigen conscientemente. El Dios de la Naturaleza maneja y dirige las corrientes magnéticas de la Tierra y a través de la dirección Inteligente produce resultados definitivos en y sobre nuestro Planeta. Esta Actividad es Real, exacta y dirigida de acuerdo a la Ley, tan precisamente como un químico trabaja en su laboratorio".

"El Dios del Oro, atrae, maneja y dirige las Corrientes Electrónicas de nuestro Sol Físico. Estas Corrientes son atraídas a través de la corteza terrestre a una cierta profundidad, como los listones que se pasan a través de un encaje. Esta energía electrónica tremendamente concentrada, por ser combinada con la fuerza magnética de dentro de la corteza terrestre, reacciona sobre ella de tal manera que hace bajar el nivel de vibración. La radiación del Oro es absorbida por plantas y seres humanos y utilizada para muchos propósitos".

"Como les mencioné antes, una vez durante sus experiencias en "Misterios Develados", la emanación del Oro tiene una acción purificante y energetizante, tanto en los humanos como en la Naturaleza. En todas las "Edades de Oro" el oro fue de uso común por el género humano y durante esos períodos, su desarrollo espiritual alcanzó un nivel muy alto".

"Una razón del caos del momento presente es porque el Oro en el mundo comercial está siendo atesorado, en lugar de permitírsele fluir libremente entre el género humano y llevar su actividad balanceadora, purificante y energetizante a la vida comercial de la raza".

"La acumulación del Oro en grandes cantidades significa la acumulación de Fuerza Interior, que si no se libera en un cierto tiempo, se liberará a sí misma por la sobrecarga de su propio Tremendo Poder

Interior". Saint Germain me atrajo más cerca de Su Radiación y la Actividad Interior de la Tierra fue revelada.

Ante nosotros, estaban dos Seres Trascendentalmente Radiantes, uno atrayendo y dirigiendo las corrientes magnéticas de la Tierra y el otro las corrientes del Oro que se habían formado en la corteza terrestre.

El que llamó Dios de la Naturaleza, era un Ser de gloriosa belleza y poder. Su Cuerpo tenía seis pies de altura y sus vestiduras eran de color verde, oro y rosa. Se veía como si estuviera hecho de una Sustancia autoluminosa. Un aura de intenso azul rodeaba su Cabeza y emanaba Rayos de Luz de su Corazón, Cabeza y Manos. El Rayo de su Mano Derecha era verde, el de la izquierda rosa, el de la Cabeza blanco y el del Corazón, oro.

El Ser que Saint Germain llamó el Dios del Oro, estaba rodeado de tal Luz Dorada Deslumbrante, que me tomó varios segundos antes de que pudiera mirarlo fijamente y observar más detalles. Sus vestiduras también eran de Sustancia luminosa, pero los Rayos que se extendían de su Cabeza y Manos eran de Oro intenso, los Rayos del Corazón blanco deslumbrante y el aura que se extendía un pie alrededor de la Cabeza parecía como si estuviera hecha de Rayos blancos.

"La existencia del Oro", continuó Saint Germain, "en blanco cuarzo es la formación más pura dentro de la Tierra en el presente, siendo este cuarzo blanco el residuo, por decirlo así, de las corrientes magnéticas, y el oro metálico es el nivel más bajo de la Sustancia Electrónica del Sol. Esta es la razón por la que en algunas ocasiones se habla de un Rayo de Sol Precipitado. Esta frase está más cerca de la Verdad, de lo que en realidad sucede, de lo que los hombres sueñan".

"Ahora observa". Aquí, los Dos Seres dirigieron los Rayos de Luz a través de sus manos hacia una cavidad entre Las rocas, en la cual el oro se había escurrido a través de una fisura cuando se encontraba derretido evidentemente a causa de la acción volcánica. El calor intenso había sellado la fisura con granito derretido, por lo que ocultó la veta completa que se dirigía hacia la cavidad.

"Este particular yacimiento" continuó "en su punto más alto está cerca de doscientos pies bajo la superficie. Por su situación geológica, no podría, y no sería nunca descubierto. Después del retorno de ustedes del Lejano Oriente será abierto y algún día el mineral será usado para un propósito especial, de tal manera que el género humano pueda ser bendecido por su radiación de Luz".

Continuamos observando a estos dos Seres, mientras sus emanaciones de Rayos de Luz hacían que el Oro dentro de la cavidad se expandiera y resplandeciera, como lo hacen las plantas a la luz del Sol.

"Hemos estado aquí por cerca de treinta minutos" señaló Saint Germain, al regresar hacia mi cuerpo físico. Rex y Bob parecía que estuvieran en un sueño profundo. Unos momentos después, cuando abrieron sus ojos, les expliqué lo que había sucedido. Como su misión era diferente de la mía, la Instrucción y Revelación que ellos recibieron fue de naturaleza más individual y habían retenido la conciencia completa durante la experiencia y les habían mostrado parte de la misma actividad que yo había estado observando.

Regresamos al bungalow a las ocho para el desayuno y describimos nuestras experiencias a Nada, Perla y Rayborn. Fue entonces cuando nos dijo que regresaríamos al rancho el día diez. La tarde del día nueve estuvo pleno de música y gozo y estuvieron con nosotros los Livingston, porque no estaríamos juntos otra vez en dos años.

Nuestro regreso a casa fue inolvidable y en los diez días siguientes Rayborn arregló sus actividades de negocios y regaló todo a Nada y a Rex. Sus pertenencias eran muchas y su gran fortuna colocó a sus hijos entre los más ricos de la parte oeste del país. Seguramente ningunas otras dos personas han sido nunca más dignas de custodiar las riquezas de Dios.

En la tarde del diecinueve, estábamos todos reunidos en el Torreón y nos esperaba una sorpresa porque cuando abrimos la puerta estaba ya iluminada por una suave Luz Blanca. Cuando estuvimos quietos,

Rayborn se puso de pie e hizo una oración de gracias y alabanza en agradecimiento por todos los beneficios recibidos por él, terminando con una bendición a todas sus posesiones terrenales por lo que le habían servido. Entonces entramos en meditación profunda y recibimos Gran Asistencia e Iluminación.

Después de nuestra meditación, regresamos al salón de música donde el cuarteto cantó por cerca de una hora. Entonces Rayborn abrazó a cada uno de sus seres queridos y fue a su habitación porque él y yo teníamos que partir temprano la mañana siguiente a la Caverna de los Símbolos. Salimos a las seis en punto y Rex nos llevó en coche al punto más cercano. La caminata hasta la entrada, con el vigorizante aire de la mañana, la realizamos con gran regocijo y al aproximarnos escuchamos el sonido de una vibración de maquinaria. Cuando llegamos a la segunda entrada, Saint Germain estaba esperándonos. Lucía más maravilloso, más Divino de lo que nunca lo había visto.

Nos detuvimos en el Arco Blanco y se abrió ante nosotros, sin que nadie lo tocara. Vimos deslumbrantes arcos blancos en donde habíamos visto rojos y azules en las visitas anteriores. Esto simbolizaba un Reconocimiento Cósmico por la elevación de uno de los hijos de la Tierra, que iba a tener lugar.

Entramos a la Cámara del radio y puedo todavía recordar el sentimiento de Paz de que gocé ahí. A menos que se haya experimentado la gran felicidad de estar alguna vez dentro de la Radiación de estas maravillosas cámaras, tal sentimiento de exaltación puede escasamente transmitirse a otros. Estas cámaras han sido cargadas por cientos de centurias con la gloriosa "Presencia" de los Poderosos Maestros Ascendidos del Amor, Luz y Sabiduría, de la Legión de la Luz, y de la Gran Hermandad Blanca.

Nuestra meditación aquí fue bastante diferente de la que se desarrolla en cualquier otro ambiente y el valor de tal Emanación está más allá de la concepción humana. Saint Germain nos pidió que nos sentásemos mientras nos daba las Instrucciones necesarias de Lo que

Deseaba que hiciéramos. Me maravilla todavía, hasta ahora, cuán claramente retiene la memoria de un estudiante Esa Instrucción, ya que nunca es repetida, excepto por el Maestro mismo; sin embargo es tan clara, que parece grabada en letras de Luz en mi memoria.

Cuando terminó la Instrucción, fuimos a los departamentos para dormir, los cuales habíamos ocupado antes, y nuestros Vestidos sin Costura estaban todavía ahí para nuestro uso. Entramos a meditación profunda manteniendo nuestra atención en la "Magna Presencia YO SOY" el Maestro Cristo dentro de nuestros Corazones. Después de tres horas nuestra conciencia fue elevada a Grandes Alturas y nos sorprendieron las Revelaciones que recibimos. Entramos a Reinos de los que habíamos oído, pero de los cuales no habíamos retenido memoria consciente de haber estado allí. En ese momento, oímos los dulces tonos de una campana anunciando la proximidad del Maestro. Su rostro estaba radiantemente feliz.

"Estoy muy complacido de su primera Verdadera Meditación", dijo, "que ésta sea siempre la hora sagrada del día". Extendió ambas manos hacia nosotros y en cada una había una copa de cristal llena de un Líquido Dorado que parecía miel, pero que brillaba como si estuviera hecho de diamantes.

"Esto", dijo, "será su principal sustento durante los días siguientes, es Esencia de Vida. La culminación de la experiencia del Hermano Rayborn es la más vital del alma en su peregrinaje sobre la Tierra y el "Sumum Bonum" de toda humana existencia. Ahora vengan conmigo a la Cámara de la Luz y no se alarmen de lo que vean o experimenten".

Pasamos a través de la Cámara Auditorio y al fondo, un espacio, como del tamaño de una puerta, se abrió ante nosotros, donde un instante antes habíamos visto solamente una pared sólida. La abertura se cerró rápidamente detrás de nosotros y nos encontramos en el centro de una Esfera Perfecta. Había tres sillas de oro sólido colocadas en forma de triángulo en el centro del piso.

"Por favor, siéntense", dijo Saint Germain, ocupando Él la tercera silla. La Cámara se llenó con una luz suave y comenzó firmemente a aumentar en intensidad y movimiento hasta que nos hicimos conscientes de Su Asombrosa Velocidad. Lenguas de fuego comenzaron a lanzarse de la Luz Circundante, penetrando nuestros cuerpos con un asombroso efecto, sentíamos electrones entrar y cargar nuestras mentes y cuerpos con su tremenda energía y sin embargo la sensación era de una deliciosa frescura.

Al continuar esto, sentimos y vimos la Luz en nosotros crecer y expanderse, hasta que en unos pocos momentos una deliciosa fragancia de rosas llenó la esfera por completo. Creció más fuerte y entonces nos dimos cuenta que emanaba de la Luz dentro de nosotros.

De pronto, la Esencia de las Rosas se condensó y estábamos sobre Lechos de Rosas de exquisitos colores. Nuestra experiencia trajo una Exaltación a nuestra conciencia que no hay palabras para describirla y nos produjo una sensación de Paz Profunda.

No había nada de imaginario en la experiencia completa, porque la Perfección existe en la Luz Electrónica Pura, no tiene límite y con la debida comprensión de Su manifestación, Puede y lo hará, tomar cualquier forma y calidad que un Maestro Ascendido elija darle.

El glorioso sentimiento de Paz, felicidad y bienaventuranza que experimentamos borró toda idea del tiempo, porque la actividad interna y externa se habían convertido en una Completa Unidad de Armonía, enfocada por el momento por Saint Germain hacia la Absoluta Pureza y Perfección de la Unica Gran Luz, la "Magna Presencia YO SOY". Gradualmente, la velocidad de la Luz cambió, disminuyendo más y más, hasta que brilló con la suave radiación de la luz de la luna en un plácido mar.

Para nuestra sorpresa, nos dimos cuenta de que las Rosas eran Verdaderas. Aunque habían venido de la Luz, no desaparecieron con Ella. Después de esta experiencia pude fácilmente entender por qué la Rosa ha sido usada a través de las edades como símbolo del Alma y por qué la Radiación de un Maestro Ascendido tiene a menudo la fragancia de las rosas.

"Tú vendrás aquí, mi Hermano" dijo Saint Germain dirigiéndose a Rayborn, "cada día a esta hora, pero el resto del tiempo vas a estar solo". Cuando regresamos a la Cámara Auditorio, me di cuenta que habíamos estado en la Cámara de la Luz por más de tres horas, aunque parecían haber sido solo unos momentos. Saint Germain nos dio otra copa del Líquido Dorado para nutrir el cuerpo.

"Ahora vayan a sus habitaciones y duerman", ordenó, hasta que Yo los llame. Al sitio donde nos moviéramos, la fragancia de rosas nos envolvía y así escasamente nos habíamos acostado cuando nos quedarnos dormidos.

Este admirable Trabajo siguió hasta que llegaron Nada, Perla, Rex y Bob el veintiseis de julio. Después de haber intercambiado saludos ellos comentaron acerca de la suave radiación y fragancia de rosa que continuamente me circundaba y les dio mucho gusto saber esta parte de mi adelanto. Durante el veintisiete, muchos de los Maestros Ascendidos llegaron, unos solos y otros en grupos, hasta que todos los que iban a tomar parte en el Trabajo estuvieron presentes.

A las once de esa noche fuimos conducidos a la Cámara Eléctrica donde el Maravilloso Acelerador Atómico estaba listo para recibir a otra Criatura de Dios y enviarla a su Eterna Libertad un Hijo de la Luz una Verdadera Imagen y Semejanza de la "Magna Presencia YO SOY".

Cuando entramos a la Cámara, la Luz dentro era muy intensa; sin embargo pequeñísimos puntitos de Luz deslumbrante eran lanzados de un lado a otro de la atmósfera continuamente. Rayborn se sentó en el Sillón y los veinticuatro presentes formaron un círculo alrededor del Acelerador con Saint Germain de pie detrás de él y yo al frente. Nada y su Rayo Gemelo estaban en el círculo. Cuando todos estuvimos listos, Saint Germain nos ordenó a cada uno que mantuviéramos fija nuestra atención en la "Presencia" y "Supremacía" del YO SOY y la del Maestro

Jesús. De repente, como un relámpago, un Círculo de la más intensa y deslumbrante Luz nos envolvió acercándose al Sillón hasta que estuvo como a diez pasos de él. La Luz dentro de Daniel Rayborn se expandió y se encontró con el Círculo de Luz. Cuando se tocaron, él empezó a elevarse lentamente a una distancia igual a la de su cuerpo, arriba del Acelerador y la Luz dentro de él iba en aumento.

Nada, su Rayo Gemelo, también se elevó y se acercó a él pasando dentro del pequeño Círculo de Luz, Por un momento se unieron en Divino abrazo. Al siguiente instante, sobre ellos, el rostro del Maestro Jesús resplandecía con una aura color oro, rosa y azul. Inclinando sus cabezas hacía nosotros y sonriendo felices, miraron hacia arriba al momento que un Gran Rayo de Intensa Luz Blanca descendía envolviéndolos a los dos en su Radiación Protectora, bendiciendo su Gloriosa Unión, y escondiéndolos de nuestra vista mientras pasaban más allá del cuidado y la limitación hacia su Eterna Perfección del Ser, vestidos sus Cuerpos de Luz Perenne con la Túnica de la Inmortalidad que brilla más que el Sol del mediodía.

Así fue que otra "Magna Presencia Maestra" del Gran YO SOY entró en el Servicio Cósmico, mientras un Coro Celestial cantaba su Antífona de Eterna Alabanza y Victoria a la "Luz de Dios que nunca falla".

CAPITULO X

Experiencias Finales y Nuestro Viaje a Arabia

"Nuestro Trabajo aquí ha terminado por el momento dijo Saint Germain", cuando concluyó el canto. "Vamos ahora a la Cámara grande y comamos". Apenas nos habíamos sentado a la mesa, cuando apareció Daphné ante el Gran Organo y Arión a su lado, con un maravilloso violín.

Comenzaron a tocar y un Suave Globo de Luz Iridiscente se formó cerca del techo, de donde salió una Gloriosa Voz de Tenor cantando: "En el Nombre de Cristo Reinamos" cuya melodía y letra eran sumamente inspiradoras. Saint Germain sintió la interrogante de nuestras mentes de quién era el Cantante y contestando nuestros pensamientos dijo:

"Algún día verán a este Cantante Cósmico cara a cara". Daphné saludó a los muchachos con entusiasmo y le pidió al cuarteto que cantara con el acompañamiento de órgano y violín. Gozamos una gloriosa hora después de la música renovando nuestra amistad con los presentes, algunos de los cuales nos encontraríamos otra vez en el Lejano Oriente. Era casi la aurora cuando los otros invitados se fueron y nosotros cinco quedamos solos con Saint Germain. Retírense ya", dijo "y tomen un merecido descanso ya que deberán regresar a su hogar mañana por la tarde". Al siguiente día, la campana nos despertó a las once en punto para que fuéramos a encontrarnos con nuestro Amado Maestro en la Cámara grande. Al acercarnos nos dimos cuenta de que las grandes puertas ya estaban abiertas y que el interior estaba alumbrado, tan brillantemente como el Sol del mediodía. Nosotros nunca habíamos experimentado antes ese efecto de Luz Solar Interior.

"¿Por qué se asombran aún ante estas cosas?" Preguntó Saint Germain, consciente de la sorpresa.

"Ustedes saben que todas las cosas concebibles pueden ser logradas en el Estado Ascendido de Conciencia. Estas cosas son siempre posibles y son producidas con absoluta seguridad y perfecta facilidad. Yo sé que ustedes no están todavía acostumbrados a lo que parece extraordinario, pero para el Cristo Maestro, la "Presencia YO SOY" dentro de ustedes, ninguna cosa puede ser extraordinaria. Traten de comprender esto del todo y así ustedes también podrán vivir en la Ascendida Conciencia Maestra y entrar en el Conocimiento y el uso de esta misma Trascendente Libertad. Ahora tomemos asiento". Inmediatamente el más delicioso de los almuerzos apareció ante nosotros y mientras comíamos, Saint Germain dio Instrucciones para el viaje al Lejano Oriente.

"Yo sugeriría" señaló, "que viajaran tan ligero como sea posible. Sigan sus impulsos Internos siempre para que sean perfectamente conducidos todo el tiempo. Seguramente ahora ya estarán conscientes de que ropa, o cualquier cosa que necesiten, estará siempre a su disposición. No necesitan sobrecargarse innecesariamente con equipaje en este viaje. Me encontraré con ustedes en el cuarto de la Torre el diez de agosto a las ocho de la noche, cuando la fecha de su partida sea decidida". Saint Germain nos acompañó al auto y después de darnos un amoroso adiós, regresó al Retiro. Entramos al coche y nos dirigimos de regreso al rancho. Las siguientes dos semanas estuvimos verdaderamente ocupados terminando de organizar todo para nuestro viaje al Oriente. Rex era el encargado de dar una explicación al capataz sobre la continuada ausencia de Daniel Rayborn.

"Mi padre", le explicó una mañana, "ha sido llamado al Lejano Oriente en donde deberá permanecer indefinidamente. Yo estaré encargado de las cosas aquí, aunque Nada y yo estaremos viajando por el extranjero alrededor de dos años. ¿Podríamos descansar en que usted verá por el rancho durante nuestra ausencia?"

"Me esmeraré en atender todo, como usted lo desea", respondió. "Mi Ayudante es completamente seguro y capaz de hacerse cargo, en caso de ocurrirme cualquier cosa".

El tiempo pasó volando y el diez llegó llenando con gozosa anticipación nuestro encuentro de esa noche con Saint Germain. Hasta que uno ha tenido la experiencia, como fue nuestro privilegio de asociación con Él, es imposible transmitir la gran felicidad que sentimos por la expectativa de una todavía mayor iluminación. Nuestra reciente Instrucción durante la Ascensión de Daniel Rayborn y mi contacto con un caballero mayor de cabello blanco, quien buscó por mucho tiempo al hombre con la Copa de Cristal, fue un gran estímulo y suficiente aliciente para que nosotros alcanzáramos la Luz con toda la intensidad de nuestro Ser, para realizar la Ascensión también.

A las ocho en punto, al acercarnos al cuarto de la Torre, la puerta se abrió y Saint Germain estaba ante nosotros con los brazos extendidos, Radiante y Resplandeciente. Intercambiándonos amorosos saludos tomamos nuestros lugares y nos transmitió el Amor y Bendiciones de la Madre y el Padre de Rex y Nada.

"El día de su partida", empezó "está fijado para el veinte de agosto. Pienso que estaría bien que Rex, Bob y este Hermano", señalándome a mí, "hagan un viaje más a la mina antes de salir para el Oriente con el objeto de dar fuerza y estímulo a los Livingston. Yo no tenía esta intención cuando dejaron la mina, pero Yo creo que sería prudente que los vieran una vez más. Gaylord los encontrará en París a finales de octubre, tan pronto como termine su trabajo en Sudamérica".

"Ahora tengo algo más que decirles. La entrada exterior a la Caverna de los Símbolos ha sido cerrada y a menos que uno haya estado allí, no podría ser posible localizarla nuevamente. Ciertos individuos la han descubierto y están planeando hacer una partida de investigación allí. Ha sido necesario impedir eso. Como ven, Amados, tenemos todo el Poder y Recursos Ilimitados bajo nuestro control, para vigilar y proteger cualquier cosa que necesite nuestra protección. Les daré ciertas Instrucciones para su uso inmediato y después los dejaré para ir a reunirme con la Rama Sudamericana de la Gran Hermandad Blanca". Después de indicarnos lo que era necesario, levantó Su Mano Bendiciéndonos y con una Radiante Sonrisa se fue.

El entusiasmo de Bob se mantuvo a la par que su progreso. Fue una de las cosas más maravillosas que jamás he experimentado, el observar cómo su intenso deseo por la Plena Ascensión, enfocó su atención en la "Luz" con ininterrumpida alegría y determinación. Nada y Perla expresaron la Grandiosa Sabiduría de la "Magna Presencia YO SOY", según la expansión de la Luz aumentaba en ellas y se hizo más notable en sus ojos.

Nos dirigimos a la mina el día doce a las seis de la tarde; todos se sorprendieron, excepto Zara, quien dijo que sabía que los visitaríamos otra vez antes de salir para el extranjero.

Salimos temprano la mañana siguiente y regresamos al rancho, sabiendo que nuestra visita daría fuerte apoyo a los Livingston. Nunca olvidaré nuestra última noche en esa maravillosa casa del rancho en donde tanta felicidad tuvimos todos nosotros y donde acontecimientos de tan suprema importancia ocurrieron que afectaron la Vida de cada uno tan esencialmente. Sentí un fuerte impulso de ir al cuarto de la Torre, para una meditación de despedida. Brotó tan fuerte, que pregunté a los demás si se me unían. Cuando nos acercábamos a la puerta, ésta se abrió para permitimos entrar y dentro había el mismo suave, Bello Resplandor que lo santificaba con una Sagrada Presencia, con una Paz inexpresable. La puerta se cerró tras de nosotros e involuntariamente caí sobre mis rodillas en la más grande alabanza y gratitud que jamás conocí.

De repente mi sentimiento encontró expresión y las palabras brotaron de mi "Presencia YO SOY" dando voz al Más Profundo Vertedero de mi Alma en frases desconocidas a mi habilidad externa. Cuando terminé, Bob pronunció una oración de tal belleza, que emocionó a todos. Los demás sintieron el mismo impulso y expresaron sus sentimientos desde el fondo de sus Corazones. Seguramente que el Derramamiento de nuestro Amor y Gratitud debe haber alcanzado al mismo Centro del Corazón de la Creación, así fue de intenso y sincero. Cuando terminamos la Luz en el cuarto llegó a ser Perfectamente Deslumbrante.

Repentinamente una Voz Dominante y Potente habló desde los éteres, diciendo: "Todo está bien. Siguiendo sus inspiraciones para dar expresión a esos Sentimientos Internos de Alabanza, han contactado Grandes Alturas, así como Grandes Seres Ascendidos. Esto les traerá incalculables Bendiciones. La Paz del Cristo Cósmico los envuelve y los transporta hacia adelante en Alas de Luz hasta que alcancen la Eterna Perfección".

Lentamente la Luz disminuyó hasta que solamente una suave radiación quedó. Silenciosamente dejamos el cuarto, sabiendo que estábamos bajo la Amorosa Vigilancia y Cuidado de "Magnos Poderes de Luz" de los cuales todavía tenemos una muy pequeña idea. Una profunda Inexplicable Radiación de Amor y celestial Alegría salió de cada uno hacia los otros y nos retiramos a nuestras habitaciones.

Salimos en tren temprano a la mañana siguiente y llegamos a Nueva York unos días antes de embarcar. Mientras disfrutamos muchas cosas de interés allí, sentimos todos una Tremenda Apreciación Interna por la Estatua de la Libertad.

"Qué Maravilloso Símbolo es ése", dijo Nada, "y qué pocos se detienen a preguntarse qué significa. Es realmente un Foco de Poder Espiritual, cuidando las playas de América. La Antorcha sostenida en alto representa la Luz de la "Magna Presencia YO SOY" la cual revela el camino y envía sus Rayos de Amor y Paz para todos los hombres. La majestad y poder de la figura por sí misma es una maravillosa expresión de la "Gran Presencia" que transporta la Luz y no solamente cuida y sostiene a América sino a toda la humanidad que realmente busca la Luz".

"Es como si el Espíritu de América tuviera la "Luz" en alto en silencioso saludo a la Figura del Cristo que está situada en lo alto de los elevados Andes en Sudamérica. Poco conocido es el Magno Poder que hizo que la Estatua de la Libertad fuera colocada en donde está y por qué la Figura de Jesús ocupa este alto pináculo en el hemisferio sur. Estos no son accidentes o el resultado de ciegas casualidades, porque no hay tal cosa en el Universo. Que así parezca al intelecto, es solamente la falta de comprensión de la Ley del Universo. Pueden estar seguros de que esas Figuras colocadas en esos puntos particulares dan testimonio del servicio que ambos continentes darán al resto del mundo".

A las cuatro en punto de la tarde del veintiocho abordamos el S.S. Majestic, verdaderamente un palacio flotante. El remolcador llevó al buque mar adentro y al empezar a hacer su camino a través de la gran profundidad, estuvimos observando a Nuestra Diosa de la Libertad cómo desaparecía lentamente de vista. Bajamos al comedor a la primera llamada para comer, donde teníamos reservada una mesa para seis, esperando, por supuesto, que nuestra tertulia sería a solas. Estábamos terminando de ordenar, cuando el sobrecargo trajo una Bellísima joven Dama a nuestra mesa. Imaginen mi sorpresa al mirarla, pues ante nosotros estaba la Discípula del Principal del Concejo en Francia, en cuya casa pasamos una semana antes de regresar a América con los Livingston. Ella fue con quien tuve el primer contacto como la Hermana Velada, y era el Rayo Gemelo de Gaylord. Me saludó cordialmente y mientras la presentaba a los demás, dijo: "Pueden llamarme Leto". Después de saludarla le expresaron su gran alegría y deleite por Su Presencia.

"He venido", explicó "para llevarlos a nuestra casa en París, la cual mi Maestro desea que sea su hogar mientras están en el extranjero. Le hará muy feliz extender su Hospitalidad a todos ustedes". Aceptamos su invitación felices, sabiendo que era parte del Divino Plan que Saint Germain había ordenado para nosotros. Para aumentar nuestra felicidad, su suite quedaba próxima a la de Nada y Perla. Cuando la oportunidad se presentó, expliqué a los demás que esa pequeña Dama, que parecía no tener más de diecisiete años, había usado su Actual Cuerpo alrededor de trescientos años. Casi agoté la credulidad de mis amigos, a pesar de todo lo que Saint Germain había dicho y hecho, para que ellos se acostumbraran a la Gran Verdad y Realidad de los Maestros Ascendidos y Su Trabajo.

La primera tarde, nos sentamos sobre cubierta completamente unificados con la gran paz del océano, ya que estaba calmado como un espejo, plateado por la belleza de la luna llena. La siguiente tarde, la pasamos en nuestra suite, escuchando las Instrucciones dadas por Leto. Nos explicó cómo dejar el cuerpo conscientemente y a voluntad. Fue la simplicidad y claridad de su Explicación la que hizo que todos entendieran perfectamente y se dieran cuenta de las posibilidades de lo que se puede lograr.

"Este Entrenamiento que les estoy dando" dijo "es muy eficiente y desearía darles una Prueba de ello mañana en la tarde". En la Radiación de Leto todo parecía simple, claro y fácil de lograr; por eso toda imperfección o creación humana era instantáneamente consumida al entrar en Su Presencia. Nuestra alegría y gratitud fue muy grande cuando escuchamos que ella nos instruiría durante todo el viaje. Nuevamente nos maravillamos por la manera como todo fue preparado de antemano para nosotros por la "Magna Presencia YO SOY" trabajando a través de los Gloriosos Maestros Ascendidos. Esta es Su Actividad para y hacia el estudiante, cuando se ha entrado suficientemente en la "Luz" La Gran Corriente Ascendente de Vida en donde su Libertad Eterna siempre existe.

Así que cuando cada uno de nosotros daba las buenas noches a Leto, parecía como si una sutil Túnica de Luz nos envolviera y la fragancia de brezo, con la cual estuvo saturado el cuarto toda la noche, se adhirió a nosotros mientras nos retirábamos. Nos reunimos para desayunar y la Radiación fue mayor que la noche anterior. Durante el curso de nuestra conversación, le pregunté a Ella por qué estuvimos conscientes de la fragancia del brezo durante Su Instrucción.

"En la onceava centuria", explicó "viví en Escocia, y en la experiencia de esa vida, el recuerdo del brezo me fue muy querido. Desde entonces en los momentos más inesperados, la fragancia del brezo irradia intensamente, tanto, que muchas veces es advertido por aquellos alrededor de Mí". Observé que Leto vestía una simple Túnica Blanca, aunque diera el efecto de tener un reflejo de muchos colores, brillando a través de ella. Ella respondió a mi pensamiento sobre eso inmediatamente, diciendo: "Esta Túnica que estoy vistiendo es una Vestidura, no hecha con manos, sino precipitada directamente desde la Pura "SustanciaLuz", de aquí el reflejo y Radiación que ven. Nunca será manchada ni mostrará uso. No pasará mucho tiempo para que cada uno de ustedes esté vistiendo la misma clase de Túnica. En la condición de despertamiento, o la que ustedes llaman la Consciente Maestría Ascendida, nunca nos sobrecargamos a nosotros mismos con equipaje de ninguna clase porque en los éteres alrededor de nosotros está la Sustancia Pura con la cual formamos cualquier cosa, tal como deseamos usarla".

"Todo lo que necesitamos hacer es llevarla a la forma mediante la atención consciente sobre nuestra imagen mental o forma visualizada. Esto crea un foco para la concentración y condensación de la Luz Electrónica en el éter, la cual llena todo el espacio dondequiera. Nuestro sentimiento, unido a la imagen mental, realiza una atracción un tirón magnético sobre la Sustancia Pura Electrónica. Con estos Sentimientos debe haber un cierto conocimiento de cómo elevar o disminuir el nivel vibratorio en el aura alrededor del electrón, porque el nivel vibratorio del aura determina la calidad y material del artículo precipitado".

"Cuando uso el término electrón, quiero decir un Centro de Fuego Inmortal un Perfecto Balance de Luz, Sustancia e Inteligencia, alrededor del cual está un aura de menor Luz que los científicos del mundo llaman un campo de fuerza. El electrón es invariablemente Perfecto, pero el campo de fuerza o aura alrededor de él, está sujeto a expansión y contracción y éste es el factor determinante para traer la sustancia a la forma desde lo invisible hacia lo visible".

"Debido a la Inteligencia Inherente dentro del electrón, llega a ser un obediente servidor y está sujeto a la manipulación del Individuo, quien reconoce su Fuente de Vida por su conciencia de la "Magna Presencia YO SOY" dentro de sí. Desde Esta Elevación de Conciencia, el

Individuo, por un mandato directo a la Inteligencia dentro del electrón, puede liberar una onda de Su Fuego y causar al campo de fuerza una expansión o una contracción, como sea su voluntad".

"Esta es la elevación o descenso de nivel vibratorio y es la actividad que causa al campo de fuerza que registre y se convierta en la calidad del material que trae a la forma física. Para ilustrarlo, el hierro tiene un nivel vibratorio mucho más bajo que el Oro, y si uno está precipitando Oro, el campo de fuerza alrededor del electrón será naturalmente más grande en extensión y por tanto contiene más del Fuego Inmortal que aquél del hierro".

"Al traer esta clase de manifestación, la visión y sentimiento deben ser sostenidos firmemente para producir resultados rápidos. Es el trabajo del estudiante ser maestro de sí mismo, y mantener el Control Consciente y la dirección de la energía dentro de su propio cuerpo y mente. Entonces él puede gobernar el flujo de su poder, a través de los canales de la vista y el sentimiento hacia un objetivo definido, y mantenerlo ahí, hasta que el receptáculo, que es su cuadro mental, es llenado completamente de la Viviente Sustancia Luminosa del Fuego Universal de Vida".

"Esta Instrucción es para su uso y deben aplicarla si desean obtener algún grado de Maestría, porque solamente por el uso del conocimiento que ya tenemos, podremos usar aquello que es aún más grande. Nadie puede alcanzar algún grado de Maestría, excepto a través de la Gran Ley Interna del "YO SOY".

"El Mayor de todos los Fundamentos es recordar siempre que desde el más bajo hasta el más alto Ser en el Universo, la "Unica Presencia y Poder" que puede mover o hacer cualquier cosa constructiva es Esa Consciente Inteligencia, la cual reconoce Su Propio Ser y Manifestación decretando "YO SOY" seguido por cualquier cualidad que el Ser desee traer a la existencia externa. Esta es la "Palabra de Dios" a través de la cual toda Creación tiene lugar y sin la cual la Creación no puede ser. Recuerden, hay un solo Poder que puede moverse en toda la Creación y éste es la "Magna Luz Electrónica" existiendo en todas partes e interpenetrando toda manifestación".

"El Individuo que puede decir "YO SOY" por el Reconocimiento de su propia existencia, debe aceptar la responsabilidad de sus propios Decretos. El Gran Principio Creativo está presente en todas partes, lo mismo que lo está la tabla de multiplicar, mas toma tiempo el Reconocimiento del Individuo de su "Presencia YO SOY" para ponerla en acción y cumplir su plan de Vida, que es Perfección o Equilibrio Perfecto".

"La personalidad o actividad externa del Individuo es solamente un foco a través del cual "La Mágica Presencia del YO SOY" actúa. Si la energía de la "Magna Presencia YO SOY" es calificada por pensamientos y sentimientos que solamente consideran los apetitos del cuerpo carnal, el "Balance Perfecto" del vehículo Individual no es mantenido y es como una rueda fuera de su centro. Por tanto sólo la imperfección y discordia se expresan; mas si el Individuo considera el "Balance Perfecto" y hace su Decreto incluyendo el todo, en lugar de sólo una parte de su Universo, él estará únicamente siguiendo su Reconocimiento de la "Presencia YO SOY" y la libertad de Su Poder, por Decretos que mantienen el Equilibrio Perfecto. Cualquier creación de la Vida que acepte menos que Perfección Ilimitada, no está en el plan de Dios y continuará destruyendo las formas en las cuales esté enfocada, hasta que el Decreto de Completa Perfección es expresado. Cuando el estudiante entienda esto tendrá una gozosa, radiante y firme conciencia de su "Mágica Presencia YO SOY", NO PERMITIENDO NUNCA A SU PALABRA HABLADA DECRETAR CUALQUIER COSA QUE SEA MENOS QUE LA PERFECCION DE LA VIDA".

"Desde Nuestra Altura de Conciencia, después de estar observando a la humanidad por centurias en su lucha a través de la miseria y discordia que ella misma ha creado, es sorprendente cómo la humanidad rehusa entender por qué las mentes y cuerpos de la raza continúan envejeciendo, decayendo y desintegrándose, cuando algunos de los científicos materialistas reconocen que la célula de la cual los cuerpos físicos son hechos es Eternamente Inmortal. La Célula contiene dentro de ella el Poder para renovarse eternamente y sustentarse a sí misma porque hay un Perfecto Balance en todas Sus Partes. Si se le deja en su propia actividad y esfera, continuará satisfecha de pasar por la experiencia de la muerte, en tanto que todo el tiempo se está aferrando a la juventud, a la belleza y a la Vida; sin embargo rehusan mantenerse lo suficientemente armónicos para que sean mantenidas. El estudiante que quiera permanecer uno con su "Presencia YO SOY" aceptando y decretando sólo su Perfección y Gran Poder Interno, liberará Su Fluido a través de la actividad externa de la mente y el cuerpo y producirá todo lo que él decrete".

"Ser capaz de salir y entrar del cuerpo a voluntad, es un paso necesario para la Libertad del estudiante que lo conducirá a Grandes Realizaciones. Una parte de Mi Servicio a la humanidad es enseñar a los Individuos cómo hacer esto, un trabajo por el cual tengo un profundo Amor y habilidad natural. Puedo transmitir esta idea a otros, para que ellos también adelanten y comprendan la Vida en mayor medida".

"Dentro de dos meses ustedes entrarán y saldrán de su cuerpo conscientemente, tan fácilmente como ahora entran y salen de sus casas. Al principio los asistiré hasta que entiendan y fijen la operación en sus conciencias, entonces conseguirán lo que deseen, completamente por su propio esfuerzo. Rara vez encontramos varios Individuos listos al mismo tiempo para Esta Instrucción, pero a causa de que ustedes cuatro son dos grupos de Rayos Gemelos trabajando juntos, es que esta extraordinaria circunstancia se explica".

"Disfrutemos de la brisa del mar, la belleza de la noche y el tiempo perfecto que tendremos durante toda la travesía, ya que nunca hay tormentas o disturbios en donde hay un Foco de la Gran Hermandad Blanca. Cada Miembro es un Foco Definido. Tengo trabajo que hacer ahora lejos, así que debo dejarlos hasta las cuatro de esta tarde, cuando regresaré y estaré con ustedes en la comida"

Yo siempre he disfrutado una travesía por mar, pero este viaje fue más que placentero, por nuestra asociación y trabajo con Leto, manteniéndonos constantemente conscientes de la Presencia de Dios. Más tarde en el día, tuve ocasión de platicar por unos minutos con el Capitán y dijo que durante sus quince años en el mar, nunca había tenido un viaje más maravilloso. Quise decirle por qué, pero es parte de la sabiduría permanecer callado. Cuando estábamos tomando nuestros lugares a la mesa para cenar, Leto regresó y uniéndose a nosotros dijo:

"Tengo información que les alegrará. Cosas espléndidas están siendo llevadas a cabo para la Bendición de la humanidad. Se los digo para que se alegren conmigo, después sabrán todos los detalles de esto, probablemente cuando lleguemos a Arabia. Me complace que ustedes estén manteniendo su conciencia bien enfocada en la "Mágica Presencia YO SOY". Esta noche antes de empezar nuestro trabajo, quisiera que disfrutaran del atardecer conmigo, porque no tendrán otra oportunidad en cincuenta años debido a ciertas Actividades Cósmicas, las cuales aún no comprenden".

Leto tenía sillas colocadas en la cubierta superior en donde estaríamos tranquilos. Cuando estuvimos todos confortablemente sentados, Ella continuó:

"Recuerden que el Amado Saint Germain les dijo: "el Sol de Este Sistema es al sistema completo lo que el Corazón es al cuerpo humano, Sus Corrientes de Energía siendo la corriente sanguínea de Este Sistema de mundos; el Cinturón Etérico alrededor de Esta Tierra siendo los pulmones a través de los cuales las corrientes de energía que emanan constantemente están siempre purificando el cuerpo de la Tierra. El Sol es también la Cabeza o Padre de Este Sistema por medio del cual esta Magna Energía es constantemente generada por, la "Todopoderosa Inteligencia" enfocada ahí por los Gloriosos Seres Ascendidos que tienen a su cargo y gobiernan Esta Actividad".

"El Sol no es caliente como los científicos piensan. Es fresco. Conforme las Corrientes de Energía del Sol pasan a través del Cinturón Etérico de la Tierra se convierten en calor. El Sol es el Polo Electrónico y la Tierra el Polo Magnético. El Cinturón Etérico es el elemento a través del cual las corrientes son cambiadas".

"La Mente Crística está encarnada en Grandes Seres del Sol, de forma similar que en la Tierra. Siempre tengan esto en mente: Dios envió fuera Sus Rayos Individualizándose A Sí Mismo, para gobernar, regular y dirigir su Actividad a través de Seres Conscientes. Es por esto que, como Hijos de Dios, se nos dio libre voluntad de elegir".

"Reconociendo y aceptando completamente Este Magno Poder de Dios, Amor e Inteligencia anclado en nosotros, podemos expresar más y más el Completo Poder de Dios en acción consciente. Sólo los estudiantes más avanzados se dan cuenta que hay Seres Todopoderosos más allá del "Señor de la Tierra" como el "Señor de la Tierra" está más allá del ordinario mortal".

"Ahora, cada uno de ustedes retire la conciencia de su cuerpo y colóquenla totalmente sobre el Sol. Cierren parcialmente sus ojos y esperen". Estuvimos muy quietos por alrededor de veinte minutos y entonces salimos como un grupo con Leto como guía. Ella se volvió Luminosa y Radiante. Más y más profundamente nos fuimos internando en la intensa Luz de ese Gran Foco de Luz Cósmica, tomando conciencia de que estábamos próximos a la Esfera misma. La Radiación que emitía daba a uno un sentimiento de Gran Exaltación con una luminosa sensación de Paz y Poder. Entre más se acercaba Leto, más brillante se tornaba su Radiación.

Entonces nos aproximamos a una magnífica ciudad llamada la "Ciudad del Sol". En ella había maravillosos Seres Perfeccionados, parecidos a nosotros, excepto que sus cuerpos eran ligeramente más grandes que los de nuestra humanidad, pero su Radiación y Belleza estaban más allá de lo que las palabras pueden describir.

En un momento nos encontramos a nosotros mismos retirándonos, la Gloriosa Ciudad empezó a perderse de vista, la Indescriptible Luz se debilitó y entonces escuchamos a Leto hablándonos ordenándonos regresar con Ella. Con un repentino sobresalto estuvimos conscientes nuevamente de nuestros cuerpos físicos.

"Un gran triunfo" dijo Ella, sonriéndose. "He provocado esto para que cada uno pueda dar testimonio a los otros de lo que han visto, porque en esto hay una energía formidable. El concepto que tiene el género humano de que el Sol es un foco de gran calor es absurdo e infantil. La Verdad es que los Tremendos Rayos de Energía que envía fuera a Su Sistema de Planetas no son rayos de calor de ninguna manera, sino Rayos de Energía Electrónica, los cuales sólo se vuelven calor cuando contactan y penetran la atmósfera de la Tierra. La atmósfera alrededor de nuestro planeta es un campo de fuerza producido por los Rayos de Fuerza Magnética enviados fuera desde el centro de este planeta y cuando los Rayos de Energía Electrónica del Sol tocan ésta, tenemos los fenómenos de nuestra atmósfera que llamamos calor y Luz del Sol."

Disfrutamos el crepúsculo sobre cubierta hasta las siete y media y fuimos al camarote de Leto. Tomamos nuestros lugares en cinco sillas reclinables que Ella había provisto para nuestro uso, en las cuales el cuerpo quedaba perfectamente balanceado y cómodo; entonces Leto empezó Su Instrucción.

"Enfoquen su atención sobre el Corazón por un momento", explicó "después llévenla a lo alto de la cabeza. Manténganla ahí sin cambio y dejen que lo siguiente sea su único pensamiento:

"MAGNA PRESENCIA YO SOY" QUE "YO SOY" ENCÁRGATE YA EN COMPLETA MAESTRIA DE ESTE CUERPO. CUIDA DE QUE SALGA Y ENTRE DE EL CONSCIENTEMENTE Y A VOLUNTAD. NUNCA JAMAS PUEDA APRISIONARME O LIMITAR MI LIBERTAD".

No habían pasado más de tres minutos cuando estuvimos situados ante nuestros cuerpos Libres, conscientemente Libres en cuerpos de Sustancia, pero más sutil que la del cuerpo físico. En éste estábamos más claramente alertas y Libres de lo que nunca habíamos estado.

"Vengan conmigo" dijo Leto, e instantáneamente salimos del cuarto sobre plácidas aguas y fuimos directamente a Su casa en París. Vimos y saludamos a Su Maestro. Entonces, continuamos nuestro viaje a la sede de la Hermandad en Arabia, la cual visitamos más tarde. Cuando regresábamos cerca de nuestros cuerpos, Ella habló nuevamente "Esperen, haremos esto conscientemente" ordenó. Se acercó a cada cuerpo sentado en la silla y tocándole la frente, el cuerpo inmediatamente se ponía de pie, aunque parecía aún como dormido. Luego dio las Instrucciones Necesarias, que no puedo dar aquí, y estábamos nuevamente totalmente conscientes en nuestros cuerpos. La experiencia íntegra fue diferente de cualquiera otra que hubiéramos vivido nunca antes y nos dejó con una indescriptible confianza de que podríamos hacerlo otra vez. Tratamos de agradecérselo a Ella, pero levantó Su Mano pidiéndonos silencio.

"El Amor es Servicio, porque es la Naturaleza del Amor dar y no le interesa recibir, ni está esperando reconocimiento de sus Dones. Sin embargo, su agradecimiento es hermoso y notorio para mí. Sólo traten de Ser el Amor que no desea poseer, pues entonces el Amor es Verdaderamente Divino".

Los siguientes días fueron llenándose de alegría, belleza, reposo y Paz según observábamos las soleadas aguas por el día y la maravillosa luz de la luna por la noche hasta que ya no respiraba sino más que alabanza y gratitud por la felicidad de existir.

El barco atracó en Cherburgo y siguiendo a Leto que nos mostraba el camino, llegamos a donde nos esperaban los autos y fuimos llevados a París; Perla y Nada subieron en Su coche y Rex, Bob y yo en el segundo. Cuando llegamos a Su casa en París Su Maestro nos saludó en su Afable y Cortés Manera.

"Es nuestro Gran Placer" dijo, "ofrecerles ésta su casa tanto tiempo como deseen y queremos que se sientan tan libres de ir y venir como si estuvieran en su propia casa en América".

Los siguientes días los pasamos con Estos Benditos Maestros, aprendiendo muchas cosas hermosas y recibiendo algunos conocimientos del Maravilloso Trabajo de la Gran Hermandad Blanca. Su Estupendo

Poder, Sus más Secretos Trabajos y Realizaciones, simplemente dan vértigo al que no está acostumbrado a Esta Clase de Conocimientos.

Quedamos bajo Entrenamiento, y Leto, terminada nuestra Instrucción del día, nos mostraba los lugares de interés en la tarde. No perdimos ni un momento cuando Ella nos dijo que saldríamos para Arabia pronto, y que esperaba la llamada dentro de la semana.

Cuando visitábamos el Louvre, Leto nos mostró una pintura de un joven artista llamada la "Unión de Dos Almas". La intención era representar la "Unión de los Rayos Gemelos" y era una concepción maravillosa, un hermoso trabajo artístico.

"Estamos en espera" dijo Ella, "de una oportunidad para ver si este artista puede ser despertado a la Sabiduría Interna, después de haber hecho tal interpretación de su idea. En la mitad de su trabajo, sin saberlo, cerró la puerta a la inspiración que estaba recibiendo desde el principio, y Mi Maestro viendo la necesidad, dio la Asistencia necesaria restableciendo el contacto con su Inspiración Divina, y así le permitió terminar la pintura. Esto no lo supo él, por supuesto, pero la bellísima pintura que ven ustedes fue el resultado".

"Frecuentemente un artista, músico, escritor, inventor o cualquier otro Individuo que esté haciendo trabajo creativo, está recibiendo Asistencia de los Maestros Ascendidos, cuya Asistencia es ignorada por los que la reciben. En esta clase de Actividad Nosotros trabajamos de manera impersonal".

Asistimos a una Reunión de la Gran Hermandad Blanca, a la cual vinieron Miembros de todo el mundo; entre ellos estaba el Amigo de Gaylord a quien había conocido cuando Gaylord fue secuestrado y llevado a París. Fue una interminable fuente de gozo conocer el Importante Trabajo que estaba siendo realizado por los miembros de la Gran Hermandad Blanca, completamente desconocido en el mundo externo. Mucha gente sincera que desea vivir de manera constructiva La Vida, son miembros de esta Hermandad en los Planos Internos, mucho antes de que ellos se hagan conscientes de esto en el sentido externo. El tiempo de nuestra partida se acercaba y Leto nos conduciría al Oriente. Dijimos adiós a su Bendito Maestro y nos dirigimos a Marsella en coche. Fuimos directamente a la oficina de vapores de la Línea Marítima de Comunicaciones. Cuando entramos, un hombre alto y bien parecido, vestido al estilo árabe, salió y se inclinó delante de Leto.

"Su Alteza" dijo, "las reservaciones son para el barco "Mariette Pache". Este sobre contiene los papeles necesarios. Su hospedaje en el lugar usual está listo. ¿Puedo hacer algo más?"

Él tocó su Corazón y frente y Leto devolvió el saludo, haciéndole una Seña, la cual reconocimos como perteneciente a la Gran Hermandad Blanca. Supimos por esto que él era uno de los Hermanos. Regresamos al auto y fuimos llevados a lo que resultó ser una vieja pensión privada, anticuada, pero inmaculadamente limpia y el hospedaje bueno. Leto le dijo al conductor que nos recogiera a las nueve de la mañana siguiente y debo confesar que estaba sumamente interesado en saber por qué Leto era tratada como "Su Alteza".

A las nueve en punto abordamos los autos y fuimos llevados al muelle, recomendando Leto a los conductores que volvieran a París. Cuando abordamos el buque todo el grupo fue objeto de gran deferencia y nuestros camarotes eran verdaderamente palaciegos.

Tuvimos un viaje delicioso en las aguas azules del Mediterráneo y finalmente atracamos en Alejandría. Nuevamente Leto nos guió a los autos que esperaban y después de un recorrido de aproximadamente veinte minutos llegamos a un lugar de altas paredes y nos detuvimos delante de una hermosa casa construida en estilo arquitectónico morisco. Un joven con ropas árabes nos admitió y condujo a una habitación circular. Una hermosa y alta mujer que parecía no mayor de veinte años, y cuyos ojos encerraban profunda sabiduría, se adelantó y nos saludó graciosamente. Leto nos la presentó como Electra.

"Queridos Hermanas y Hermanos" dijo, "los he estado esperando y son bienvenidos. Por favor acepten mi Humilde hospitalidad ahora y siempre que estén en Alejandría. Me honrarán si hacen de ésta su casa. Su Amado Maestro estuvo aquí ayer y pidió que permanezcan ustedes dos días aquí. Después un bote los llevará a un lugar en la costa de Arabia del cual partirán en auto hasta su destino". Tocó entonces unas melódicas campanitas, el joven regresó y nos condujo a nuestras habitaciones.

Durante nuestra conversación en la cena supimos algo de la familia de Electra. Su Padre era inglés y su Madre francesa. Alguien preguntó que cuánto hacía que habían fallecido y ella contestó:

"Hace ciento veinticinco años. Ya ven" continuó, "que no estoy tan avanzada como su Maravillosa Acompañante, pero he logrado suficiente dominio para eliminar tiempo y espacio".

"Electra" dijo Leto "está muy avanzada y está haciendo un hermoso trabajo como verán posteriormente. Mientras estemos en Alejandría, verán los lugares de interés y emplearemos los próximos dos días disfrutando de todo".

A la mañana siguiente anduvimos muy entusiasmados viendo los alrededores. Cuando nos detuvimos en la tienda de un joyero admirando las hermosas alhajas y la exquisita artesanía de sus engarces, el viejo joyero hizo una profunda reverencia y a manera de saludo tocó su Corazón y Cabeza pidiendo ver los anillos de Rex y Bob. Permaneció unos momentos silencioso y entonces, mirándolos fijamente, dijo:

"Mis hermanos, me han hecho un gran honor; sólo una vez he visto antes tales joyas. Son "Luz Condensada". Son "Gemas Vivientes". En verdad son ustedes benditos".

Cuando le dimos las gracias y dimos la vuelta para retirarnos, pidió la Bendición del Más Alto para nosotros.

La segunda tarde, después de visitar al viejo joyero, estábamos escuchando a Electra describir Sus Experiencias, cuando un Sobre Sellado cayó de la atmósfera, directamente a los pies de Rex. Lo abrió ansiosamente y encontró un Mensaje de nuestro Amado Saint Germain.

"En la mañana" leyó "un yate que pertenece a uno de los Hermanos, los llevará a cierto puerto desde el cual procederán por auto a su destino en Arabia. Su Madre y Padre envían Saludos y Amor a todos". A la mañana siguiente Electra nos acompañó al yate, un bote hermoso, en muy buenas condiciones.

"Los esperaré a su regreso, antes de que vayan a la India" dijo, al tiempo que se despedía. Cuando abordamos el yate recibimos otra sorpresa pues su Dueño no era otro que el Amigo de Gaylord, el Hermano que conocí en el barco cuando llegué a Cherburgo, mientras Gaylord era mantenido en cautiverio. Hicimos el viaje con todas las comodidades. Uno apenas puede darse cuenta del placer de estas actividades, a menos que se haya experimentado una cosa igual. Tan pronto como nos encontramos en mar abierto, nuestro Anfitrión nos dio Su Entera Atención.

"Acabo de recibir una carta" dijo "de Gaylord, quien aún se encuentra en Sudamérica. Está terminando cierto trabajo allá y dice que los recuerda a todos. Que espera verlos en pocas semanas más y hasta entonces su Amor los envuelve siempre". Agradecimos a nuestro Anfitrión el mensaje de nuestro amigo, por cuyo bienestar nos interesábamos profundamente.

Nuestro viaje a través del canal de Suez fue delicioso y había tanto de la tradición divina ligada con el Mar Rojo que esperábamos sentir escalofríos al pasar a través de él. Conocíamos los sucesos tan bien que casi esperábamos ver que las aguas se dividieran y que las escenas del pasado aparecieran en el Eter. Al recordar los milagros de aquel tiempo, nuestro Anfitrión nos dio su Instrucción.

"Los milagros" explicó "no son sino el resultado de una Todopoderosa Omnipresente Ley Cósmica puesta en acción conscientemente por uno que acepta su Divina Autoridad y entiende Su Uso. Las Leyes que gobiernan cualquier clase de manifestación considerada sobrenatural por la mente humana, son tan naturales y ciertas como el movimiento de un planeta. Toda actividad desde el electrón hasta los Soles Mayores en el espacio, están bajo el control y exacta operación de la "Ley" puesta en operación por la Inteligencia Individualizada auto consciente. Cuando un Individuo entiende y aplica la "Gran Ley" que gobierna la manifestación en la forma, puede, y lo hace, producir resultados exactos. Así que hablando con la Verdad, no hay milagros".

"Los milagros no son sino el efecto de la aplicación de la ley por un Individuo para producir un resultado específico. Todos pueden aprender a hacerlo si lo desean con suficiente fuerza y disciplinan la actividad exterior del pensamiento Y el sentimiento". Llegamos a nuestro puerto y dos autos estaban esperando para llevarnos el resto del camino. Nuestro Anfitrión nos acompañó al Retiro Arabe y dio instrucciones para que Su yate permaneciera anclado hasta que regresáramos. Habíamos cenado antes de dejar el yate pues ya era tarde cuando llegamos al puerto. Leto explicó que íbamos a viajar durante la noche para no ser observados a través de esta parte del país. Viajamos por muchos lugares extraños y llegamos a nuestro destino poco antes del amanecer.

Nos detuvimos delante de una cabañita que Gaylord nos había descrito, cerca de una colina. Cómo Pudimos llegar en auto en lugar de camellos, no lo supimos; ni era asunto nuestro preguntarlo por ahora. Sabíamos que éramos invitados de una "Magna Presencia y Poder" y nuestro deber era permanecer silenciosos hasta que fuéramos voluntariamente informados. LA CURIOSIDAD DE PARTE DE UN ESTUDIANTE ES INEXCUSABLE EN EL ENTRENAMIENTO ESPIRITUAL Y DEBE SER COMPLETAMENTE EIIMINADA DE LA CONCIENCIA ANTES DE QUE CIERTA COMPRENSION, PODER Y EXPERIENCIAS SE LO PERMITAN A LO LARGO DEL SENDERO DE LA MAESTRIA. A MENOS QUE LA PERSONALIDAD ESTE COMPLETAMENTE ANIQUILADA, ES UNA PUERTA ABIERTA A TRAVES DE LA CUAL LAS FUERZAS SINIESTRAS PUEDEN ACTUAR EN CUALQUIER MOMENTO Y CORTAR EL PROGRESO POSTERIOR DEL ESTUDIANTE AVANZADO. SIEMPRE QUE FUE NECESARIO, TODO LO QUE NECESITABAMOS SABER FUE EXPLICADO, SIN PEDIRLO NOSOTROS.

Rompía la alborada, cuando llegamos a la cabaña e inmediatamente un hombre alto, en capa azul índigo, salió a darnos la bienvenida.

Nos saludó a cada uno cordialmente y pidió que volviésemos a nuestros autos. Entonces, si hubiese ocurrido un cataclismo no habríamos quedado más sorprendidos; directamente enfrente de nosotros, la tierra se abrió revelando una entrada parecida a una quijada hecha de metal, lo suficientemente grande para admitir nuestros autos que conducía a un camino bien pavimentado con una inclinación descendente. La quijada era controlada por una maquinaria poderosa y cuando se cerró tras nosotros pocos momentos después aparentaba ser solamente el suelo del Desierto Arabe.

Conforme nuestros coches entraron al camino que conducía hacia abajo, las paredes que nos rodeaban quedaron inundadas con esa Suave Luz Blanca que conocíamos tan bien y que los Maestros Ascendidos siempre usan para iluminar túneles, cavernas y todo pasaje subterráneo. Viajamos lentamente por alrededor de veinte minutos y entonces entramos a una habitación circular de cerca de doscientos pies de diámetro. En este lugar se mantenía todo el equipo para el servicio de automóviles y se tenía personal listo para darlo, si se requería.

El Hermano de la capa azul índigo se adelantó y nos guió hasta lo que probó ser un elevador. Entramos, descendimos por aproximadamente trescientos setenta pies, y nos detuvimos entrando a una cámara enorme con tremendas columnas de casi trescientos pies de alto.

Estas grandiosas columnas estaban abundantemente cubiertas con jeroglíficos pintados en colores maravillosamente hermosos. Supimos posteriormente que había sido la antesala de un gran edificio de gobierno. Nuestro guía nos condujo a través de esta cámara a una entrada con un grandioso arco que se abrió a Su Mando, admitiéndonos a otra cámara que estaba bellamente decorada. Su techo era arqueado con muchos ornamentos, soportado por una sola columna colosal al centro. Esta segunda habitación debe haber tenido por lo menos doscientos pies por lado. El Hermano de la capa azul índigo rompió el silencio.

"Esta es una de nuestras principales cámaras de concejo", explicó, "que frecuentemente usamos como salón de banquetes. Amados

Hermanas y Hermanos, ustedes, que aún no han sido admitidos formalmente como miembros de nuestra Orden, son los primeros estudiantes jamás aceptados a este Antiguo Retiro sin haber sido completamente aceptados en las actividades externas de esta rama de la Gran Hermandad Blanca, aunque les aseguro que sus credenciales son muy suficientes". Con estas palabras se quitó la Caperuza de su capa y nuestro Bendito Saint Germain estaba ante nosotros. Estábamos emocionadísimos y nos sentimos inmediatamente como en casa.

"Se les mostrarán ahora sus habitaciones y después de refrescarse y ponerse sus Túnicas sin Costura vengan a Mí aquí". Un joven y una doncella aparecieron y nos mostraron el camino a nuestras habitaciones. Posteriormente cuando regresamos al salón de concejo, muchos Hermanos habían llegado ya y estaban hablando al Amado Saint Germain.

"En siete días" explicó "un Concejo Internacional de la Gran Hermandad Blanca tendrá lugar en Este Retiro. La mayoría de Nuestros Miembros estarán aquí debido a que esta clase de Concejo se lleva a cabo solamente cada siete años. En esta ocasión ustedes serán hechos miembros del cuerpo exterior, así como del "Interno". Por favor siéntese pues deseo darles información relativa a la ciudad donde están ahora", dándonos entonces una Maravillosa Plática que nos hizo asombrarnos de este lugar de maravillas que es la Tierra, y no se diga el resto del Universo.

"En un tiempo" explicó "esta ciudad estaba en la superficie de la Tierra. Ciertos Maestros Ascendidos sabían que amenazaba un cataclismo y sellaron una porción de ella para uso futuro. En la catástrofe que siguió se hundió profundamente debajo del nivel original y se llenó y fue cubierto por la arena del campo circundante, que se había vuelto un desierto".

"La punta de los edificios más altos están en algunos lugares a ciento veinticinco pies totalmente debajo de la superficie. Los pasajes de aire se han mantenido abiertos y siempre dan ventilación perfecta.

Dentro de esta ciudad subterránea, se han perfeccionado algunos de los más maravillosos logros en la química y los inventos que el mundo exterior ha tenido el privilegio de recibir. Siempre que esto ha ocurrido se ha encontrado a un hombre o a una mujer dignos, a través de quienes el mundo ha tenido el privilegio de recibir Estas Bendiciones".

"Hay aquí mucho de vital importancia listo para ser dado a la humanidad, cuando la sabiduría en el juicio de los Maestros Ascendidos decida otorgarlo. Otra vez habrá otro gran cataclismo que desgarrará la superficie de la Tierra y apartará de futura autodestrucción a los seres humanos que tienen la ignorancia y la presunción de decir: "Dios no existe". Aquellos que están tan atados por su obscuridad creada por ellos mismos, que destruyen lo que en la Tierra es símbolo del bien, la verdad, la elevación y la iluminación, deben, por la obscuridad de sus propias mentes, ser impedidos de crear futura discordia en este planeta y de influenciar a otros con sus equivocados conceptos de la Vida".

"Lo que sea y quien sea, que niegue a Dios la Fuente de toda Vida y Luz puede sólo existir mientras la energía que ya recibieron pueda sostenerlos, porque en el momento en que un Individuo, grupo o nación niegue la verdadera Fuente de Vida, en ese instante, la Corriente Dimanante de VidaEnergía, es cortada, y sólo continúa su función hasta que la fuerza que tiene ya acumulada se agote. El colapso y autoaniquilación de éstos es inevitable".

"La negación de la Vida y de la Luz corta la energía sustentadora, mientras el Reconocimiento a la Vida y Luz la libera y permite que fluya a través del cuerpo y la mente que la Reconoce".

"La Gran Ley" que gobierna toda forma, o la "Ley de Causa y Efecto" tolera la iniquidad del hombre hacia el hombre hasta cierto punto. Cuando esa maldad es dirigida a la Cabeza de Dios o Fuente de Vida, la respuesta es veloz y acertada. Existe un Proceso Automático de Purificación y Equilibrio en toda Vida y cuando cualquier actividad externa se opone a la Ley Cósmica de Adelanto y Siempre Expansionante Perfección, la cual está siempre presionando de dentro hacia afuera, entonces llega la hora cuando toda oposición es hecha a un lado y aniquilada por el Impulso de Adelanto dentro de la Vida Misma".

"Cuando los que gobiernan una nación dan la espalda a Dios destruyendo todo lo que tiende a la "Luz de Cristo", significa que el fin de ese gobierno y grupo está cercano, porque causa una cierta Actividad Cósmica que liberada sobre el planeta, los barre de la existencia".

"El intelecto humano adquiere torcidos modos de pensar y uno de los más desastrosos de éstos es la actividad de la conciencia humana que rehúsa u olvida Amar y Agradecer a la Vida la "Magna Presencia YO SOY" por las Bendiciones que la Vida está constantemente concediendo sobre el género humano y Esta Tierra".

"El humano promedio está viviendo Vida tras Vida sin amar y agradecer a su propia "Magna Presencia YO SOY" por la energía que fluye constantemente a través de su mente y cuerpo, por la Sustancia que usa en su cuerpo y mundo, o por los cientos de cosas buenas de que está constantemente rodeado las cuales usa y disfruta, y sin embargo no da nada de sí mismo en recompensa".

"Mucha gente tiene un sentimiento de rencor contra la Vida, culpándola por sus sufrimientos y fracasos, aún cuando una muy pequeña cantidad de Gratitud y Amor derramadas hacia la Presencia YO SOY" en cada Corazón humano, transmutaría toda discordia en Paz y Amor, liberando la Perfección de Vida en la actividad externa del Individuo".

"Los seres humanos encuentran abundancia de tiempo para amar perros, gatos, comida, ropa, dinero, diamantes, gente y cientos de otras cosas; pero es muy raro que un Individuo tome cinco minutos de su Vida para amar a su propia Divinidad; sin embargo, está usando cada segundo de su Vida y Energía para gozar de estas cosas. Aún aquellos que piensan que aman a Dios casi no dan Reconocimiento a la "Magna Presencia YO SOY" dentro de ellos mismos y no agradecen a Ella por las buenas cosas que vienen a ellos en la Vida".

"No es que no debemos dar Amor a las cosas en la actividad externa, pero ciertamente debemos amar a la Divinidad Dentro de Nosotros primero y más que a cualquier cosa o personalidad externa. Esta es la Vida y Conciencia, por lo cual Existimos".

"LA FELICIDAD NO PUEDE EXISTIR EXCEPTO CUANDO EL AMOR ES MANIFESTADO. Esta es la Ley de la Vida. Cuando la gente ama algo o a alguien, son felices. Hasta un avaro es feliz cuando ama su Oro, porque está manifestando un sentimiento de Amor a la cosa que él intenta retener. Lo que él está realmente tratando de obtener es felicidad, pero no se da cuenta que el sentimiento de felicidad no está contenido en el Oro, sino en la manifestación de Amor de él mismo. En esa manifestación permite a la Vida fluir ininterrumpidamente y en forma armoniosa".

"Sin embargo, habiendo recibido de la "Magna Presencia YO SOY" todo lo bueno que hemos utilizado en cada cuerpo físico, la primera y Grandiosa Manifestación de nuestro Amor pertenece siempre a Nuestra Propia Individualizada Llama de Dios La Poderosa Conciencia de Vida- dentro de Nosotros que nos permite Reconocer Nuestra Propia existencia y Fuente de Toda Vida, cuando decimos "YO SOY". En Estas Palabras está Dios por Completo y ninguna experiencia humana es realmente más importante que Dios. Cuando el Individuo acepta, reconoce y siente a "Dios por Completo" él es feliz, tiene todo lo bueno y entonces vive en la Mansión del Padre. ¿Es posible que cualquier cosa sea más importante o grande que Dios? Sólo con el entendimiento y conocimiento de esto puede el género humano romper las cadenas de sus propias creaciones limitadoras".

"Ahora deben descansar y entonces será Mi Privilegio llevarlos a través de esta ciudad subterránea en donde verán a los Hermanos trabajando. Sólo les hago una petición: que ningún detalle de Este Trabajo sea revelado sin el permiso de los Altos Maestros a cargo".

Nos dio las buenas noches y nos dirigimos a nuestros cuartos. Estos habían sido construidos similares al tipo de arquitectura griega y romana, aunque eran más antiguos. El cuarto que me asignaron tenía un baño al estilo romano, la más hermosa cosa que había visto de esta clase. En todas partes la atmósfera estaba cargada con la fragancia de flores, generalmente rosas.

EN LA MAÑANA FUIMOS DESPERTADOS POR MUSICA SUAVE TOCADA POR UN TIPO DE INSTRUMENTOS DE LO MÁS EXTRAORDINARIO, Y EL EFECTO SOBRE NUESTROS CUERPOS DIFICILMENTE PUEDE SER DESCRITO, PORQUE NOS DABA UNA SENSACION DE ALIVIO Y LIBERTAD, COMO SI UNA PRESION DE ALGUNA CLASE ESTUVIERA SIENDO LIBERADA. LA SENSACION CONTINUABA CRECIENDO, Y AUNQUE ESTABAMOS CLARAMENTE CONSCIENTES DE QUE UN CAMBIO SE IBA EFECTUANDO DENTRO DE NOSOTROS, NO NOS DABAMOS CUENTA HASTA QUE PUNTO ERAN ARMONIZADOS NUESTROS CUERPOS INTERNOS. LO CURIOSO SOBRE TODA ESTA EXPERIENCIA ES QUE CUANDO COMPARAMOS NOTAS, TODOS HABIAMOS SIDO AFECTADOS DE UNA FORMA SIMILAR.

Cuando entramos a la Cámara del Concejo, Saint Germain y el Amigo de Gaylord nos saludaron. Saint Germain nos pidió que tomáramos asiento inmediatamente. La primera cosa que apareció, fue la fruta más deliciosa. Después vino lo que Él llamó cereal solar sobre el cual había una sustancia parecida a la miel y crema batida. Otros varios platillos fueron servidos y terminamos la comida con una humeante bebida caliente que tomó el lugar del café, pero no era parecida a ninguna otra cosa que hubiera probado.

Aún después de nuestras múltiples experiencias, siempre me parecía maravilloso que las cosas aparecieran al Mando Consciente de estos Benditos Maestros Ascendidos. Todo venía directamente de la Sustancia Universal en el instante en que Ellos lo deseaban, alimentos, ropa, oro, cualquier cosa y todo lo que quisieran. Son todo lo que la palabra "Maestro" implica. Ésta es la única descripción que Les hace justicia. Siempre son gloriosos y majestuosos.

Cuando nos levantábamos de la mesa, oí que el Amigo de Gaylord se dirigía a Leto como "Su Alteza", y otra vez me pregunté por qué era utilizado ese título en un Retiro. Ella se volvió a mí y explicó afablemente:

"Mi hermano, a quien usted conoce, heredó el título de Príncipe Rexford y yo el de la Princesa Luisa. El mío se me ha quedado a través de los años, sin que haya habido una razón en particular. Es por eso que con frecuencia se dirigen a mí como "Su Alteza". "Perdone mi curiosidad" contesté, cuando me di cuenta de que Estos Maestros Ascendidos percibían muy claramente cada pensamiento y sentimiento mío.

"Vengan", dijo Saint Germain. "Iremos primero a la Cámara de Televisión". Lo seguimos y pronto llegamos a una cámara circular. En el centro del cuarto había un enorme reflector rodeado de un enjambre de aparatos eléctricos a cuyo lado había un gran cuadrante.

"Este cuarto" dijo Saint Germain "está insuflado de una manera especial lo cual nos capacita para hacer observaciones de una gran exactitud. Por medio de este instrumento y poniendo este cuadrante en cualquier punto sobre la superficie de la Tierra, podemos ver, instantáneamente, cualquier lugar o actividad que ocurra a cualquier distancia. Fíjense, lo dirigiré hacia Nueva York".

Dio vuelta al cuadrante y vimos, claramente, como sí estuviéramos en Manhattan, la Gran Estación Central, la Quinta Avenida y la Estatua de la Libertad. Después, dándole vuelta hacia Londres, se nos mostró la Plaza Trafalgar, la Casa del Parlamento, El Museo Británico, el Banco de Inglaterra y el Río Támesis. Volvió a darle vuelta y pudimos ver Melbourne y Yokohama, observándolo todo tan claramente como si hubiéramos estado presentes físicamente.

"Este Maravilloso Instrumento" continuó Él, "ha estado utilizándose en este Retiro por más de cien años. Vengan ahora al cuarto contiguo. Es la Cámara del Radio. Noten la quietud tan intensa. Las paredes, el piso y el techo están cubiertos con una sustancia Precipitada que lo hace absolutamente a prueba de vibraciones y ruido".

Se acercó al Instrumento que estaba en el centro del cuarto y lo dirigió hacia Nueva York. Inmediatamente oímos el ruido del tráfico, y al acercarnos más pudimos oír claramente las conversaciones de Individuos que pasaban por la calle. La distancia no importaba.

"Este Instrumento" dijo "pronto estará en uso dondequiera. Ahora vamos al Laboratorio Químico donde algunos de los Hermanos están trabajando en muchas estupendas invenciones. Aquí, se han descubierto maneras de contrarrestar gases destructivos, sustancias químicas y actividades de varias clases que la fuerza siniestra y sus infortunados servidores, puedan tratar de utilizar contra la humanidad, ya que es positivamente conocido en ciertas partes los esfuerzos febriles que se hacen constantemente para producir muchas sustancias que son de muy destructiva índole. Los Hermanos de Este Retiro trabajan para neutralizar toda esa actividad".

"Cuando miembros de la humanidad, erróneamente dirigidos, descubren algo más destructivo, el químico que hace tales experimentos siempre pierde su cuerpo cuando su diabólico trabajo alcanza cierto punto, ya que la destrucción que él desea usar contra la humanidad se vuelve contra él". Enseguida visitamos la Cámara del Rayo Cósmico.

"Este cuarto" explicó Saint Germain, "está forrado con puro Oro metálico. Los Hermanos de cierto adelanto que trabajan aquí, son enseñados a distinguir la diferencia entre los varios Rayos y a dirigirlos y usarlos para el más Estupendo Bien. Los Grandes Maestros Ascendidos están constantemente observando el mundo en busca de aquellos estudiantes cuyos logros les permitan hacer Este Trabajo". Cuando Bob comprendió esta fase de La Actividad, se mostró muy entusiasmado.

"Me encantaría servir de esta manera" exclamó.

"Ya veremos" dijo Saint Germain, sonriendo. "Entre aquellos que están trabajando en esta cámara, hay siete de los Hermanos y tres de las Hermanas que están precisamente completando su entrenamiento en el uso de Estos Rayos. En el Concejo próximo, les será otorgado su campo de servicio para usar Esta Actividad, para la cual se han entrenado por cuantas vidas ha sido necesario. Ahora visitaremos la Cámara del Arte, donde veinte Hermanos y diez Hermanas están siendo entrenados en una nueva clase de arte que llevarán al mundo externo. Están siendo instruidos sobre el Secreto de los Colores Imperecederos y enseñados a producirlos. En los próximos veinte años, ESTA FORMA DE ARTE ENCONTRARA SU CAMINO EN LA VIDA DE LA HUMANIDAD Y TRAERA CON ELLO UN TREMENDO ADELANTO".

"DE AQUI IREMOS A LA CAMARA DE MUSICA. ES UN LUGAR BELLISIMO, LES ASEGURO, Y LA PERFECCION DE LOS INSTRUMENTOS ES VERDADERAMENTE NOTABLE". SAINT GERMAIN NOS GUIO Y ENTRAMOS CON GRAN ANSIEDAD. "ESTE ES UN NUEVO METAL PARA INSTRUMENTOS DE BANDA", CONTINUO MOSTRÁNDONOS CIERTAS ALEACIONES QUE DAN UN TONO INCREIBLEMENTE DELICADO. "AQUI HAY TRES NUEVOS MATERIALES PARA HACER VIOLINES. COMO USTEDES VERAN, UNO PARECE MADREPERLA, OTRO COMO PLATA ESCARCHADA Y EL OTRO COMO ORO ROMANO. LOS INSTRUMENTOS MUSICALES DE LA NUEVA ERA SERAN HECHOS DE MATERIALES COMO ESTOS".

UNO DE LOS HERMANOS TOCO ESTOS INSTRUMENTOS PARA NOSOTROS Y NUNCA OIDOS HUMANOS FUERON MAS BIENAVENTURADOS AL ESCUCHAR TAN BELLISIMOS SONIDOS.

Cada uno era diferente, pero todos eran tan bellos, que casi no se podía escoger. En cuartos adyacentes a la Cámara de Música bellas composiciones musicales eran escritas y preparadas para que los Hermanos pudieran proyectar estas magníficas armonías a la consciencia de los músicos que trabajan en el mundo externo.

"Algunos de estos Hermanos" dijo Saint Germain "saldrán a la actividad externa y trabajarán como maestros, mientras que otros servirán desde el lado invisible de la Vida".

"Ahora estamos entrando a la Cámara del Estado. Aquí se está dando entrenamiento en el arte de ser Estadista y para las más elevadas formas de gobierno nacional. Unos cuarenta Hermanos están siendo entrenados, como ven, en el Uso Correcto de Este Conocimiento, y también están siendo enseñados sobre cómo proyectarlo a otros que ya tienen una posición oficial, esto es, siempre que la sinceridad del sujeto lo permita. Diez de estos Magníficos Hermanos irán en persona a servir, ya que serán elegidos para puestos en el gobierno de la manera acostumbrada. Cinco de ellos irán a los Estados Unidos de Norteamérica".

La visita que hicimos a las diversas Cámaras, y la Explicación del Trabajo de los Hermanos fue para nosotros una Maravillosa Educación.

Es tan reconfortante saber que no obstante todas las aparentes calamidades en las que se encuentra hoy la humanidad, el Poder de la "Magna Presencia YO SOY" está haciendo todo lo posible para traer Iluminación y alivio a la humanidad. Nuestros Corazones y esperanzas se elevaron en espera de grandes bienes para la humanidad en el futuro, por lo menos para aquellos que desean el Plan Constructivo de Vida.

Nos fueron enseñadas las cámaras secretas de riquezas sin paralelo, otras de archivos tan antiguos que parecía inconcebible. Algunos databan del tiempo del advenimiento del hombre en este planeta. Cuando regresamos a la Cámara de Concejo, encontramos que se nos habían ido ocho horas. Ni una vez, en toda esta pasmosa ciudad subterránea, encontramos una pequeña partícula de polvo, suciedad o desorden de alguna clase. Todo estaba en perfecto, maravilloso estado y sin mácula. Nos maravillamos de esto y Saint Germain explicó la Ley concerniente:

"Esta Perfecta Limpieza es mantenida por el consciente uso de los Grandes Rayos Cósmicos y dentro de los próximos cien años, cientos de amas de casa estarán usando el Rayo Violeta para mantener sus hogares en el mismo maravilloso estado. Ah, Si la Humanidad se diera cuenta de la Gloria, Libertad y Bendiciones que están listas para su uso a cada instante, cuando se aferran a Maravillosos Ideales, sin vacilación, tenazmente, descansando en la "PRESENCIA YO SOY" sabiendo que Es el Unico Verdadero Poder de Realización Permanente".

De pronto sentimos una Tremenda Vibración, y observando alrededor vimos cinco Maestros Ascendidos que habían venido de la India, ya que los hombres llevaban turbante. Ellos eran dos damas y tres caballeros. Cuando fuimos presentados nos sorprendimos, pues un Caballero y una Dama eran dos de los que habíamos oído hablar mucho. El Caballero se dirigió a Rex, Bob y a mí, la Dama, a Nada y a Perla, y nos hicieron una Amable Invitación para que fuéramos sus huéspedes por el tiempo que estuviéramos en la India, y que consideráramos Su hogar como nuestro, siempre. ¿"Podría usted" dijo el Caballero, volviéndose al Amigo de Gaylord, "acompañar a estos amigos y venir todos a la India como Nuestros invitados, cuando sea el tiempo?"

"Tendré mucho gusto" contestó Él "en aceptar su invitación y llevarlos a Bombay en Mi yate".

Saint Germain nos pidió a todos que nos sentáramos a fin de disfrutar otra cena "precipitada". La comida nos pareció todavía más deliciosa que las otras. Escuchamos atentamente el trabajo que se planeaba y los informes de lo que se había logrado. Por la primera vez en mi Vida, me di cuenta de lo poco que el mundo externo sabe de Esta Actividad Interna y qué restrictivo resulta lo que logra el humano en relación con lo que realizan estos Ascendidos Maestros que están expresando Su Completa Libertad como Hijos de Dios. Es verdaderamente afortunado que existan más Infinitos y Magníficos Modos de Vida de los que nuestra humanidad está viviendo. Cuando uno puede ver más allá de sus propios conceptos mentales lo suficiente para obtener una perspectiva de su propio intelecto en relación con el resto del Universo, realmente empieza a aprender algo de importancia.

Todos necesitamos hacer viajes mentales que despierten nuestros músculos mentales y darnos cuenta que cada intelecto humano es solamente uno de entre aproximadamente tres billones de almas encarnadas en Esta Tierra. Nuestra Tierra es uno de los más pequeños planetas en nuestro Sistema Solar, y Nuestro Sistema es únicamente un átomo en la Galaxia a la que pertenecemos, y existen Galaxias de Galaxias.

Cuando el estudiante piense en esto alguna vez, no podrá ya aceptar las teorías presuntuosas y egoístas del intelecto que se mofan y dudan de la Existencia y Maravillosa Manifestación de Perfección que Estos Ascendidos Maestros constantemente expresan.

La Personalidad de cada uno es solamente de importancia en este Magnífico Esquema de Vida, si es obediente a la Magna Presencia YO SOY, permitiendo a la Perfección expandirse en la actividad externa del Individuo. De otra manera, la personalidad solamente es una ilusión en el Universo, usando sustancia y energía sin construir nada permanente.

El tiempo volaba bajo el Entrenamiento Intensivo que estábamos recibiendo de estos Grandes Seres Perfectos, hasta que llegó el día del Gran Concejo Internacional. Los Hermanos y las Hermanas comenzaron a llegar a intervalos de todas partes del mundo, y cuando se convocó a la junta a las siete de la noche, más de doscientos Invitados estaban presentes, muchos de ellos jefes de varios Concejos. Cuando todo estuvo listo, inclinamos nuestras cabezas en silencio y esperamos la llegada del Gran Maestro que Presidiría. De pronto una Deslumbrante Luz Oval apareció en la cabecera de la mesa principal. Observando fijamente por un momento, la forma de un hombre empezó a hacerse visible dentro del Ovalo, haciéndose más y más definida y tangible, según iba Él bajando la acción vibratoria para manifestarse en nuestra octava de consciencia, hasta que Su Cuerpo se tornó claramente visible y perfectamente tangible.

Su rostro era verdaderamente magnífico, glorioso y radiante al contemplarlo, los ojos brillantes y todo su Ser Luminoso de cabeza a pies, con la Majestad y el Poder de Su "Magna Presencia YO SOY". Los primeros tonos de Su Voz hicieron que sintiera un Estremecimiento Eléctrico por todo mi cuerpo que nunca olvidaré, cuando dijo:

"Amados, siéntense". Después de escuchar un breve informe de algunos de los Hermanos, les alabó y de una manera breve les dio sus indicaciones para que continuaran en el trabajo. Cuando hubo terminado, se volvió hacia nosotros, diciendo:

"Podemos utilizar muchos más que estén listos para ser entrenados en la Comprensión y uso de los Grandes Rayos Cósmicos de Luz. Es mi Privilegio informarles que tenemos diez con Nosotros que están listos, si es su deseo tomar este trabajo. Todo fue expectación cuando Él pidió a los que iba nombrando que se pusieran de pie si estaban presentes. Luego continuó:

"Nada, Perla, Leto, Rex, Bob, Electra, Gaylord y sus Amados Amigos Nada y Daniel Rayborn. Amados Hermanas y Hermanos de América, este evento es de gran regocijo y de mucha importancia para la Gran

Hermandad Blanca. Los felicitamos, así como a la Hermandad, de que esto haya sido posible. Dentro de poco tiempo irán a la India para permanecer diez meses en Entrenamiento y regresarán aquí para terminarlo. Serán instruidos en el uso de estos Magnos Rayos y a través de su uso, tendrán oportunidad de hacer un Servicio Trascendental".

"Dentro de cuatro días regresarán a Alejandría y allí Electra se reunirá con ustedes. De ahí viajarán a Bombay. Su Amado Anfitrión les conducirá a su destino. ¿Hay alguna, aunque sea leve, objeción de parte de alguno de los elegidos para Este Trabajo? Si es así, hablen ahora". Todos aceptamos con gusto y expresamos nuestra gratitud por la oportunidad de servir en esta forma lo mejor que podamos. Hubo mucho más que tratar que era de gran importancia, pero no tengo permiso para informarlo aquí. La reunión terminó y empleamos una hora conociendo a otros Miembros. Nuestro Amigo de la India nos presentó al Maestro que Presidía, y nunca olvidaré el Poder que se disparó a través de mi cuerpo cuando estreché Sus Manos. Me pareció como si me hubiera levantado completamente del piso. Uno de los Hermanos de Sudamérica nos dio los saludos de Gaylord, a quien había visto dos días antes.

El Concejo entero fue una Perfecta Manifestación de Gran Decisión, Suprema Sabiduría e Ilimitada Actividad. De momento se oyeron bellos acordes musicales en la atmósfera y todos nos volvimos involuntariamente hacia el Maestro. Él levantó Sus Manos dando Su Bendición a todos los presentes y al hacerlo se elevó del piso y el Ovalo de Deslumbrante Luz lo envolvió y desapareció.

Nunca jamás olvidaré esa primera visita al Retiro Arabe de la Gran Hermandad Blanca. Cuatro días después partimos de este Maravilloso Cielo de Paz, Luz y Sabiduría con las Bendiciones y el Amor de todos Sus Miembros, cuyo Servicio Amoroso a la "Gran Presencia YO SOY" en ellos y en toda la humanidad, es la más Maravillosa Actividad en la Experiencia de la Vida. Hicimos el viaje de regreso a la costa de Arabia de noche, en donde nos esperaba el yate, y unos momentos después de que lo abordamos ya estábamos deslizándonos ligeros sobre el Mar Rojo, en alas de la noche. A la mañana siguiente nos desayunamos sobre cubierta para ver el amanecer ya que en esa parte del mundo es realmente un glorioso espectáculo. En la tarde del segundo día llegamos a la casa de Electra en Alejandría, y nos encontramos con que ya estaba bien enterada de que Ella trabajaría con nosotros en el uso de los Grandes Rayos Cósmicos de "La Luz de Dios que nunca falla".

CAPITULO XI

El Verdadero Mensajero del Servicio Divino

Ya avanzada la tarde de un día regresábamos con Electra de un paseo a lo largo de la costa del Mediterráneo y al llegar a la puerta de Su Casa, una Carta Sellada cayó a los pies de Rex. La levantó y abriéndola leyó:

"Mis Amados Hijos"

"Partan mañana en la mañana para la India. Todo está listo y Estaremos felices de darles la bienvenida."

Saint Germain

Nuestro anfitrión del yate no había estado con nosotros durante nuestro recorrido turístico de Alejandría, pero cuando llegamos al muelle nos saludó feliz con las noticias de que se nos aseguraba un viaje tranquilo. Otra vez pasamos a través del Mar Rojo en nuestro camino a uno de los Más Grandes Centros de Luz y Poder Espiritual de este planeta.

Leto continuó su Instrucción durante todo el viaje por habérselo pedido así Saint Germain, hasta que Bob y Rex llegaran al punto donde pudieran entrar y salir del cuerpo físico conscientemente y a voluntad. Por el quinto día de nuestro viaje ya se habían vuelto bastante hábiles y como toda gente joven, querían experimentar seguido sus nuevos adquiridos Poderes. Esto Leto no lo permitía.

"Debe haber un gran sentido de Honor Espiritual e Integridad" explicó Ella "en relación con el uso de estos Supremos Poderes de la "Presencia YO SOY", ya que la Gran Ley del Ser no permite que sean manifestados para uso externo, excepto cuando es para lograr un bien permanente. Debemos estar conscientes siempre de que cuando usamos la Vida, Sustancia y Poder de Este Universo para la mera gratificación o placer de los sentidos, sólo pueden resultar miseria y destrucción".

"La Magna Presencia YO SOY" trabaja incesantemente para construir, liberar y expresar, y constantemente expande Perfección en toda Su Actividad Creativa y mantiene Amor, Paz y servicio constante a todo, permanentemente".

"Si a las sensaciones del cuerpo y de la actividad externa de la mente se les permite el desorden y que interfieran con el Plan Divino de Vida del Individuo, resulta el desastre y el fracaso". El Verdadero Estudiante de la Luz nunca, nunca usa sus poderes para el entretenimiento y gratificación de los sentidos, para la explotación de alguna personalidad, ni para hacer dinero al producir fenómenos psíquicos".

"EL MODO DE VIDA DE LOS MAESTROS ES DAR, DAR: PRIMERO, AMOR Y ADORACION A SU PROPIA "MAGNA PRESENCIA YO SOY" Y DESPUES EXPANDIR AMOR Y PERFECCION DERRAMÁNDOLOS HACIA TODOS Y TODO. ENVIAR AMOR DIVINO SIN LIMITES TODO EL TIEMPO ES EL TODO DE LA LEY QUE APLICAN. SI LA HUMANIDAD TAN SOLO PUDIERA COMPRENDER ESTO, EL INDIVIDUO SE DARIA CUENTA DE QUE DEBE EMITIR ESTA LLAMA DE AMOR DIVINO ANTES DE QUE LA PERFECCION QUE DESEA PUEDA FLUIR EN SU MUNDO Y LIBERAR COSAS PARA SU USO".

"EL AMOR DIVINO ES UN SENTIMIENTO, UN VERDADERO RAYO DE LUZ QUE FLUYE DE LA LLAMA DENTRO DEL CORAZON. PUEDE SER ENVIADO TAN PODEROSAMENTE QUE ESTE RAYO DE LUZSustancia ES VISIBLE Y TANGIBLE. ES EL INVENCIBLE PODER DEL UNIVERSO. ÚSENLO, AMADOS, SIN LIMITE, Y NADA SERA IMPOSIBLE PARA USTEDES".

Por temperamento y entrenamiento, Leto era una maestra tranquila, dulce, maravillosamente serena; pero qué sorprendidos quedamos del Poder que podía liberar cuando deseaba dejar impresa Cierta Comprensión de la Ley en nuestras conciencias. Leto no estaba acostumbrada a las tonteras de Bob y Rex y muy pronto nos lo hizo saber: eso no entraba en la operación de estas Grandes Leyes Cósmicas.

"La Ley Cósmica actúa" continuó "dondequiera que los pensamientos y sentimientos dirijan y califiquen la energía y no respeta personas, lugares, condiciones, cosas, motivos, ignorancia o conocimiento, como no lo hace una corriente de electricidad que corre a través de un motor o dínamo. Si ustedes conectan la Fuerza, ella actúa de acuerdo con la dirección que se le dé. Este es un punto que muchos estudiantes no parecen comprender, o del cual no desean tener responsabilidad, pero la Verdad de la Ley es la única cosa que Nos concierne".

"Nuestro Trabajo es exponer ante el Individuo la Verdad Exacta de la Ley, si rehúsa entenderla y obedecerla, entonces su sufrimiento debe aumentar hasta que la parte humana rompa el cascarón de la obstinación y el egoísmo y permita que la "Magna Presencia del YO SOY" controle todo, de acuerdo con la Perfección de la Vida".

"Así pues, nunca bromeen en pensamiento, sentimiento o palabra hablada, de los Poderes de Dios, ya que hacerlo sin excepción atrae experiencias dolorosas a su mundo. Por lo tanto, gobiernen sus estados de ánimo externos con Inflexible Voluntad cuando usen los Poderes de "LA MAGNA PRESENCIA".

"A fin de manifestar las Grandiosas Expresiones de la Presencia YO SOY, el Individuo debe estar consciente de y sentir "Esa Presencia" dentro de sí y saber que la V daEnergía que hace latir su Corazón y que respira a través de sus pulmones, está constantemente fluyendo a su cuerpo físico de su Cuerpo Electrónico. Su Cuerpo Electrónico es proyectado al espacio desde el Corazón Central de la Vida Cósmica del Universo, al que nos han oído referirnos como El Gran Sol Central".

"Esta VidaEnergía Pura, fluyendo incesantemente en la mente y cuerpo del Individuo, es la Actividad Trina del Supremo actuando dondequiera a través del Infinito. Es Inteligencia, Sustancia y Energía, la "Unica Luz Universal" de la cual proviene toda manifestación".

"Está sujeta en todo tiempo a la dirección consciente y uso del Individuo con Libre Voluntad y consciente de sí. Los minerales, plantas y animales no tienen el control de esta actividad pues la Llama de Dios es la Unica dotada con Libre Albedrío".

"Entre más atención da uno a la "Magna Presencia YO SOY" más se aprende de los Vastos Reinos de la Sabiduría que se extienden ante uno. Entre más se da cuenta de la inmensa responsabilidad e ilimitada oportunidad que son suyas, más debe pedir a su "Magna Presencia YO SOY" en su Corazón, que le enseñe todas las cosas".

"Si uno desea Sabiduría, debe dirigir su atención a la única Fuente de Sabiduría "La Magna Presencia YO SOY". Solamente por el Reconocimiento del YO SOY puede darse el primer impulso que libera Su Sabiduría para el uso externo del Individuo. Es por el Reconocimiento que la primera onda se vierte para liberarla en la actividad física. De otra manera permanece siempre quieta dentro de la Conciencia del YO SOY. La Liberación de la Misma solamente puede venir por el Comando de la Voluntad Autodirigente de la Llama de Dios".

"APRENDE A LLAMAR A ESTOS ATRIBUTOS DE DIOS Y ACTIVIDADES DEL CORAZON MISMO DEL UNIVERSO, ÚSALOS CON AMOR PARA BENDECIR TODA VIDA. SI TU HACES ESTO, NO HAY ALTURA QUE NO PUEDAS ALCANZAR Y REGALO QUE PIDAS A LA VIDA QUE LA VIDA NO TE LO DE, CUANDO TU ENTIENDES QUE PARTE DE TI DICE YO SOY Y ESTAS DISPUESTO A USAR TODO PARA BENDECIR A LA VIDA DONDEQUIERA CON AMOR."

"Usa, usa, usa, usa la Comprensión de la Presencia YO SOY que ahora tienes y persiste en amar, en bendecir a la Vida dondequiera y abrirás ampliamente las "COMPUERTAS DE LA LIBERTAD", El Reino y Actividades de lo ILIMITADO El Mundo Natural y Vida de los Maestros Ascendidos. Usa la Sabiduría que ahora tienes y más te vendrá, tan seguramente como que el Corazón te late y tu mente piensa".

En la noche del séptimo día de nuestro viaje, a la hora de la cena, nuestro Anfitrión anunció que llegaríamos a Bombay ya tarde el día siguiente. Bombay es uno de los más bellos puertos del mundo y al atracar fuimos saludados por el Maestro Hindú Chananda a quien fuimos presentados por nuestro Anfitrión. Fuimos en coche a la estación de ferrocarril y allí nos condujeron a un coche privado con todas las comodidades, hasta que llegamos a nuestro destino.

Aquí fue a donde se nos dio a conocer el plan de nuestra estancia en la India. Primero debíamos ir a Calcuta y permanecer allí dos días, mientras se hacía Cierto Trabajo. El viaje a Calcuta fue muy bonito y aunque el tiempo estaba muy caluroso afuera, no nos dábamos cuenta de ello en el tren. Pasamos muchos lugares de gran belleza escénica y poco después de partir de Bombay, echamos de menos a Bob. Empezamos a buscarlo y cuando entramos a su compartimento nos dimos cuenta de que había dejado su cuerpo. Leto nos advirtió inmediatamente: "no toquen su cuerpo, pues fue a ver al Maestro Chananda". Por unos momentos Nada tuvo que luchar por permanecer calmada ya que ésta era la primera vez que Bob salía de su cuerpo sin preparación previa. Sin embargo, pronto controló sus emociones y se tranquilizó. Dos horas después Bob se presentó en el coche observatorio en donde estábamos todos reunidos. Estaba tan sereno como si nada, pero nosotros inmediatamente preguntamos acerca de sus experiencias y por supuesto queríamos saber a dónde había estado. No pudimos hacer que nos revelara nada y finalmente dijo:

"Cada uno de nosotros debe guardar sus experiencias estrictamente dentro de su propia conciencia hasta el final de nuestro destino y después deberemos comparar notas". Esa tarde, Nada y Perla también salieron de sus cuerpos por dos horas. A la mañana siguiente Rex y yo dejamos nuestros cuerpos. Cada uno de nosotros había experimentado prácticamente las mismas cosas, ya que estábamos siendo entrenados bajo estricta vigilancia.

Shri Singh, el Hermano que había tomado el lugar de Chananda, era encantador en todas formas, pero muy callado. Sin embargo, cuando hablaba, siempre era con un propósito definido. El día que llegamos a Calcuta, Chananda reapareció y cuando estábamos sentados para cenar, con su mágica, radiante sonrisa, dijo:

"Los felicito a todos por la manera valerosa en que han sido capaces de dejar sus cuerpos y salir con tanta fuerza y libertad. Eso significa gran Iluminación para todos, así como la entrada a un formidable campo de Servicio. Leto, mi Hermana, eres un Instructor muy eficiente y tu trabajo con estos estudiantes ha sido notablemente bueno. Es sólo en esta Libertad, mis amigos, que se les permite conocer, sentir y experimentar el Uso Completo de los Rayos Cósmicos, Ahora están en posición de recibir el Beneficio Completo de su entrenamiento con Nosotros."

Electra y nuestro Anfitrión del yate permanecieron callados, aunque observando cuidadosamente todo lo que había tenido lugar y no cabía duda que ellos estaban siendo entrenados de la misma manera. Sentimos, muy agudamente, la intensidad y poder de la Instrucción, pues todo lo que hacíamos tenía un propósito y un objeto definidos. Llegamos a Calcuta, y después de media hora en auto, llegamos finalmente a un bello edificio situado en una prominencia que evidentemente se encontraba en la mejor zona residencial de la ciudad.

Chananda nos guió hacia el edificio, el cual nos dijo que pertenecía y era sostenido en forma secreta por la Gran Hermandad Blanca. El interior era singularmente bello, típico de las muchas maravillas de la India. Ahí se respiraba Sabiduría, Luz y Pureza de largas edades de Perfección. Entramos inmediatamente a la Cámara de Concejo en el segundo piso, donde encontramos a la Hermandad ya reunida. Notamos que había asientos vacantes a la cabecera de la mesa de honor. Chananda nos condujo a esos asientos y tomó la cabecera Él mismo. Fue entonces, que supimos que Él era el jefe del Concejo de la India.

Tan pronto como todos estuvimos reunidos, se trató lo concerniente a los negocios y algunos de los Maestros Ascendidos fueron requeridos para dar su Protección a ciertos caballeros ingleses en la India que sinceramente deseaban hacer el bien. También se acordó proteger a cierto grupo de Hermanos menores por su sincero deseo de hacer el bien y que ya estaban dando buen servicio, pero que no siempre discernían bien en sus actividades externas porque su celo excedía a su saber.

Después de la junta fuimos presentados a todos los miembros y tuvimos una hora de amena convivencia. Regresamos a nuestro coche privado y encontramos que había sido llevado a un lugar rodeado de un jardín de flores con una bellísima fuente que daba justamente a las ventanas donde habíamos cenado. Comentamos la habilidad de Chananda de expresar lo bello para nosotros y con una de Sus sonrisas que parecían un rayo de sol, nos contestó:

"Es realmente mucho más fácil expresar lo bello, porque es natural y la Verdadera Expresión de la "Magna Presencia YO SOY" dentro de cada uno. Cuando alguien verdaderamente acepta Esta "Gloriosa Presencia" y La siente como Dios haciendo todas las cosas a través de él y para él, el resto de su actividad debe conformarse a Su Maravillosa Belleza y Perfección. La Completa Aceptación de la "Magna Presencia YO SOY" por el Individuo siempre ordena y gobierna toda experiencia externa de manera armónica. Es solamente cuando uno Verdadera y Completamente acepta Esta "Gloriosa Presencia de Dios" dentro de sí mismo, que se convierte en el Verdadero Mensajero del Servicio Divino".

"Entonces, cuando la Perfección de la Magna Presencia YO SOY empieza a ser liberada en un grado mucho mayor a través de la actividad externa, todo el valor y seguridad llegan, porque al fin el yo personal ve y siente la Magna Presencia Interna, sabiendo su Completo Poder, Majestad y Maestría".

Al día siguiente fuimos llevados a uno de los Más Antiguos Templos en cuyas cámaras subterráneas se está llevando a cabo un trabajo que ni lo imagina nadie en el mundo externo. Esa noche en la cena, Chananda nos dijo que partiríamos para Darjeeling temprano en la mañana y que almorzaríamos en camino. El panorama era esplendoroso y la sensación de observar las gigantescas montañas cubiertas de nieve que se acercaban más y más según íbamos subiendo en altitud, era fascinante, pero pronto empezamos a sentir el cambio, ya que habíamos subido más de siete mil pies.

Llegamos a la cumbre de nuestra subida justo a tiempo de ver un glorioso crepúsculo en una clarísima atmósfera. Podíamos ver en la distancia el Monte Everest y otros famosos picos. La majestuosa elevación de estas montañas y el misterio de las edades que cubría su pasado, nos hizo sentir a todos una profunda nostalgia de alcanzar el "Más Intimo Corazón de la Gran Eterna Sabiduría", de sentirnos parte de Ella y de ser capaces de derramar Sus Bendiciones hacia toda la humanidad, para que Ella también pueda ser feliz.

"Deseo que se queden aquí esta noche" dijo Chananda "y vean el amanecer desde este sitio especial, ya que pasarán muchos años antes de que vuelvan a verlo otra vez con la cooperación de Cierta Actividad Cósmica que está teniendo lugar ahora. Es la primera vez en setenta años que estas dos actividades ocurren simultáneamente".

A las tres de la mañana nos levantamos y montamos nuestros pequeños "ponies" que nos llevaron aún más arriba de la montaña, al sitio donde podíamos ver el amanecer ventajosamente. Llegamos al lugar justo cuando Su Brillantez empezaba a hacerse más luminosa. En unos cuantos segundos los Grandes Rayos de Luz, de todos los colores concebibles, empezaron a dispararse en el cielo y continuaron así por diez minutos completos.

Era como si la Luz se regocijara en la "Magna Presencia de la Vida."

Entonces, cuando el Gran Disco de Oro se hizo visible, una Brillante Radiación penetró nuestra materia hasta el centro de nuestros cuerpos. Nunca antes habíamos experimentado una Sensación semejante proveniente de la luz solar. El efecto vivificante duró por horas y la Gloriosa Sensación, la belleza del panorama que nos dejó, todavía me envuelve cuando recuerdo esta experiencia. Uno sabe, después de un acontecimiento como éste, que la Magna Inteligencia Maestra del Universo está en el timón y guía los destinos de nuestra Tierra y humanidad, no obstante toda caótica apariencia exterior en contrario.

"Ustedes sintieron dentro de sus cuerpos" dijo Chananda "una ligera Acción de los Magnos Rayos Cósmicos que fueron dirigidos a la

Tierra en el momento presente por los Grandiosos Maestros Cósmicos, quienes están dando Asistencia Importante en este Ciclo a la humanidad en su lucha externa. Su Emanación es una Radiación de Amor, Valor y Fuerza para la raza, que sustenta al Individuo durante este período de cambio y así ilumina sus Cuerpos Internos permitiendo a la "Magna Presencia YO SOY" liberar más de Su Perfección en y a través de su ser externo".

"Aquellos de ustedes que recibirán entrenamiento en el Uso de estos Rayos, podrán enfocar Grandes Corrientes de Esencia de Luz y conscientemente dirigirlos, derramando Bendiciones para la humanidad por medio de Grandes Corrientes de Poder Curativo y Armonizantes Corrientes de Amor. Muy pocos están listos para ser enseñados sobre cómo controlar y usar estos Magnos Rayos, pero para quienes es posible, se les está preparando ahora. Estas grandes Corrientes de Luz Condensada y Sustancia Pura pueden ser atraídas, calificadas y enviadas otra vez para producir un resultado definitivo, tan fácilmente como una lámpara revela la escena sobre la que pasa".

"Vengan ahora, debemos regresar para ir a la casa del jefe del Concejo en Darjeeling". Montamos otra vez en nuestros "ponies" que nos llevaron a Darjeeling y de allí nos trasladamos en auto a una hermosa casa construida en una de las colinas que rodeaban la ciudad. Poblaban los alrededores hermosos y majestuosos árboles y la vista del campo que quedaba abajo era una de las más bellas de la Tierra. Fuimos conducidos adentro y presentados a la Cabeza de Esta Rama de la Gran Hermandad Blanca.

Este Hermano era un hombre alto, bien parecido de ojos penetrantes que parecían mirar a través de uno, pero cuando no había ningún sentimiento intenso que expresar entonces eran tan suaves como los de un cervatillo. Para nuestra sorpresa, Él no usaba turbante, sino que su suave y bello pelo color castaño ondulaba ligeramente y caía sobre sus hombros. Era muy amable y nos dio una cariñosa acogida. Una Gloriosa Paz lo revestía a Él y Sus alrededores, llenando todo el lugar con su Magnífica Radiación.

Nos preguntó acerca de nuestro viaje, si habíamos disfrutado el amanecer desde la montaña y nos invitó a cenar con Él esa noche. Conversó con nosotros abiertamente y nos platicó muchas cosas maravillosas de la India. Repitió, para nuestro deleite, muchas leyendas acerca de los Montes Himalaya y una en particular acerca de las Cuevas Santas en el Corazón de esta Magna Extensión. Su plática fue fascinante e instructiva.

"Algunas de estas Cuevas" dijo "las verán durante su estancia en la India, pues sé que están interesados en los antiguos archivos de la humanidad y en una de ellas, el Más Antiguo Archivo de esta Tierra aún se mantiene en la máxima seguridad. Estos archivos no se sacan para uso en el mundo externo actualmente debido a la falta de Desarrollo Espiritual y Comprensión de la gente. La raza tiene una inquietud y sentido crítico que son actividades muy destructivas y éstas encuentran desahogo a través de gente fanática de varias clases cuya comprensión de la Vida y de Este Magnífico Universo es tan estrecha y tan infantil, que buscan destruir todo lo que no está de acuerdo con sus pequeñas nociones de lo que ha sido o debe ser el Infinito Plan de la Creación".

"Es esta extraviada, egoísta ignorancia de la humanidad la responsable de toda la desarmonía a través de las edades, de la destrucción de Archivos que arrojarían Luz sobre muchos de los problemas de la humanidad. Fue este sentimiento desenfrenado el que destruyó la biblioteca de Alejandría y los maravillosos archivos de la civilización Inca".

"NO OBSTANTE ESTAS PERDIDAS, LOS MAESTROS ASCENDIDOS DE LA GRAN HERMANDAD BLANCA SIEMPRE HAN PREVISTO ESTOS DESTRUCTIVOS IMPULSOS, Y HAN RETIRADO TODOS LOS ARCHIVOS IMPORTANTES DE TODA CIVILIZACION Y LOS HAN PRESERVADO, dejando lo menos importante para que sea destruido por el maligno impulso de los vándalos".

"UN DIA, CUANDO LA HUMANIDAD ESTE PREPARADA PARA ELLO, Y SEA POSITIVAMENTE SEGURO EL QUE ESTOS ARCHIVOS PUEDAN SER DADOS AL MUNDO EXTERNO, APARECERAN EN UN LUGAR DETERMINA-

DO, EN UNA MARAVILLOSA BIBLIOTECA, NO HECHA POR MANO ALGUNA, EN DONDE ESTARAN DISPONIBLES, Y AQUELLOS EN EL MUNDO EXTERNO QUE TENGAN LA NECESARIA PREPARACION, LOS PODRÁN VER".

"Cuando la humanidad tenga la suficiente iluminación para cesar de generar tanta destrucción como la que ha estado realizando hasta el presente, esto será hecho".

"La humanidad, a través de su sentido destructivo y la poderosa fuerza del pensamiento ha poblado lo visible y lo invisible con formas de pensamiento de intensa pasión, odio, miedo y destrucción. Estas se adhieren a los seres humanos que los generaron, y en otros, que por sus sentimientos similares, se abren a esta fuerza maligna".

"Los seres humanos casi no comprenden lo que pasa cuando el Yo personal envía un sentimiento de irritación, ira, odio, envidia, celos, crítica y condenación. La parte del sentimiento en la naturaleza humana es la actividad femenina de la conciencia dentro de todo Individuo. El pensamiento es la actividad masculina de la mente. Un pensamiento carece de dinamismo en la vida externa hasta que pasa por el cuerpo de emociones. El sentimiento condensa en el patrón del pensamiento la sustancia atómica de la actividad externa de la Vida. Así, al pasar por el cuerpo de sentimientos, el pensamiento se reviste y por lo tanto existe como ente separado fuera de la mente del Individuo".

"Se han escrito millones de mentiras, o verdades a medias, y se ha predicado sobre el Amor Divino como la "Ley de la Vida".

"PERO, ¿QUIEN SABE COMO GENERAR EL SENTIMIENTO DEL AMOR DIVINO CONSCIENTEMENTE Y A VOLUNTAD EN GRADO ILIMITADO Y PONERLO EN EL LUGAR DE LA MOLESTIA, ODIO, ETC., COMO UNA ONDA DE VERDADERA FUERZA Y Sustancia EN EL CUERPO EMOCIONAL PROPIO? ESTO NO SOLAMENTE ES POSIBLE, SINO QUE DEBE HACERSE SI LOS SERES HUMANOS QUIEREN DEJAR DE SUFRIR Y EXPRESAR PERFECCION. LA PERSONALIDAD NO PUEDE SER PERMANENTEMENTE ARMONICA. EXCEPTO CUANDO ESTA LLENA DE AMOR DIVINO CONSCIENTEMENTE GENERADO".

"Si las afirmaciones mentales de la "Ley de la Vida" y las oraciones fueran el "Camino a la Perfección" Felicidad y Liberación, el número de sermones predicados en Esta Tierra debieran haber ya perfeccionado e iluminado cien planetas ya hace mucho. Si las oraciones, que de paso, son generalmente una serie de "Yo quiero" o "Señor danos" fueran el camino a la Liberación de las limitaciones, las oraciones que se han pronunciado en este mundo deberían haber perfeccionado una docena de humanidades".

"NO DIGO QUE LAS ORACIONES NO HAYAN TRAIDO BIEN, LO HAN HECHO, PERO LA ORACION DEBE SER UNA QUIETUD DEL INTELECTO Y CALMA EN LOS SENTIMIENTOS, PARA QUE LA PERSONALIDAD PUEDA SENTIR LA EMANACION DE LA "MAGNA PRESENCIA YO SOY" Y RECIBIR LA RESPUESTA DE LO INTERNO. LA ORACION DEBE SER UN OFRECIMIENTO DE AMOR Y GRATITUD A LA "PRESENCIA" POR LAS ILIMITADAS OPORTUNIDADES Y BIENES QUE CONTIENE LA VIDA".

"Al mundo externo le complace halagar su vanidad por las emociones, que tienen la habilidad de lograr muchas cosas, pero por lo que hace al control y Perfección de las emociones, el mundo externo todavía está en estado salvaje. Los seres humanos se entierran el aguijón unos a otros a través de sus malvados sentimientos, tan acertadamente como lo hace un escorpión. El sentimiento predominante en nuestro mundo moderno es terriblemente maligno, cuando las personalidades se oponen y critican a los que no están de acuerdo con ellos. La llamada gente civilizada comete crímenes todos los días de la semana enviando hacia otros sentimientos de enojo e irritación que matan los impulsos elevados que pueden tener".

"Son los sentimientos de la raza los que necesitan ser redimidos y salvados de su propia destrucción. Hasta que el Individuo entienda la necesidad del Autocontrol por lo que respecta a su SENTIMIENTO en su conciencia activa es imposible mantener ningún movimiento permanente de adelanto de naturaleza constructiva. ¡TODO LOGRO QUE NO ES OBTENIDO A TRAVES DEL SENTIMIENTO DEL AMOR DIVINO,

SOLO ES TEMPORAL, YA QUE EL AMOR DIVINO ES EL CAMINO A LA PERFECCION PERMANENTE!"

"Da lástima ver cómo por cientos de años la raza humana ha ocupado su tiempo y usado su energía para construir cosas por medio del pensamiento y al mismo tiempo rompe su creación en pedazos por sus sentimientos inarmónicos. Es infantil y un terco rechazo al cumplimiento del Eterno Plan de Perfección".

"La hora ha llegado, cuando la Gran Ley Cósmica que gobierna este Sistema de Mundos, está liberando una Tremenda Expansión de la Luz de la "Magna Presencia YO SOY" por todo Nuestro Grupo de Planetas y lo que sea que no acepte el Poder de la "Luz" es consumido. Así que la humanidad no puede seguirse haciendo tonta con la idea de que puede continuar generando sentimientos destructivos y continuar sobreviviendo. El fin de aquella dispensa ha llegado y todas las cosa serán hechas nuevas. Dejemos al que se apresura, que lea de manera que aprenda el "Camino de la Luz" cuando aún hay tiempo".

"No hay mal en ninguna parte de Esta Tierra, o de otra, excepto el que los seres humanos han generado ellos mismos, alguna vez en alguna parte. Casi todo ha sido hecho por ignorancia, pero una buena parte se ha hecho voluntariamente por aquellos que ya debieran saber mejor y que están completamente conscientes del mal que hacen. El Individuo que usa su intelecto para respaldar actividades destructivas en la Nueva Era a la cual acabamos de entrar, debe encararse a su propia destrucción, ya que el mal regresará al que lo genera inevitablemente. Esto será rápido y terminante ya que la presente actividad está expresando todo con velocidad, de manera que este especie de boomerang que devuelve lo que generó, actuará ya en cuestión de horas, semanas o meses cuando mucho, para lo que antes tomaba años".

"Los Maestros Ascendidos trabajan incesantemente tratando de que los humanos entiendan esto y el trabajo de nuestros Mensajeros es hacer que penetre Esta Verdad en la conciencia de la humanidad tan claramente como sea posible".

"Es ya casi la hora de la cena. Los sirvientes les mostrarán sus habitaciones. Después de que se hayan refrescado, vuelvan aquí y cenaremos". Más tarde la cena fue anunciada con hermosas campanas. Nuestro Anfitrión ofreció su brazo a Nada y nos condujo a un magnífico salón de banquetes en el que fácilmente podían sentarse quinientas personas.

"Esta es realmente nuestra Cámara de Concejo" explicó. "Más tarde esta noche, todos los miembros del Concejo de Darjeeling se reunirán aquí". Disfrutamos una deliciosa cena mientras nuestro Anfitrión nos entretenía dándonos numerosa información. Cuando finalizamos, pidió que se le disculpara, pues tenía trabajo que hacer antes de la Reunión del Concejo.

"Nuestro Anfitrión" dijo Chananda, a cuyo cargo nos había dejado, "es un Hermano de Gran Sabiduría y Poder y es la encarnación de la amabilidad y de la generosidad". A las nueve regresó y ofreciendo Su Brazo a Leto, nos dirigimos a la Cámara del Concejo donde ya doscientos Miembros de la Gran Hermandad Blanca se hallaban reunidos. Él tomó Su lugar a la cabecera de la mesa principal y la mitad de nuestro grupo a Su derecha y la otra a Su izquierda, iniciándose el trabajo. Nos quedamos maravillados cuando escuchamos las soluciones que se daban a tantos importantes problemas del mundo, especialmente los que en ese momento acaparaban la atención de Europa. Nuestro Anfitrión asignó ciertos deberes a muchos de los Hermanos.

La Reunión terminó y fuimos presentados individualmente a muchos de los Miembros. Habíamos estado departiendo por algún rato, cuando noté que Rex estaba tenso, sufriendo una intensa excitación. Estuvo observando a uno de los miembros con detenimiento por un rato y después se acercó rápidamente a nuestro Anfitrión. Le informó que había un espía en la habitación y señaló a un Individuo. Por un instante pareció como si el poder del jefe lo fuera a aplastar, pero Rex estaba revestido de una Divina Dignidad que no titubeaba.

"Ese es un grave cargo" dijo el jefe, "requerirá pruebas".

En ese momento, el hombre de que se trataba, se acercó a Perla y dándose cuenta instantáneamente de que era observado, buscó algo entre sus ropas, lo sacó y se lo llevó a la boca. Perla se apoderó de ello rápida como el rayo y Bob que se hallaba cerca, con un movimiento cogió las manos del hombre por detrás con puño de hierro.

"Regístrenlo" dijo Perla, cuando nuestro Anfitrión se acercaba y Rex, sin aguardar autorización de nadie, registró las ropas del espía rápidamente. Encontró las pruebas que se necesitaban de su actividad como espía. Cuando el jefe del Concejo se aproximó y vio el nombre en los papeles que Rex le entregó, quedó muy sorprendido, ya que el espía era un educado Afghano que había sido enviado a la India por un gobierno que tan sólo buscaba destrucción y había encontrado el modo de entrar en las filas externas de este Concejo para obtener información que había estado usando en su contra. A una señal, uno de los Hermanos se adelantó y se llevó al espía fuera del recinto.

"Hermano Rex" dijo nuestro Anfitrión, con una amable sonrisa "has servido a la "Causa de la Luz" bien y rendido a nuestra Hermandad un Servicio de tremenda importancia. Había una grieta en algunas de nuestras actividades recientemente. Dime, ¿cómo te diste cuenta de lo que hacía? Nos había estado engañando muy astutamente".

"Mi atención", contestó Rex, "fue atraída hacia él por el "Interno Poder de mi Presencia YO SOY" y cuando vi sus ojos supe que estaba tramando algo. Todo pasó tan rápidamente* que casi no supe, en la actividad externa de mi mente, lo que estaba ocurriendo. Si no hubiera sido por Perla, mi Rayo Gemelo, hubiera sido tarde".

"Exteriormente, ustedes tres no sabían qué estaba pasando, pero la "Magna Presencia del YO SOY" actuó con Decisión inequívoca. Ya ven, mis queridos, cómo los Rayos Gemelos pueden actuar con la rapidez del rayo en Unísona Perfección, cuando a la "Gran Presencia Interna" se le permite tener el Control Completo".

"Mi Hermana y Hermano" continuó, extendiendo su mano izquierda a Perla y Su derecha a Rex "ustedes podrán hacer espléndido trabajo para la "Magna Presencia YO SOY", la Gran Hermandad Blanca y para la humanidad. Los bendigo por ese servicio".

"¿Qué es lo que se va a hacer con el espía? " Preguntó Perla.

"El hombre sabe lo que debe hacer" contestó el jefe. "Vamos a olvidarnos de que sucedió. Recordaremos siempre su servicio a la Hermandad". Como ya muchos de los invitados habían partido, nos despedimos de nuestro Anfitrión, pues en la mañana saldríamos para Darjeeling. No nos detuvimos otra vez en Calcuta, sino que fuimos directamente a Benares, la Ciudad Sagrada de los Hindúes y una de las más antiguas de la India. Tan pronto como se detuvo nuestro vagón en la estación de ferrocarril nos dimos cuenta de la atmósfera de sincera devoción que allí había.

Imaginen nuestro gozo cuando casi la primera persona que vimos fue a nuestro querido amigo, Alexander Gaylord, quien había llegado a Benares hacía sólo unas horas. Rex, Bob y yo casi corrimos hacia él tan pronto como el tren se detuvo. Cuando su Amigo, el Propietario del yate, se adelantó a saludarlo, se miraron a los ojos con gran Afecto y Comprensión, nacidos de su mutua asociación de cientos de años. Cuando Leto, el Rayo Gemelo de Gaylord se acercó, él extendió sus brazos y la aproximó a su corazón. Chananda presentó entonces a Electra.

"Vamos a ser invitados esta noche de uno de los más antiguos Concejos de la India" dijo Chananda. "Será solamente una Celebración Espiritual dedicada enteramente a los invitados. Todos los Miembros de la Orden deberán vestir su Túnica sin Costuras. Regresaré por ustedes a las seis de la tarde". Retornamos a nuestros compartimentos y nos preparamos para el banquete. Cuando regresó Chananda, iba acompañado de su hermana Najah, una hermosa joven, o al menos lo parecía, a quien fuimos presentados. Fuimos llevados a un hermoso edificio construido en lo alto, del cual se dominaba la ciudad. Cuando nos aproximamos a la entrada, involuntariamente dimos a conocer nuestro agrado por la belleza que nos rodeaba. Entramos a una rotonda de mármol rosa entreverado con verde pálido, en la que había siete pilares de mármol blanco. El efecto era cálido, delicado y muy bello. Najah nos llevó a los vestidores y nos pusimos nuestras Túnicas sin Costura; luego nos condujo a una puerta en forma de arco que se abrió al aproximarnos y nos encontramos en una espléndida Cámara de Concejo hecha toda de mármol blanco y decorada con oro. No había ninguna clase de lámparas y sin embargo había una suave Luz Blanca preciosa. Este gran salón bien sentaba a quinientas personas y ya había como doscientas.

"Vamos a ser honrados esta noche con tres Divinos Invitados" anunció Chananda. Fuimos presentados a los allí reunidos y tomamos nuestros asientos. "Vamos a meditar en el Gran Principio de Vida "La Magna Presencia YO SOY" hasta que la música nos señale el fin de nuestra meditación". Al poco rato, los suaves trinos de hermosas campanas repicaron en el aire y cuando levantamos nuestras cabezas y miramos hacia la cabecera de la mesa donde las tres sillas habían estado vacantes, casi no pudimos reprimir una exclamación de gozo y sorpresa pues allí estaba Nuestro Amado Saint Germain a la cabecera y a Su izquierda Nada Rayborn y a Su derecha Daniel.

Todos en el salón se levantaron en honor de estos Benditos Seres. Nuestro impulso fue correr a saludarlos, tan grande era nuestro gozo, pero algo en cada uno nos controló y nos inclinamos en callada dignidad y amoroso respeto.

"Les presento a nuestro Amado Hermano de la Luz, Saint Germain" dijo Chananda dirigiéndose a los reunidos "y a Sus dos Invitados, Nada y Daniel Rayborn, quienes han elevado sus cuerpos como Sus Estudiantes, en América. Nuestra Hermana elevó su cuerpo después de lo que para el mundo externo pareció la muerte. Nuestro Hermano, Daniel, logró su Victoria sin llegar a ese punto". Al terminar esta Explicación, la Luz de Chananda brilló con una Deslumbrante Radiación, y continuó:

"Nuestro Bendito Hermano e Invitado de Honor, Saint Germain tendrá a su cargo el trabajo de esta noche". Saint Germain en su acostumbrada Amorosa Dignidad, se inclinó en Reconocimiento de la bienvenida y contestó:

"Tendremos un banquete esta noche, que nos proveerá la cocina cósmica. Muchos de ustedes han oído hablar de estas Actividades, pero no han visto ni experimentado su manifestación. En el Gran Tesoro Cósmico que nos circunda hay una sustancia omnipresente de la cual es producido todo lo que el Corazón desea".

Las hermosas mesas para banquetes tenían la cubierta de jade, así que no hubo manteles que cubrieran su magnificencia. Saint Germain nos pidió a todos que inclináramos nuestras cabezas en Amorosa Aceptación por la gran Abundancia derramada por la "Magna Presencia YO SOY". Cuando terminó Su Reconocimiento a la Fuente de toda Vida, el servicio para los alimentos empezó a aparecer. Los platos, tazas y platitos estaban hechos de porcelana finísima decorada con pequeñas rosas. Los cuchillos, tenedores y cucharas tenían mangos de jade cincelados, y los vasos, también de jade, llenos con un líquido dorado, aparecieron en la mano derecha de cada invitado. A continuación un panecillo de dos por cuatro pulgadas apareció en cada plato. El alimento para cada persona fue individual, como si hubiera sido ordenado en forma separada, pues cada cual recibió lo que más deseaba, hasta que todos fueron servidos abundantemente. Después vino una cantidad de ricas frutas en grandes platones dorados y como postre una especie de batido de fruta que apareció en platos de cristal. El banquete entero fue servido sin que se oyera el menor ruido de platos y al finalizar, Saint Germain se levantó y se dirigió a los invitados.

"Los Grandes Maestros Ascendidos" empezó, "han querido que ustedes vean, conozcan y compartan del Alimento que se produce directamente de la Sustancia Cósmica Omnipresente. Esta Sustancia es lo que se ha explicado a ustedes como la Sustancia Electrónica Pura que llena el Infinito y de la cual todas las formas son creadas y toda manifestación producida. Esta Sustancia Ilimitada que está dondequiera, es suya para manejarla, moldearla en cualquier forma, sin ninguna limitación, cuando ustedes se aferran suficiente y sinceramente, sin interrupción, a la "Magna Presencia YO SOY" en ustedes. Este Glorioso Ser Angélico y Poder, que es el Verdadero Yo que está constantemente derramando Su energía en su cerebro físico y cuerpo, es "Dios Individualizado" en su lugar en el Universo, para moldear esta Sustancia Cósmica en la forma que ustedes decreten".

"Para los seres humanos que no reconocen la "Magna Presencia YO SOY" el Uso, Gozo y Liberación de esta gran abundancia de precipitación directa, permanece sin usar porque sus sentimientos de temor, duda, odio, enojo, egoísmo o deseos desordenados, forman una barrera impasable alrededor de ellos, cerrando el Poder y la Perfección de la "Luz" que de otra manera podría fluir".

"El Gran, Omnisapiente Creador de Formas Perfectas, dondequiera a través del espacio, construye esas formas de acuerdo con el Patrón de Perfección, que es otro nombre para la Ley del Amor Divino. Esto significa siempre el ordenado, armonioso modo de atracción. El sentimiento de temor, duda, etc., tiene un nivel vibratorio que rompe la forma y dispersa la sustancia. De ahí que sea diametralmente opuesto al Amor, la Armonía y el Orden".

"El Individuo que reconoce la "Magna Presencia YO SOY", toma su lugar con Ella y continuamente mantiene un sentimiento de Amor Divino en la personalidad, todo lo que ustedes vieron que se hizo esta noche es posible para él lograrlo ahora mismo, en esta vida. Este banquete fue dado para su estímulo, iluminación y fuerza".

"EL PODER DE PRECIPITACION USADO AQUI ESTA NOCHE ESTA DENTRO DE CADA INDIVIDUO, SE LOS ASEGURO, NO ES MITO. Vuélvanse a su propio "Magno Maestro Interno", esto les permitirá reconocer el YO SOY. Háganlo continuamente, de manera que su Magno Poder sea liberado y el Maestro Ascendido de Sabiduría acuda para dirigir toda actividad. Rompan las barreras autocreadas que los han atado y vean qué avalancha de Bien la "Magna Presencia YO SOY" está siempre dispuesta a derramar para su uso por el mandato consciente de ustedes, cuando cargan sus sentimientos con Amor Divino y mantienen orden en el templo de su mente y cuerpo. Nuestro buen Hermano Daniel Rayborn tiene algo que desea decirles".

Cuando Rayborn se levantó, sentimos que un estremecimiento llenaba el recinto entero y por más de treinta minutos estuvo manifestando Maravillosa Sabiduría con una Fuerza que parecía que iba a grabar con fuego sus palabras en la conciencia de todos. Habló con una convicción que sólo podía venir de Uno que tenía más que Poder humano. Chananda dijo algunas palabras de alabanza y agradecimiento para nuestros Invitados, rogándoles estar con nosotros otra vez pronto Saint Germain se levantó y continuó:

"Muy amables Anfitrión y Amigos" empezó "Deseo obsequiar al Concejo el servicio usado en este banquete para futuras ocasiones. ¡Observen!" Instantáneamente todo el servicio utilizado empezó a reaparecer en las mesas, tan limpio y nuevo como si nunca se hubiera usado. En medio de esta gozosa experiencia, un bellísimo florero de jade labrado, con bellísimas rosas de color rosa, aparecieron en cada mesa.

"Esto les es dado, nuestros queridos amigos" continuó "con el Amor y las Bendiciones del Ascendido Anfitrión. Que sea un recuerdo cariñoso para todos ustedes". Enseguida terminó el banquete.

Tan rápidamente como nuestra dignidad nos lo permitió, nos apresuramos a saludar a nuestro Amado Saint Germain, Nada y Daniel Rayborn. Los padres abrazaron Amorosamente a sus hijos, Nada, la Madre, abrazó a Bob también y cuando lo dejó, dijo:

"Mis hijos Benditos, los felicito por su Amor y devoción a la "Luz". Su Recompensa será muy grande pues al término de dos años de prueba, una Gloriosa Sorpresa les espera. Hasta entonces, les veremos con frecuencia en la India. Tenemos trabajo que hacer ahora, así que debo decir "buenas noches y que Dios los bendiga". Inclinándose ante Chananda y Najah, los dos desaparecieron con Saint Germain.

Agradecimos a nuestro Anfitrión la maravillosa noche y entonces nos dijo que partiríamos temprano en la mañana hacía nuestro destino, ya que habíamos permanecido tanto como el trabajo lo había permitido. Regresamos luego a nuestro coche privado y después de dar las buenas noches Chananda dio algunas instrucciones para el desayuno en el camino diciendo que Él regresaría antes de que llegáramos a Shimla. Partimos a las siete de la mañana esperando hacer paradas en Benares, Lucknow, Delhi y Shimla. Recibimos órdenes de no perder el tiempo sino ir directamente a nuestro destino en los Himalayas donde estableceríamos nuestro hogar por muchos meses y nada más era realmente importante, sino la obediencia a ese Comando. A MENOS QUE UNO ESTE BUSCANDO LA LIBERACION DE LA "LUZ" DENTRO DE SÍ", NADIE PUEDE COMPRENDER POR COMPLETO Y APRECIAR EL SENTIMIENTO DE QUE NADA ES REALMENTE IMPORTANTE SINO "DIOS" Y LAS EXPERIENCIAS POR LAS CUALES LA "LUZ" ES LIBERADA.

Gaylord debía encontrarnos en Benares en camino hacia el norte y permanecer con nosotros durante el resto de nuestra estancia en la India. La campiña que atravesamos era muy bella y comentábamos lo que el uso de equipo moderno podría hacer en ese país y convertirla en un vergel. Sus incontables ríos lo tornarían en un Perfecto Paraíso ya que la India está empezando a tender sus alas otra vez y su industria se levantará una vez más. La India regresará a la majestuosa gloria que alcanzó muchas veces en su pasado y a pesar de las aplastantes influencias que han pesado sobre ella en los últimos doscientos o trescientos años, EL GRAN PROBLEMA DE LA INDIA SE SOLUCIONARA EN PERFECTO ORDEN DIVINO. Sus rebosantes millones tendrán la oportunidad de expresar la Luz y la Presencia de Dios que está en ellos.

Hay una Gran Rueda Cósmica de progreso que afecta a toda la Tierra, Gobierna la Expansión de la Luz en el Sistema entero al cual este planeta pertenece. Cuando la Rueda dé vuelta hacia cierto punto, y está más cerca de lo que la humanidad piensa, enfocará Ciertos Rayos de Energía hacia la Tierra. Entonces, la resistencia hacia lo mejor, que han establecido egoístas personalidades y adormecidas mentalidades, será como paja ante el poderoso viento. Los esfuerzos de esos seres humanos serán inútiles y se verán compelidos a obedecer al Poder, muchísimo más grande que sus propios egoístas anhelos.

El día pasó rápidamente y después de la cena nos reunimos en el compartimento de Gaylord pidiéndole que nos contara algo de sus experiencias. Después de casi forzarlo y de prometer de nuestra parte no divulgar lo que nos revelara, describió brevemente una de sus encarnaciones en Sudamérica durante la civilización Inca. Escuchamos encantados por más de tres horas las experiencias de esa Vida en la que Leto también estaba encarnada. En una parte estábamos tan fascinados por su narración y nos habíamos adentrado tanto en sus actividades de entonces, que no nos dimos cuenta de que estábamos todos llorando. Su narración, fue una de las más emocionantes que yo haya escuchado y al final nos dijo que él tenía en su posesión los viejos archivos, en caracteres Incaicos, que probaban sus principales experiencias de esa Vida. Habían sido de naturaleza heroica y por la posición que Leto y él habían tomado para el Bien en esa Vida, la Liberación de la Luz en los dos estaba revelándose ahora. A la mañana siguiente Chananda nos saludó y explicó que había hecho arreglos para que dejáramos el tren para hacer el final de nuestro viaje de inmediato.

"Deben llegar a su destino" nos anunció "antes de que el Ciclo Cósmico alcance cierto punto". Dejamos el tren en Shimla y Chananda dirigió el camino hacia un conglomerado a cierta distancia. Estaba rodeado de altos muros y al entrar, una caravana estaba esperándonos lista para partir de inmediato. Los sirvientes trajeron nuestro equipo y montamos en unos pequeños "ponies". Chananda dio la orden de partir enseguida y debido a su Misteriosa Influencia, nadie reparó en nosotros cuando salimos de la ciudad.

Pronto entramos a la montaña y por algún rato seguimos una hermosa corriente de agua. Continuamos ascendiendo por alguna distancia y de pronto, pasando por una pared de rocas que se extendía por el lado del acantilado, llegamos a una entrada que llevaba directamente a la montaña. Chananda nos guió sin titubeos y pronto todo el lugar se iluminó con una Suave Luz Blanca. Por lo que se podía ver, habíamos seguido un río subterráneo.

Entramos a este túnel al mediodía y continuamos hasta las cuatro y media de la tarde. Cuando salimos nos encontramos frente a un bello valle lleno de sol de unas cuatro millas de largo y quizá dos millas en su punto más ancho, con una preciosa corriente de agua que pasaba por el centro, a todo lo largo. El clima era semitropical y como el valle estaba orientado de Este a Oeste, tenía sol casi todo el día. La parte norte era un acantilado de cientos de pies de largo y al Oeste había una cascada que parecía un velo de novia. Las más raras y ricas frutas y vegetales crecían en pródiga abundancia. Estaba pensando si éste sería el lugar que Gaylord había descrito cuando nos platicó de sus anteriores experiencias en la India, cuando contestó mi pensamiento:

"No, éste no es el lugar que mencioné" dijo, "estamos lejos de ahí". Cuando nos acercamos a un gran edificio, dije sin querer a los demás: "Este es un Palacio de Luz" y para mi sorpresa, Gaylord contestó:

"Sí, es verdad. Así es conocido por todos los que han estado en este Retiro". Cuando llegamos a la entrada, la belleza y esplendor de todo nos estremeció de Amor y admiración. Desmontamos y algunos sirvientes tomaron a su cargo la caravana llevando a los animales a un grupo de edificios más pequeños, como a media milla, cruzando la corriente. Chananda nos llevó a la entrada y según nos acercamos nos quedamos maravillados de la belleza del edificio, tan magnífica era su arquitectura y construcción. Estaba hecho de puro ónix blanco, de cuatro pisos de alto con un gran domo en el centro. Al subir los escalones, los tonos de una linda campana anunciaron nuestra llegada dándonos la bienvenida como Huéspedes del Retiro. En un momento la gran puerta se abrió y Najah salió a saludarnos. Chananda nos sonrió con su Mágica y Radiante Sonrisa, disfrutando nuestra sorpresa.

"Este es 'Nuestro Hogar', comentó feliz. "Son ustedes bienvenidos y ésta es su casa por todo el tiempo que deseen permanecer y siempre que quieran venir. Encontrarán Túnicas de seda y ropa interior en sus habitaciones", continuó, "las cuales deberán usar mientras estén aquí: No se ensuciarán ni se gastarán, así que no teman usarlas".

Nos mostraron nuestros cuartos en el segundo piso, desde los cuales podíamos ver todo el valle. Nuestras habitaciones eran un sueño de belleza, exquisito gusto, comodidad y contábamos con todo lo necesario para nuestras necesidades y lujos. Nos refrescamos para la cena y nos pusimos nuestras Túnicas, como nos había indicado Chananda. No podíamos menos que compararlas con la ropa con que viajamos. LA TELA DE NUESTRAS BELLAS VESTIDURAS ERA DE UN MATERIAL PRECIPITADO, DE TAL CALIDAD COMO NUNCA SE HA PRODUCIDO POR MEDIOS MATERIALES; NO SE PARECIA A NADA DE LO QUE SE CONOCE EN EL MUNDO EXTERNO. CENTELLEABA CON UN DESLUMBRANTE RESPLANDOR, ERA GRUESA Y SUAVE POR DENTRO. CADA TUNICA SE LLEVABA CON UNA FAJA DEL MISMO MATERIAL, BORDADA CON PEDRERIA Y SE NOS HABIAN DADO SANDALIAS DE HERMOSO DISEÑO QUE HACIAN JUEGO CON CADA TUNICA.

EN EL MOMENTO QUE NOS PUSIMOS ESTAS TUNICAS, UNA SENSACION DE LIGEREZA RECORRIO NUESTROS CUERPOS HACIENDO QUE NOS SINTIERAMOS COMO SI FUERAMOS A FLOTAR EN EL AIRE. EL EFECTO FUE SORPRENDENTE E INSTANTANEO. ESTABAMOS MÁS FELICES DE LO QUE SE PUEDE EXPRESAR Y CONTEMPLAMOS LA MARAVILLA DE TODO ESTO Y EL GRAN PODER DE ESTOS ASCENDIDOS MAESTROS, QUIENES TIENEN TAN TRASCENDENTAL PODER Y SIN EMBARGO SON TAN HUMILDES Y TAN NATURALES EN SU AMOROSA ASOCIACION Y AMISTAD. MIENTRAS ESTABAMOS ADMIRANDO NUESTRAS HERMOSAS VESTIDURAS, LAS CAMPANAS SONARON PARA ANUNCIAR LA CENA. FUIMOS A LA SALA DE RECEPCION EN EL PRIMER PISO DONDE LAS DAMAS DE NUESTRO GRUPO NOS ESPERABAN CON TUNICAS SIMILARES. Chananda ofreció su brazo a Perla y nos guió a lo que Él dijo era su comedor privado. Era tan grande como para sentar por lo menos a cuarenta personas cómodamente y estaba magníficamente decorado en Blanco y violeta. Para nuestra sorpresa, notamos que las sillas eran similares a las del Rancho Diamante K en América, excepto que éstas estaban tapizadas en terciopelo de seda violeta, en lugar de azul.

Hacia el extremo de la habitación había una enorme mesa de madera de teca para unas veinte personas, con incrustaciones de algo que parecía oro, pero que en realidad era un material precipitado. Al otro lado del salón había una mesa de ónix del mismo tamaño, cuya cubierta tenía incrustaciones violeta y oro, también de sustancia precipitada. Justamente en el lugar en donde se coloca el plato, había una rosa blanca con el centro rosa pálido, también incrustadas en la parte violeta y en el centro de la mesa había dos manos estrechándose, también incrustadas en oro. Es materialmente imposible de describir la belleza y Perfección de estas cosas "precipitadas" pues se pueden producir efectos que son imposibles con otro tipo de sustancia.

Tomamos nuestros lugares alrededor de la mesa y Chananda hizo, desde las profundidades de Su Corazón, una Adoración a la "Suprema Presencia de la Vida". Nosotros en el mundo externo, no tenemos idea de la Adoración que estos Grandes Maestros Ascendidos hacen continuamente al Gran Dador de Todo Bien.

Después, dos sirvientes de tez oscura aparecieron con el servicio. La cena consistió en un pan de nuez, una exquisita ensalada, bollos calientes y de postre, el más delicioso pudín de frutas que haya probado. La bebida que se nos sirvió era lo que Chananda llamaba vino dorado. No era intoxicante, sino maravillosamente vigorizante.

"Desayunaremos a las nueve y cenaremos a las cinco y media, excepto en ocasiones especiales". Todos deben retirarse a descansar no más tarde de las once y levantarse a las seis de la mañana. Habrá fruta fresca y pastelillos de miel en sus cuartos todos los días, por si sienten hambre".

"Están aquí para entrar en una Definitiva Armonía y Trabajo que llenará sus Corazones de alegría, pero a veces esto demandará de ustedes toda su energía. Mañana les enseñaré el palacio. He recibido noticias anunciando que mañana en la noche seremos honrados con la Presencia del Concejo de Maestros Ascendidos y como Invitado de Honor tendremos al Gran Divino Director. Casi nunca es visto, se los aseguro, ni aún por los que ya están muy avanzados. Siento que alguna Dispensa Especial está por hacerse, así que retírense a descansar temprano y sabrán por primera vez, lo que significa descansar en el ABRAZO DE LA LUZ, una Luz que raramente es vista. Vengan, ahora iremos a la Sala de Música, ya que Najah ha oído hablar de sus espléndidas voces y quisiera disfrutar oyéndolos cantar.

Cuando entramos al salón de música vimos que su órgano y piano eran un duplicado exacto de los que tenía Saint Germain en el Retiro de la Caverna de los Símbolos en América y también había varios pequeños instrumentos musicales y una preciosa arpa. Najah se sentó al piano y deslizó sus dedos ligeramente por las teclas respondiendo el instrumento como una cosa viva a la magia de Su toque. Nada y Rex cantaron su "Canción de Amor Arabe" y luego el cuarteto continuó con algunos números que todos disfrutamos mucho.

"Amados Amigos" dijo Chananda, "han sido ustedes bendecidos con Maravillosos Dones de Dios y a través de ellos llegarán y harán dichosos a muchos en su servicio a la humanidad".

PREGUNTAMOS SI ELLOS TOCARIAN PARA NOSOTROS Y ACCEDIERON AFABLEMENTE, SE MIRARON Y CHANANDA SE ACERCO AL ORGANO Y SE SENTO. QUEDARON ASI EN MEDITACION UNOS MOMENTOS, PERFECTAMENTE QUIETOS, Y LUEGO EMPEZARON. LAS VIBRACIONES EN LA ATMOSFERA A NUESTRO ALREDEDOR EMPEZARON A AUMENTAR. LUEGO LA MUSICA SURGIO COMO UN OCEANO DE SONIDO, COMO SI UN GRAN ESPIRITU ESTUVIERA ENTRANDO EN EL EXTASIS DE LA LIBERTAD ETERNA Y LEGIONES DE LUZ DEL INFINITO DIERAN LA BIENVENIDA AL QUE ASCIENDE, COMO A UN NUEVO SOL LEVANTÁNDOSE HACIA EL ESPACIO.

ESTUVIERON EJECUTANDO UN NUMERO TRAS OTRO, HASTA QUE TOCARON CUATRO PIEZAS Y CUANDO TERMINARON ERA IMPOSIBLE MOVERSE, TAN GRANDE ERA NUESTRA ARMONIA Y FELICIDAD. TRATAMOS DE EXPRESAR NUESTRO APRECIO, GRATITUD Y GOZO, PERO ERA IMPOSIBLE PONER ESTAS EMOCIONES EN PALABRAS. NAJAH COMPRENDIO Y DIJO HUMILDEMENTE:

"La Magna Presencia YO SOY" hace todas las cosas cuando no hay ya obstrucción entre el humano y el Maestro Mismo, ya que lo externo es elevado a la misma acción vibratoria que la "Luz Interna".

Con un feliz hasta mañana y bendiciones de unos para los otros, nos fuimos a nuestros cuartos. Me preguntaba si me podría dormir ya que me sentía elevadísimo por la acción vibratoria de mi cuerpo, pero me quedé dormido inmediatamente. Me desperté en la mañana recordando vivamente haber salido en mi Cuerpo Sutil y al hacerlo había entrado a la montaña, atrás del Palacio de la Luz, a través de una enorme puerta secreta. Después fui a una serie de cuevas donde encontré evidencia de una muy antigua civilización muy, muy antigua más allá de lo que conoce el mundo externo. Cuando nos vimos en el desayuno le pregunté a Chananda el significado de mi experiencia. Su rostro se iluminó con su Encantadora Sonrisa.

"Mi buen amigo" explicó "lo que has visto es una Gran Verdad y te aseguro que Muy Real. Cuando sea el tiempo, verás con tus propios ojos, lo que viste en esa experiencia con la "Visión Interna". Lo que experimentaste me convence de la Gran Importancia de la visita de Nuestro Invitado de Honor esta noche. Verdaderamente mis Queridos Amigos de América, están listos para la Luz Total. Sólo aguardo la Orden de Mi Superior para develar a ustedes muchas Verdaderas Maravillas".

"Cada uno de ustedes ha pasado por innumerables experiencias, cuya Memoria Total está por revelarse. Están preparados para dar el salto en una forma que les sorprenderá. Vengan ahora, ya están listos, y les mostraré muchas de las Maravillas que tenemos en Este Retiro."

Primero fuimos al domo en el centro del edificio y en lugar de ser un observatorio ordinario, vimos que era lo que Chananda llamaba un Observatorio Cósmico. Había muchos instrumentos de los cuales los científicos del mundo externo no saben nada. Uno de éstos era un Reflector de Absorción que atraía la imagen del objeto deseado a través de los Rayos Etéricos y luego lo reflejaba hacia el observador. Era muy simple en su construcción, pero no en la Calidad de la Sustancia de que estaba compuesto. Chananda explicó acerca de esto que los Rayos Etéricos y los que llaman Rayos Cósmicos los científicos del mundo, no son lo mismo.

Había otra pieza mecánica llamada Proyector de Luz, por medio del cual era posible enviar, o bien un Rayo dador de vida, o uno desintegrador, a una distancia increíble. Había un radiotelevisión, tan Perfecto que era la Maravilla de todos los tiempos. Después de observar otras invenciones en esta cámara, fuimos al piso de abajo donde vimos una Cámara de Concejo para setecientas personas. Las paredes de este salón eran de un tono blanco cremoso con adornos en un bello azul. No había ventanas y el cuarto ocupaba casi todo el piso. Aquí también había hermosas sillas, como las que había en el comedor, pero tapizadas del mismo suave y rico azul del resto del salón. Al lado había unas gradas con un Altar y una Silla Dorada. Era la cosa más perfecta que uno pudiera imaginar. LA PARTE PRINCIPAL DEL ALTAR ERA DE ORO PRECIPITADO, PERO LA CUBIERTA ERA DE OTRA Sustancia PRECIPITADA DEL TONO DEL AZUL QUE CASI SE TORNA VIOLETA; LA Sustancia MISMA EMITIA, POR SU LUMINOSIDAD, UNA RADIACION PLATEADA. ALREDEDOR DE LA ORILLA TENIA UN BORDE DE ORO DE DOS PULGADAS DE ANCHO. LA SILLA TENIA LOS MISMOS DISEÑOS QUE LOS DEL ALTAR; EL ASIENTO ESTABA TAPIZADO EN AZUL Y TENIA UN RESPALDO MUY ALTO QUE SOBRESALIA DE LA CABEZA.

Nos dirigimos a los cuartos en el piso bajo dedicados a laboratorios eléctricos y químico, para propósitos experimentales. Pasábamos por en medio de la pared oeste de este piso, cuando me paré súbitamente.

"Este es el lugar por donde entré a las cuevas anoche" le dije a Chananda, "mientras estaba en mi Cuerpo Sutil", y con una expresión severa en su rostro, preguntó:

"¿Ves alguna puerta o entrada?"

"No" contesté, "pero existe y yo lo sé".

Entonces, con una sonrisa, me miró en forma curiosa.

"Tienes razón" señaló "existe y me da gusto que estés seguro de tus convicciones. Sé paciente y verás todo". Entonces regresamos a la gran sala de recepción.

"¿Cómo es" pregunté, "que otros estudiantes y personas no ven la entrada a este lugar y encuentra su camino a tal paraíso?"

"Si tú fueras a la entrada" contestó "no encontrarías acceso de ninguna clase. Ayer, después de que entramos, se volvió a sellar, por lo que ahora parece pared sólida, y por lo que concierne a Protección, es tan impenetrable como la montaña. Por más de veinte centurias este valle ha permanecido como lo ves ahora".

"El hombre puede, por el uso de los "Rayos de Luz" o "Corrientes Cósmicas de Luz" a través de la "Magna Presencia YO SOY", aniquilar tiempo, espacio, edad, desarmonía y limitación de cualquier especie. La discordia es realmente la primera onda, o inicio de la limitación. Con Perfecta Armonía, mantenida en la Conciencia del Individuo, la Puerta al Reino de Perfección de Dios La Actividad de la Vida, sin ninguna limitación queda abierta para siempre".

"Ahora vengan Conmigo" continuó "probablemente llevaré al extremo su credulidad, pero aprenderán mucho, si así lo desean. Todos ustedes han oído acerca del cuento de las Mil y una Noches "La Alfombra Mágica". Les mostraré que la leyenda es Verdad".

Salimos del palacio a un bello prado frente al cual habíamos visto lo que parecía un platillo de cobre como de catorce pies cuadrados. Los dos jóvenes sirvientes trajeron una alfombra persa de seda de un precioso color amarillo dorado. Cubrieron el platillo con ella, de acuerdo con las órdenes de Chananda y entonces Él preguntó:

"¿Alguien tiene miedo de venir Conmigo?" Nadie contestó, así que subimos y nos colocamos alrededor de Él cerca del centro. Inmediatamente se puso a platicarnos muy animadamente, lo que era un poco extraño en Él, y en un momento empezamos a sentimos ligeros. Vimos hacia abajo y observamos que nos alejábamos de la Tierra, elevándonos como veinte pies en el aire y flotando suavemente en la atmósfera. Continuamos elevándonos hasta que estuvimos como a cincuenta pies de la tierra y flotamos cerca de la cascada que estaba brillante y gloriosa en su belleza. Seguimos flotando por encima del valle disfrutando de su encanto.

"Ahora sí, están listos" continuó nuestro Anfitrión, "veremos las montañas". Nos elevamos hasta que alcanzamos los once mil pies sobre el palacio. El panorama era fascinante y los picos de las montañas cubiertas de nieve brillaban a la luz del sol como diamantes.

Nos absorbimos tanto en lo que veíamos y en la Conversación de Chananda, que no nos dábamos cuenta de la temperatura ni del medio de transporte, sintiéndonos confortables y sin percibir ningún cambio, de altitud ni de clima, con nuestro Anfitrión manteniéndonos en Su Aura que controlaba todo dentro de ella, ocasionando que experimentáramos nada más Su Propia Gloriosa Perfección.

Dimos algunas vueltas, retornamos al palacio y descendimos. Cuando nos bajamos del platillo, nuestro Amado Anfitrión reía de buena gana por nuestros comentarios y sorpresa, disfrutando grandemente nuestras exclamaciones de felicidad.

"Mis queridos amigos'' explicó "les aseguro que no hay nada misterioso o antinatural en todo lo que han experimentado".

"Todo se debe a la Simple, Inmutable y Eterna Ley que todo Individuo puede poner en acción sin límite, con sólo que lo desee".

"¿Por qué no sentimos la altura?" Preguntó alguien.

"En el Perfecto Reino de Dios que quiere decir la "Presencia YO SOY" donde sólo hay una Perfección el Sentimiento de Armonía no existe conciencia de cambio ni en altura ni en temperatura. Los pensamientos de Perfección y el Sentimiento de Armonía son simples niveles de vibración que la conciencia decreta en la sustancia, la cual da a la energía esas cualidades que se manifiestan como la Perfección. La Perfección no puede existir sin Amor porque Este es el Nivel Vibratorio

Más Alto del Universo, Es la Más Elevada y Más Poderosa Actividad y controla para siempre todo lo que es menos que Sí misma".

"Aunque aún tienen ustedes sus cuerpos físicos, mientras estuvieron en la alfombra y dentro de mi Aura, sólo podían estar conscientes de Esa Perfección que tiene mi Aura siempre, pues todos los Maestros Ascendidos envían fuera sólo la Vibración que es el Tono del Amor Divino. De ahí que todo lo demás debe obedecer a Nuestra Conciencia y la Perfección de nuestro Amor".

"El próximo paso para ustedes, será aprender a aplicar la Llave Cósmica y alumbrar su camino dondequiera que deseen ir. La llave está dentro de ustedes, la Luz está dentro y alrededor de ustedes. Ahora regresen a sus habitaciones y mediten sobre la Deslumbrante, Insondable Mente de Dios "La Magna Presencia YO SOY" que está dentro de ustedes". Obedecimos y encontramos que no habíamos hecho una meditación más tranquila y más maravillosa.

A las cinco y media hermosas campanas sonaron a través del palacio anunciando la cena. Chananda se sentó a la cabecera de la mesa y Najah en el extremo opuesto. Permanecimos quietos por dos minutos. Entonces un Ovalo de Luz Dorada, matizada de rosa, se hizo visible y rodeó la mesa envolviendo nuestras cabezas durante toda la cena. Nos produjo la Más Maravillosa Sensación y al terminar Chananda nos dio ciertas Instrucciones que debíamos seguir. "Ahora vuelvan a sus cuartos" dijo "acuéstense de espaldas con sus brazos extendidos y por una hora no muevan ni un músculo. Luego tomen un baño ungiéndose el cuerpo con la "Luz Líquida" que encontrarán lista para su uso, y pónganse sus Vestiduras Precipitadas".

Obedecimos, y cuando la "Luz Líquida" tocó nuestros cuerpos, no hay palabras para expresar el Estremecimiento de Energía y la Paz que experimentamos cuando terminamos y nos vestimos con las Maravillosas Vestiduras. Podíamos ver la Suave Luz Blanca irradiar de nuestros cuerpos por tres pies, de la cual emanaba una hermosa fragancia de rosas, sin embargo, cada uno exhalaba un aroma individual. Justo entonces las campanas sonaron llamándonos al salón de recepción. Al entrar notamos que la Luz de las damas era parecida a la nuestra, excepto la de Leto, Electra, Gaylord y Su Amigo, en quienes la Radiación era mucho más brillante y se extendía más que la de nosotros.

"A las siete", dijo Chananda "iremos a la Gran Cámara del Concejo". Nos guió y nos sentó de frente al Altar, colocando a Leto y a Gaylord en el centro y al resto de nosotros a cada lado de ellos. Chananda tomó el lugar al final de la derecha y Najah el de la izquierda. Sentados directamente detrás de nosotros estaban el Amado Maestro Saint Germain, Nada y Daniel Rayborn rodeados por doscientos de la Hueste Ascendida.

En pocos momentos una Suave Luz Blanca con un toque de color de rosa iluminó el salón entero y Chananda nos pidió que hiciéramos la más profunda meditación de que fuéramos capaces adorando a la "Magna Presencia YO SOY" en nuestros Corazones. Nos quedamos muy quietos y penetramos más y más en esa Quietud. Permanecimos en este "Silencio" por algún tiempo y luego oímos los tonos de una Maravillosa Voz que estremeció cada átomo de nuestras mentes y cuerpos.

Abrimos nuestros ojos y vimos frente a nosotros a un Maravilloso Ser. Esta "Gloriosa Gran Presencia" era la Encarnación en Perfecto Balance de todas las Cualidades Trascendentales, masculinas y femeninas, y mantenía, enfocados para siempre bajo Su Consciente Comando, la Sabiduría y Poder de lo Eterno. Este Majestuoso Ser tenía seis pies cuatro pulgadas de alto, con ondulado pelo que le caía sobre los hombros y parecía como rayos de sol sobre Oro. Sus Ropas brillaban con Puntos de Luz como grandes piedras preciosas que resplandecían continuamente con la Tremenda Radiación del Poder que mantenía Bajo su Control y obediente a su Consciente Dirección. La faja que le rodeaba la cintura estaba cubierta de zafiros y diamantes y de ella pendía un paño que le llegaba unas pulgadas abajo de las rodillas. Este también estaba cubierto de piedras preciosa.

Estas joyas, supimos después, eran una Condensación de Luz y puede uno imaginar los Rayos que despedían constantemente, enviando el Tremendo Poder que se hallaba enfocado dentro de ellas. Este Glorioso y Majestuoso Ser nos es conocido ahora como el "Gran Divino Director". Es el Gran Maestro Cósmico bajo el cual el Amado Jesús, Saint Germain y el Maestro Kuthumi Lal Singh, tuvieron su aprendizaje, y su Gran Amor y Su Ilimitado Cuidado, con frecuencia envuelve a muchos de Sus estudiantes ahora. No hay palabras en ningún idioma que puedan hacer justicia a Este Majestuoso Ser y cuando Sus estudiantes hablan de Él, son tan humildes ante Su Magna Luz, como nosotros nos sentimos ante Ellos. Ah, que la gente de América y el mundo supieran más de estos Grandes Benditos Seres y compartieran el gozo que me eleva más allá del ser externo. Cuando empezó a hablar, El dio el Signo Cósmico del Maestro Ascendido, diciendo:

"Amados Hijos de la Luz Eterna, Grande es el regocijo de la Hueste Ascendida al llamado de esta Reunión. Estos Benditos Seres que se hallan ante mí están listos para Nuestra Asistencia, pues sus cuerpos pueden ahora ser elevados y entrarán a su Verdadera Liberación".

"Amado Saint Germain, paciente y amorosamente has guiado e instruido a estos hijos de la Luz a través de las centurias y Tu Trabajo tendrá Su Recompensa, por haber sido hecho tan noblemente".

"¿Hay algún otro que dé testimonio de que están listos para entrar a la Luz?" Chananda inmediatamente se levantó y dijo:

"Muy Elevado Maestro, yo doy testimonio de su aptitud" y el Gran Divino Director continuó:

"Entonces les daremos Cuerpos como no han sido manifestados antes en la Tierra, para que sean frente al mundo un Ejemplo Vivo que revele el Cumplimiento de la "Ley del Amor y de la Luz". Estos serán similares a los Cuerpos de los Seres Ascendidos, pero retendrán su apariencia y algunas de las actividades externas del tipo de humanidad más elevado".

"Bajo su control estarán el Ilimitado Uso de la Energía Cósmica y la Dirección de los Magnos Rayos de Luz. Harán su labor de ministerio a la humanidad al lado de su Amado Maestro, que tan amorosamente los ha traído hasta Este Punto. De aquí en adelante Yo los recibo a todos en mí Eterno Abrazo de Luz. El período de dos años que usualmente se requiere, se hace a un lado. En dos días ustedes adquirirán lo que bajo la Anterior Actividad debería tomar dos años de lograr".

"Recuerden, en la "Presencia YO SOY" no hay tiempo ni espacio. Es Toda Sabiduría y Todo Poder y a través de Ella Nosotros quitaremos toda obstrucción para siempre".

"Hermano Chananda, llévalos a la Caverna de la Luz. Allí deberán permanecer por dos días. Tú te encargarás de ungir los cuerpos masculinos tres veces al día con "Luz Líquida" y nuestra Hermana Najah hará lo mismo con los cuerpos femeninos".

Al terminar de hablar el Gran Divino Director, un Rayo de Deslumbrante Luz Blanca Cristalina salió de Su Frente y tocó la cabeza de cada uno de los estudiantes, después se hundió en Su Cuerpo. Instantáneamente esto fue seguido de un Muy Intenso Suave Rayo Dorado que salió de Su Corazón barriendo el área del Corazón de los que estaban ante El, y otra vez regresó a Su Cuerpo. Hizo una pausa por un momento y pareció registrar la fuerza de cada uno. Con eso Supo la intensidad de su Luz.

Al siguiente instante, una Deslumbrante Luz Blanca centelleó de Todo su Ser extendiéndose la Radiación como abanico y abarcando todos nuestros cuerpos. Dentro de Esta Magna Corriente había otras de energía fluyendo por los Pies Y saliendo por la cabeza de cada estudiante. Sombras y sombras salían, como si fueran fundas, y en el momento que dejaban nuestros cuerpos, eran consumidas. El color de la Luz se tornó de un rosa pálido, cambiando otra vez a suave dorado y gradualmente se hizo violeta en un tono que nunca se ha visto en el mundo externo. Nuestra Vista Interna y oído fueron para siempre aclarados y hechos nuestros permanentes servidores. Entonces la "Luz" se tornó de un Blanco Tan Deslumbrante que nos vimos forzados a cerrar nuestros ojos. A poco, por el "Comando Interno de la Presencia", los abrimos.

El Gran Ser ante nosotros estaba casi amedrentador en la Majestad y Poder que emanaba de Él. Los Invitados Ascendidos habían desaparecido y fuimos dejados solos con Este Celestial y Deslumbrante Enviado de Dios. Luego, en una Voz tan suave como la caricia de una madre a su hijo, se dirigió a nosotros:

"Ustedes son ahora y para siempre una Parte de mi Amor, Luz y Sabiduría. Les veré en la Caverna de la Luz en una hora". Atrajo la Corriente de Luz en Sí Mismo y desapareció.

"Vengan" dijo Chananda y cuando nos levantamos no sentíamos peso y podíamos haber flotado tan fácilmente COMO caminamos. Fuimos al piso bajo donde yo había pasado la puerta en la experiencia que tuve en Cuerpo Sutil. Enfrente de nosotros estaba la puerta, tal como la había visto. Chananda colocó Su Mano sobre ella. Lentamente se abrió aquella enorme cosa que pesaba muchas toneladas.

Caminamos a través de un angosto pasadizo que se iluminó de pronto con una Suave Luz Blanca que brilló sobre las paredes tan tersas, que parecían pulidas, por casi media milla y llegamos a otra puerta, no tan enorme y preciosamente labrada con escrituras antiguas. Se abrió al Toque de Chananda y entramos a una Cueva de Gran Belleza, similar a la segunda cámara en la Caverna de los Símbolos en América, solamente que más grande. Esta Cueva tenía los mismos símbolos incrustados con una deslumbrante sustancia cristalina. Yendo más lejos, llegamos a unas Puertas de Oro Sólido.

"¿Quién desea entrar aquí?" dijo de repente una Voz que venía del éter, y Chananda contestó al instante:

"Hijos de la Luz buscando más Luz Tu Luz y Su Uso Perfecto".

"Di El Nombre", ordenó otra vez la Voz.

Juntos pronunciamos la "Palabra". Entonces las Puertas de Oro empezaron a abrirse lentamente. Adentro parecía que había algo así como el calor blanco de un gran horno y otra vez la "Voz" habló:

"Todo el que entra aquí deja para siempre su vestidura terrenal. ¿Quién se atreve a entrar primero?"

"Yo" contestó Bob instantáneamente, y el resto le seguimos.

Dos días y dos noches después, emergimos de la "Flama Eterna" usando nuestros Nuevos Cuerpos de Inmortal Duración. La desarmonía de la Tierra no puede registrarse permanentemente en Estos Cuerpos. Cuando regresamos al salón de recepción del Palacio, el Gran Divino Director, con nuestro Amado Saint Germain, Nada y Daniel Rayborn, estaban allí para saludarnos. El Gran Ser se dirigió a nosotros:

"Ahora su Verdadero Servicio empezará. Todos, menos Este Hermano" indicándome a mí, "deben permanecer aquí en el Palacio de Luz por un año. Ahora son verdaderamente Mensajeros de la Gran Hermandad Blanca. Por lo que se refiere a sus asuntos terrenales, su Amado Maestro Saint Germain los dirigirá". Haciendo el Signo y Salutación del Maestro Ascendido al Corazón del Gran Sol Central, Él nos dio su bendición:

"¡Hijos del Corazón de Diamante!"

Los envuelvo en la Flama Dorada de Mi Amor.

Los protejo con el Escudo de Mi Poder.

Los elevo por la Mano de su Propia Divinidad.

Los bendigo con la Plenitud de Mi Luz.

Les doy el Cetro de Su Propio Dominio.

Los sello en la Eterna Liberación de su Ascensión.

En ese Éxtasis Supremo, "La Presencia del Corazón de Diamante, YO SOY".

¡Un relámpago de Deslumbrante Gloria llenó la sala, tembló un momento y se fue! Saint Germain entonces se volvió a nosotros y dijo:

"¡Recuerden, Amados Míos, ustedes son "El Grial, La Copa de Luz" de la cual todos los que tengan sed podrán beber de la Radiación de su Ser, ya que ustedes son ahora la Victoria del Amor! La Gloria del Amor canta a través del Infinito su Himno de Alabanza en continua adoración a la Vida. Obedezcan, Mis Benditos Hijos a su Eterno Mandato. Hagan el Saludo de la Luz al Corazón de la Creación y Permanezcan Fieles al "Inmortal Decreto del Amor"

¡Oh Hijos de la Luz! ¡Oh Flamas de la Mañana!

Invoquen a la Estrella del Amor Secreto.

Dejen que Sus Rayos tejan para ustedes una Túnica

Eterna de Trascendental Belleza,

Y lleven en su Corazón la joya del Fuego Sagrado.

Dejen que Su Gloria los llene, para que suyo sea el

Cetro del Supremo Poder,

Pronuncien solamente el Decreto de Amor, para que la

Perfección esté dondequiera.

Escuchen el Sonido de Su Voz, para que todos puedan

oír el Canto de Gozo,

Contemplen sólo Su Luz, para que la Flama de los

Siete Elohims descanse sobre su frente.

Sostengan la "Copa de Luz Líquida" y derramen para

siempre su Esencia Dadora de Vida,

Entonces los Rayos del Corazón de Diamante
iluminarán su sendero, y

Cuando el Caballero Comandante levante su
Espada de Fuego,

pasarán a través,

Y estarán cara a cara con su Propia Divinidad

en el Altar mismo de la Vida,

Porque dentro de Ese Santo de los Santos, está el Uno,

Omnipotente en Deslumbrante Gloria

Su Propio Amado Ser, "La Mágica Presencia YO SOY"

En la Corona de su Sempiterna Victoria, brilla un doble arco iris,

El Resultado de la Realización de Amor, rodeada de

Toda Sabiduría;

Sus Vestiduras Reales de Autoridad son los Hechos del Amor

Los Rayos de Luz de "La Mágica Presencia SOY"

Estos para siempre revisten a todos los Seres

con su Radiación,

Y son la Fuente de la Eterna juventud y Belleza;

A través de ellos, su Cetro incita a Amarse a Sí Mismos

La Plenitud de "La Mágica Presencia YO SOY".

Los Rayos de los Siete Constructores se elevan,

Y derraman Sus Corrientes Resplandecientes de

Relampagueante Amor,

Tejiendo Grandes Ríos de Fuerza en una

Inmortal Vestidura

En Brillante Gloria y Deslumbrante Belleza, el Don de la

"Mágica Presencia YO SOY"

Oh Hijos de la Flama, canten la Antífona de la Creación,

Es el "Canto de Amor" que hace que la Música

de las Esferas

Suene a través del espacio en Adoración y Canto

de Alabanza que es

La Veneración misma de la Vida, "La Mágica Presencia

YO SOY"

Déjenla fluir a través de ustedes

en Siempre Expansionante Perfección:

¡Sean el Éxtasis y la Gloria de la Luz en todo!

¡Conozcan el Secreto del Uno! Enarbolen el Gozo del

Aliento Amoroso dondequiera, y

Sientan el Gran Latido dentro de la Flama,

"La Mágica PresenciaYO SOY".

Made in United States
Troutdale, OR
11/03/2026

56852536R00166